高等学校"十一五"规划教材/电气工程

电 气 测 量

主编 陶时澍

哈爾濱工業大學出版社

内容简介

本书介绍了测量方法、测量误差的基本概念，电磁机械式仪表的工作原理，数字化测量技术，传感器及非电量的电测量方法和基本的磁测量技术。全书分为六章，每章后面附有习题及部分答案。

本书可作为高等工科学校电类测量专业大专班、电类非测量专业本科生及电大学生的教材和教学参考书，也可以供从事计量、测量工作的有关技术人员参考。

图书在版编目(CIP)数据

电气测量/陶时澍主编.—哈尔滨:哈尔滨工业大学出版社,2007.8(2021.1重印)
高等学校“十一五”规划教材/电气工程
ISBN 978-7-5603-1248-4

Ⅰ.电… Ⅱ.陶… Ⅲ.电气测量-高等学校-教材 Ⅳ.TM93

中国版本图书馆CIP数据核字(2007)第022371号

责任编辑 杨 桦
封面设计 卞秉利
出版发行 哈尔滨工业大学出版社
社 址 哈尔滨市南岗区复华四道街10号 邮编150006
传 真 0451-86414749
网 址 http://hitpress.hit.edu.cn
印 刷 肇东市一兴印刷有限公司
开 本 787 mm×1 092 mm 1/16 印张13.625 字数317千字
版 次 2007年8月第1版 2021年1月第12次印刷
书 号 ISBN 978-7-5603-1248-4
定 价 28.00元

前　　言

本书是为大学电类测量专业大专班、电类、非测量专业本科生及电大学生编写的教材。

电磁测量一直是电类大学生的一门重要的技术基础课。目前，在生产实践中除了传统的测量方法和仪表继续存在外，数字化测量技术，非电量电测量技术和微型计算机已被广泛地采用。但是，现在已有的适合于大专班选用的教材在内容上多以古典的电磁机械式仪表为主，对测量方法和测量误差的概念介绍的比较简单，特别是数字化测量技术、非电量的电测量技术，和单片机、微型机在测量技术中的应用等内容基本上没有涉及。针对这一现实，本教材在选材上力图解决这一问题，并用国际标准、国家标准统一全书的名词、术语、定义和单位。在教材的写法上是在讲清基本概念的基础上尽量用相应的国产仪器、仪表为实例，介绍正确选择和应用仪器仪表的方法及注意事项。每章后面编入部分习题及答案。

学习本课程要求学生有数学、电路、模拟电子电路、数字电路和计算机等方面的知识。

通过本课程的学习，使学生掌握基本测量方法，一般仪器、仪表的工作原理及使用方法，了解测量误差的一般概念。

全书计划学时为50～60，可根据具体情况和教学对象而适当调整。

全书共分六章，第一、二章由李慧英同志编写，第四章由王祁同志编写，第五章由孙金玮同志编写，第三章和第六章由陶时澍同志编写，由陶时澍负责主编。

由于作者的知识所限，本书在内容方面一定存在一些疏漏之处，欢迎读者批评、指正。

编　者

2007年于哈尔滨工业大学

目　录

绪 论

目前，我国正在进行大规模的“四化”建设。四个现代化的关键是科学技术现代化，没有现代化的科学技术，就不可能有现代的工业、农业和国防。

科学技术发展中的重要问题之一是科学实验。不论是基础科学的研究还是应用科学的研究都要进行大量的实验。在实验研究中，测量是基本的、大量的工作之一。对事物的认识靠比较，没有比较就没有鉴别；比较是以“量”的概念作基础的。获得量的概念靠测量。获得量的概念往往是科学实验的主要目的之一。可见，测量在科学实验中占有多么重要的位置。

在工农业生产中，为保证产品质量和人身、设备的安全，需要大量的仪器、仪表用来对生产过程实行在线、实时或定期的检测和监督，以保证生产安全、可靠的进行。生产过程机械化和自动化程度越高，对测量的准确度、测量速度及仪器、仪表的可靠性要求也越高。

可靠、准确的测量手段和统一的单位也是国际贸易和国际科学技术交流的共同语言。

可以说，测量已经在国民经济的各个部门和日常生活中占有重要地位。世界上每个科学技术和工业生产高度发达的国家都在测量技术的研究，仪器、仪表的制造，保证计量单位的统一和可靠等方面做了大量工作，并且以法律的形式给予必要的保证。

在测量技术中，电磁测量技术近年来有了很快的发展。电磁测量技术的特点是：准确度高，目前电磁测量的误差可以小到 $10^{-6} \sim 10^{-7}$；测量速度快，很容易达到 $10^{2} \sim 10^{3}$次/秒；范围广，不但所有的电量、磁量和电路、磁路参数能用电磁测量技术测量，而且很多非电量，例如湿度、压力、振动、速度、位移、水位、人的血压、物体的长度、重量、地震波、飞行高度、潜水深度等等，也都可以先变成与其成函数关系的电磁量或电路参数后，再用电磁测量的方法测量；测量数值的覆盖面宽，例如，电阻的数值从 $10^{-7}\Omega$ 一直到 $10^{10}\Omega$，甚致更广的范围均可用电磁测量的方法进行测量；电磁测量的灵敏度高，例如，数值小到 10^{-15}A 的电流也可以用电磁测量的方法检测；最后一个特点是能比较方便地实现自动测量、自动控制和自动处理实验数据，能够给出数码，易于与计算机配合。在当今的世界中，从人们的日常生活开始，不管是天空、地面、海洋还是进入人体内的细胞，到处都有用电磁测量技术解决测量问题的例子。可见，电磁测量技术已经深深地扎根到国民经济和科学技术的各个领域中，而且各种不同的测量实践又迅速地推动电磁测量技术不断发展。

电磁测量技术包括三个主要方面：电磁量的测量方法，电磁测量仪器、仪表的设计与制造和电磁量的量值传递。其中，以仪器仪表的发展最能体现电磁测量技术的发展。仪器、仪表的发展可以分成三个主要阶段，它们是古典电工仪器仪表发展阶段，数字式仪表发展阶段和自动测试系统发展阶段。

人们最早对电的认识是从定性开始的。由于对电现象研究的需要，人们开始了对测量仪表的研究。古典式电工仪器、仪表的发展是从 1743 年俄国学者 Г·В·黎赫曼制造出第一台有刻度的验电器开始的。1836 年出现了可动线圈式检流计；1837 年出现了可动磁针式检流计；

1841 年出现了电位差计原理；1843 年制成了惠斯登电桥；1861 年又制成了第一台直流电位差计。到 1895 年设计制造成功了世界上第一台感应式电度表。在这一阶段电工学的理论也得到了很大的发展，其中的库伦定律、安培定律、毕奥—沙发—拉普拉斯定律、法拉第电磁感应定律和麦克斯韦电磁场理论也都已建立，为古典式电工仪器、仪表的发展提供了理论基础。到 20 世纪 30 年代前后，古典式电工仪器、仪表在理论上已经成熟，结构也已基本定型。20 世纪 40 年代以后，由于新材料的出现，使电工仪器、仪表在准确度方面有所突破。例如，1936 年出现了高性能的磁性材料——铝镍合金，在 1960 年前后便生产出了 0.1 级的电磁系、电动系和磁电系仪表系列，直到现在，这类电磁机械式仪表的准确度还停留在这一水平。我国自 1956 年建成哈尔滨电表仪器厂以后才开始有了大型、先进的仪表工业。到了 1970 年以后，国产的电磁机械式仪表的准确度也达到了 0.1 级，在品种上已经满足了国内绝大部分的需要，并有部分出口。

第二次世界大战以后，由于电子技术和计算技术的发展，为仪器、仪表工业的发展提供了新的理论和条件。1952 年，美国制造出了世界上第一台比较式数字电压表，为仪器、仪表工业的发展开辟了一条新路。在随后的十几年中，世界各国争相研究和生产数字式仪表，使电工仪器、仪表的发展进入了新的阶段。早期的数字式仪表采用斜波式模—数转换器（亦称 A/D 转换器）；把被测的模拟量转化为数字量，不久就被抗干扰能力强的积分式 A/D 转换器所代替；到 1968 年又出现了脉冲调宽式 A/D 转换器，使数字式仪表不但能准确地测量电压、电流和电阻，还能准确地测量功率和电能。这样，数字式仪表在原理和结构方面都达到了较完善的程度。近年来，由于大规模、超大规模集成电路的发展和余数再循环式 A/D 转换器的出现，以及微型计算机和单片计算机的广泛应用，已经制造出分辨率为 $100 \sim 0.01\mu V$、读数达 $7\frac{1}{2}$位和 $8\frac{1}{2}$位的数字万用表，准确度可达 10^{-6}，并有求算术平均值、方差、标准差、自校准和数据存储等功能。我国的数字式仪表的研制是从 1957 年开始的，目前，虽已初具规模并形成了一定的生产能力，但是，在质量和性能方面还需进一步提高。

从 20 世纪 70 年代开始，由于微处理器、微型计算机、电子技术和信息处理技术综合应用的结果，使电磁测量技术向自动化、智能化、系统化方向发展，它的主要标志在下面四个方面。

1. 微机置入传统仪器——智能仪器

智能仪器的最大特点是仪器中采用了单片计算机，使测量和数据处理过程改由软件控制，使仪器具有自动校准、自动校零、非线性校正、温度补偿、自动测量、自动调节，并有计算、控制、数据处理和存储等功能，也可按予定的程序要求完成其它任务。使仪器具有结构简单，可靠性高，自动化程度高等特点。

2. 采用标准接口组成自动测试系统

在 1972 年美国的 HP 公司首先推出了 GPIB 接口，该接口是为智能仪器、微机及其它仪器、装置相互联接而提供的一种公用接口总线。1975 年被电气与电子工程师协会（IEEE）承认为国际上通用的外部接口总线，又称为 IEEE—488 接口总线。目前，国际上生产的智能仪器绝大部分带有 GPIB 接口。一个 GPIB 接口可以连接 15 台仪器，组成一个测试系统。该系统在微机的控制下，通过总线的连接和协调，由系统内的仪器完成不同的功能。例如，该系统可能连有逻辑分析仪、示波器、智能仪器、数字电压表、频谱分析仪和网络分析仪等。

IEEE—488 仪器系统可以由不同厂家生产的独立仪器连接而成。每台仪器均有独立的电源、机箱、显示器、键盘和存储器等部分,在组成统一的测试系统时势必造成资源的消费,成本过高,体积庞大。在 1982 年又研制开发出了个人微机(PC 机)加配模块卡式的 PC 仪器系统。PC 仪器系统是把带有测量电路和接口的插件板(仪器卡)插入 PC 的总线,利用 PC 机的机箱(或外部机箱)、键盘、屏幕显示器(CRT)和存储器,配以适当的软件,组成不同的仪器,完成不同的测量任务。显然,它的结构大为简化,成本降低,每一插件板都独自完成一定的功能。PC 仪器又称模块化仪器。

3. VXI 总线系统——虚拟仪器系统

与 IEEE—488 系统相比,模块式的 PC 仪器系统因由各生产厂家自行定义总线而无统一的标准,使其兼容性大大降低,用户难以选择不同厂家的模块组成测试系统。

VXI 总线是面向模块式结构的仪器总线,1987 年问世,经修改、完善后于 1992 年 4 月形成标准。该总线结构对所有仪器生产厂家是公开的,允许用户把按该标准生产的仪器模块用于同一仪器系统的同一机箱内,从而使仪器系统硬件的组成更为灵活。

VXI 总线组成的仪器系统是微机、软件技术和测量电路组成的模块三者的有机组合,其中高性能的微机处在核心地位,传统仪器的某些硬件被软件代替,例如,利用软件在 CRT 上生成仪器的软面板,利用鼠标在软件支持下进行测量操作,以完成仪器的控制,数据采集,数据分析、数据管理、处理及存储等功能,形成所谓"虚拟仪器",完成测试任务。

4. 研制和生产了大量的传感器

为了满足国民经济各个部门提出的测试任务,研制和生产了大量的传感器。例如,在物理、化学、医学、冶金、机械、石油化工、海洋、航空航天等领域中的大量非电量,都是用传感器变成电量后用电磁测量技术完成测量。

显然,仪器与计算机技术的深层次结合将产生全新的仪器结构概念,在 VXI 总线仪器和虚拟仪器等模块式仪器的基础上,将出现集成仪器的概念[37]。集成仪器将基于"信息的数据采集(A/D 转换)——信息的分析与处理(DSP)—输出及显示(D/A 转换)"的结构模式。利用这种集成仪器的通用硬件平台调用不同的测试软件,就可以构成不同功能的仪器。在这样的仪器中,改用软件就可以形成新的仪器,故称这些软件就是仪器决不是夸张。

组成统一的测试系统对生产过程进行实时监控,这在大中型厂、矿企业中已是势在必行,高质量的智能仪器、PC 仪器和虚拟仪器已有了广泛的市场。但是,必须指出、简单、可靠和价格便宜的电磁机械式仪表无论在国内还是在国外仍然广泛使用而没有完全被淘汰。因此,本书作为教材,并考虑到读者的对象,在内容安排上注意到这一现实,内容做到合理的取舍。

第一章 测量的基本知识

1-1 测量与测量单位的概念

在工农业生产、商业贸易、日常生活中都需要测量。而科学技术的发展更是与测量的发展分不开的。通过测量可以定量地认识客观事物,从而达到认识客观事物的本质和揭示自然规律的目的。

测量实际是用实验的方法把被测量与标准量进行比较以确定被测量大小的过程。要想确定被测量的大小,必须有一个参考量,即标准量。我们把这个参考量定义为单位。也就是说:单位是一个选定的参考量。一旦确定,所有同类物理量都可以用它来表示。

测量结果由两部分组成,即测量单位和纯数。一般表示成

$$X = A_X \cdot X_0$$

式中 X——表示被测量;

A_X——表示测量所得的数字值,即单位的倍数;

X_0——表示测量单位。

例如对某一电压进行测量,所得测量结果表示为

$$V_X = 5.0\mathrm{V}$$

式中 V_X——被测电压;

V——电压单位“伏特”;

5.0——测得的数字值,表示被测量是单位值的5.0倍。

独立定义的单位称基本单位。例如电磁学中安培的定义为:若处于真空中相距1米的两根无限长、截面小到可忽略的平行直导线内有1安培的恒定电流流过;则导线间每米长度所受的力为 2×10^{-7} 牛顿。由于物理量间有各种物理关系相联系;所以一旦几个物理量的单位确定后,其它物理量的单位就可以根据物理关系式推导出来。这些由基本单位和一定物理关系推导出来的单位称“导出单位”。例如物体运动速度单位“米/秒”就是根据长度单位“米”和时间单位“秒”和物理关系“速度=距离/时间”推导出来的。基本单位与导出单位的总和称为单位制。

在测量过程中,所选单位不同,得到的测量结果就不同。在历史上,各国都有自己的单位制。造成了同一物理量具有多个不同单位的情况。在目前国际经济高度发展的大环境中,单位不统一给我们的生产、生活、国际贸易和科技交流造成了极大的困难。这就需要一个国际上公认的、统一的单位制。1960年国际计量大会上正式通过了适合于一切领域的单位制,称为国际单位制,用代号“SI”表示。

国际单位制中有七个基本单位,即

(1)长度单位:米(m);

(2)质量单位:千克(kg);

(3)时间单位:秒(s);

(4)电流单位:安培(A);

(5)热力学温度单位:开尔文(K);

(6)物质的量的单位:摩尔(mol);

(7)光学强度单位:坎德拉(cd)。

根据上述七个基本单位和两个辅助单位(弧度和球面度),通过一定的物理关系式,可以导出自然界所有物理量的单位。

在电磁学中涉及的物理量的单位只和四个基本单位有关,即:米、千克、秒、安培。通过这四个基本单位和电磁学定律,就可导出电磁学中所有物理量的单位。

表1-1中列出了部分电磁学量的SI导出单位。

表1-1　电磁学单位的部分SI导出单位

物理量	定义方程式	单位名称	单位代号	
			中文	国际
电量	$q=It$	库仑	库	C
电势	$U=\frac{W}{q}$	伏特	伏	V
电容	$C=\frac{U}{q}$	法拉	法	F
电阻	$R=\frac{U}{I}$	欧姆	欧	Ω
电阻率	$\rho=\frac{S}{l}R$	欧姆·米	欧·米	Ω·m
电导	$g=\frac{1}{R}$	西门子	西	S
电场强度	$E=\frac{U}{d}$	伏特每米	伏/米	V/m
磁通	$\Delta\Phi_m=E\cdot\Delta t$	韦伯	韦	Wb
磁感应强度	$B=\frac{\Phi_m}{s}$	特斯拉	特	T
磁场强度	$H=\frac{1}{2\pi r}$	安培每米	安/米	A/m

1-2　电学基准和电学量具

测量单位是理论定义。我们必须通过实验的方法把其复现出来并逐级传递到被测对象上去,才能实现测量。量具就是测量单位的整数倍或分数倍的复制实体。是测量中用于比较的工具。根据其工作任务的不同分为基准器、标准量具和工作量具。

一、电学基准

我们把最精确地复现或保存单位的物理现象或实物称为基准。如果基准是通过物理现象建立的称为自然基准。如果基准是建立在实物上的称为实物基准。过去的电学基准是标准电池组复现电动势或电压的单位“伏特”,标准电阻组复现电阻的单位“欧姆”。二者是实物基准。1990年1月1日国际上正式启用电学计量新基准。约瑟夫森效应和冯·克里青效应(也称量子化霍尔效应)。复现“伏特”和“欧姆”单位。实现了从实物基准向自然基准的过渡。自然基准是通过测量原子常数建立起来的。具有长期的稳定性，对计量单位的统一具有重要意义。保存基准值的实物体或装置称："基准器"。

1. 约瑟夫森效应

两块弱连接的超导体在微波频率的照射下就会出现阶梯式的伏安特性，见图1-1。这种超导体的结构称为约瑟夫森结。在第 n 个阶梯处的电压与微波频率有如下关系

$$V_n = \frac{nh}{2e} \cdot f \tag{1-1}$$

式中 V_n——第 n 个阶梯处的电压；

n——阶梯序数；

h——普朗克常数；

e——电子电荷；

f——微波频率。

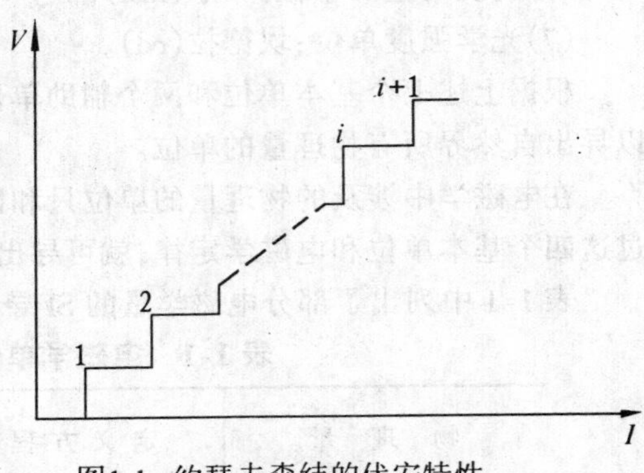

图1-1 约瑟夫森结的伏安特性

这个公式是复现和保存国家电压单位"伏特"的理论基础。通过精心测量微波频率就可确定 V_n 的数值。

2. 冯·克里青效应（量子化霍尔效应）

量子化霍尔效应是二维电子气体的特性。对于高迁移率的半导体元件，符合一定的尺寸要求，当外加磁感应强度为10特斯拉左右，且元件被冷却到几开尔文时，便可产生二维电子气。在这种情况下二维电子气被完全量化。当通过元件的电流 I 固定时，在霍尔电压——磁感应强度曲线上会出现磁感应强度变化而霍尔电压不变的区域。这些霍尔电压不变的区域称为霍尔平台。我们定义第 i 个平台的霍尔电压 $U_H(i)$ 与霍尔元件流过电流 I 的比值为第 i 个霍尔平台的霍尔电阻 $R_H(i)$，即

$$R_H(i) = \frac{U_H(i)}{I} \tag{1-2}$$

在电流流动方向损耗为零的极限条件下，量子化霍尔电阻与平台序数 i 的关系如下

$$R(i) = \frac{R_H}{i} \tag{1-3}$$

式中 R_H——冯·克里青常数。

理论上预言

$$R_H = \frac{h}{e^2} \tag{1-4}$$

式中 h——普朗克常数；

e——电子电荷。

R_H 是物理常数。一旦确定 i，冯·克里青效应就可用于复现、保存电阻单位"欧姆"。

以上介绍了电学基准。比电学基准准确度低一些的量具是标准量具。电学中常用的标准量具是标准电池和标准电阻。

二、标准电池

标准电池是复现电压或电动势单位"伏特"的量具。它是性能极其稳定的化学电池。

电动势在 1.0186 V 左右。按电解液的浓度划分为饱和式和不饱和式标准电池。在整个使用温度范围内电解液始终处于饱和状态称饱和式标准电池，而电解液始终处于不饱和状态称不饱和标准电池。图 1-2 为饱和式标准电池的原理结构。饱和式标准电池的电动势受温度影响，其关系式如下

式中　t——标准电池所处温度值；

$$E_t = E_{20} - 39.9\times10^{-6}(t-20) - 0.94\times10^{-6}(t-20)^2 + 0.009\times10^{-6}(t-20)^3$$

E_{20}——标准电池在 20℃时的电动势值；

E_t——标准电池在 t 温度下的电动势值。

下面是两种形式标准电池的性能比较。

饱和式 { 优点：电动势稳定性好。
缺点：内阻大、温度系数大。

不饱和式 { 优点：内阻小、温度系数小。
缺点：电动势稳定性差。

标准电池按年稳定性分为若干等级。饱和型分为 0.0002，0.0005，0.001，0.002，0.005，0.01 级。不饱和型分为 0.002，0.005，0.01 级。

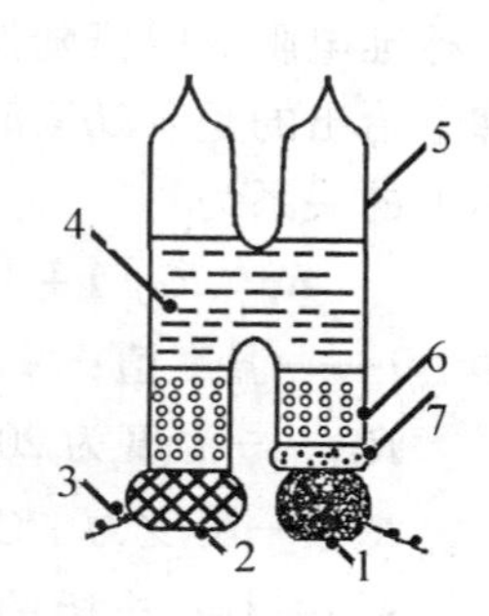

图1－2　饱和标准电池的原理性结构

1—汞(＋)　2—镉汞齐(－)
3—铂引线　4—硫酸镉饱和溶液
5—玻璃外壳　6—硫酸镉结晶
7—硫酸亚汞

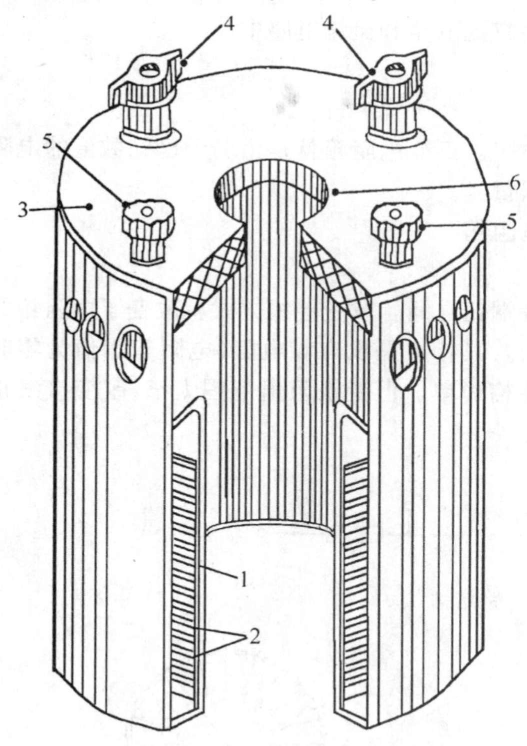

图 1-3　标准电阻器的结构

1—骨架；　2—锰铜丝；　3—绝缘盖；
4—电流端钮；　5—电位端钮；　6—温度计插孔

标准电池在使用时应注意下列事项。

1. 要根据标准电池的级别，在规定要求的温度下存放和使用。

2. 标准电池不能过载，严禁用电压表或万用表去测量标准电池的电动势。

3. 标准电池禁止摇晃和振动，严禁倒置。经运输后要放置足够时间后再使用。

4. 检定证书和历年的检定数据是衡量一只标准电池好坏的依据，应注意保存。

三、标准电阻

标准电阻是复现和保存电阻单位“欧姆”的实体。通常标准电阻是由锰铜丝绕制的。图 1-3 为其结构示意图。由于锰铜丝电阻系数高，电阻温度系数小，又采用了适当工艺处理和绕制方法。所示标准电阻阻值稳定、结构简单、热电效应、残余电感、寄生电容小。能够准确地复现欧姆量值。

阻值低于 10 Ω 的电阻通常是四端钮结构。即分别有电流端钮和电位端钮。其接线

图如图 1-4 所示。阻值为

$$R = \frac{U}{I} \tag{1-5}$$

电阻上的电流不流过电位端钮。减小了端钮接触电阻对标准电阻阻值的影响。

当标准电阻的阻值高于 $10^6\Omega$ 时,漏电的影响相对增加。所以高阻标准电阻有时制成三端钮形式。其中一个端钮是屏蔽端钮。如图 1-5 所示。在使用时给屏蔽端一定的电位,可减小漏电的影响。

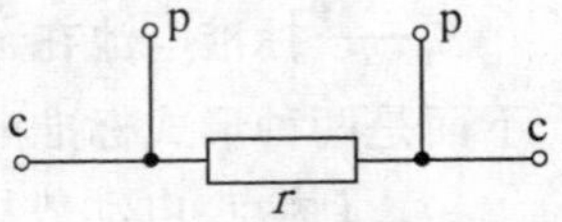

标准电阻的阻值随温度的改变而有所变化。电阻器铭牌上给出的是 +20℃时电阻器的电阻名义值。电阻值与温度的关系为

$$R_t = R_{20}[1 + \alpha(t - 20) + \beta(t - 20)^2] \tag{1-6}$$

图1-4　四端钮电阻器

式中　t——温度值;

R_{20}——温度为 20℃的电阻值;

R_t——温度为 t℃的电阻值;

α——标准电阻的一次温度系数;

β——标准电阻的二次温度系数。

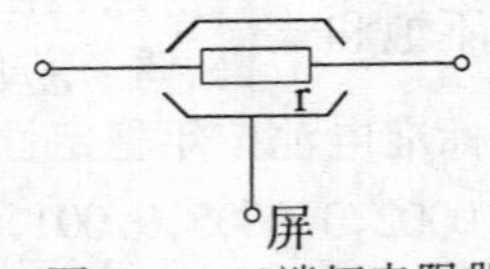

图1-5　三端钮电阻器

标准电阻器有直流、交流两种,分别用在直流电路和交流电路中。

四、可变电阻箱

测量实践中有时需要阻值可以调节的电阻。可变电阻箱就是由若干已知数值的电阻元件按一定形式联接在一起组成的可变电阻量具。

下面介绍目前应用和生产的主要两种电阻箱 。

1. 接线式电阻箱

接线式电阻箱的各已知电阻分别焊在各端钮之间。改变接线方式就改变了电阻箱的电阻值。图 1-6 是接线式电阻箱的电路结构。其特点是没有零电阻(电阻箱示值为零时的电阻值)和电刷的接触电阻。示值稳定、结构简单。但变换阻值范围太窄,改变接线也较麻烦。

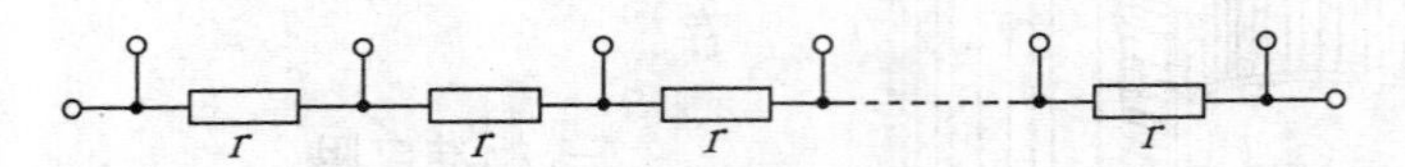

图1-6　接线式电阻箱电路结构

2. 开关式电阻箱

图 1-7 为开关式电阻箱的结构示意图。这是三级十进位电阻箱。转换开关的位置就可以得到需要的三位十进电阻值。

开关式电阻箱的优点是阻值变化范围宽,且操作方便。但是它的接触电阻大而且不稳定。当电刷均放在零位时,由于接触电阻和导线电阻的影响使电阻箱的电阻不为

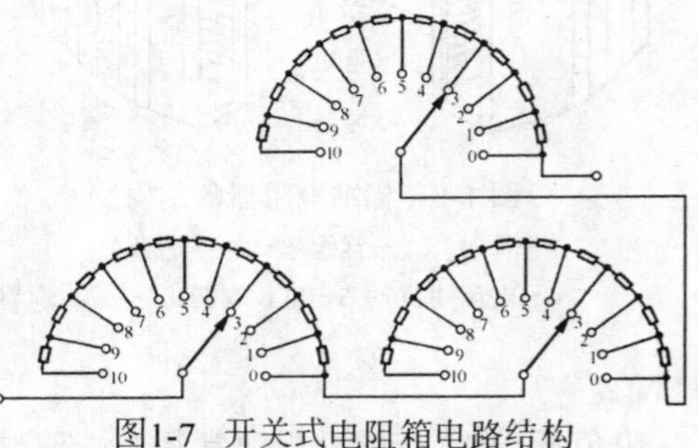
图1-7　开关式电阻箱电路结构

零，即开关式电阻箱存在零电阻。

电阻箱也有交流电阻箱与直流电阻箱之分。在使用中应予以注意。

直流电阻箱的准确度等级分为0.002,0.005,0.01,0.02,0.05,0.1,0.2,0.5,1,2,5,十一个级别。

电阻箱在额定电流或额定电压范围内的允许误差(即基本误差)，由下式表示

$$|\Delta| \leqslant (a\% R + b)\Omega \tag{1-7}$$

式中 Δ——允许误差值；

a——准确度等级对应的允许偏差；

R——电阻箱接入电阻值；

b——常数。

式(1-7)中含有两个误差项。第一项与接入电阻值有关，主要是各电阻元件的误差。第二项是常数，主要是连接导线和电刷的接触电阻。

思 考 题

1. 单位的概念是什么？
2. 电学新基准中复现电动势单位“伏特”和电阻单位“欧姆”的两种物理现象是什么？
3. 试写出电容单位“法拉”与电阻单位“欧姆”的关系。

附录1　中华人民共和国法定计量单位

我国的法定计量单位(以下简称法定单位)包括：

(1)国际单位制的基本单位：(见表1-2)；

(2)国际单位制的辅助单位：(见表1-3)；

(3)国际单位制中具有专门名称的导出单位：(见表1-4)；

(4)国家选定的非国际单位制单位：(见表1-5)；

(5)由以上单位构成的组合形式的单位；

(6)由词头和以上单位所构成的十进倍数和分数单位(词头见表1-6)。

法定单位的定义、使用方法等，由国家技术监督局另行规定。

表1-2　国际单位制的基本单位

量的名称	单位名称	单位符号
长度	米	m
质量	千克(公斤)	kg
时间	秒	s
电流	安[培]	A
热力学温度	开[尔文]	K
物质的量	摩[尔]	mol
发光强度	坎[德拉]	cd

表 1-3　国际单位制的辅助单位

量的名称	单位名称	单位符号
平面角	弧度	rad
立体角	球面度	sr

表 1-4　国际单位制中具有专门名称的导出单位

量的名称	单位名称	单位符号	其它表示式例
频率	赫[兹]	Hz	s^{-1}
力;重力	牛[顿]	N	$kg\cdot m/s^2$
压力;压强;应力	帕[斯卡]	Pa	N/m^2
能量;功;热	焦[耳]	J	$N\cdot m$
功率;辐射通量	瓦[特]	W	J/s
电荷量	库[仑]	C	$A\cdot s$
电位;电压;电动势	伏[特]	V	W/A
电容	法[拉]	F	C/V
电阻	欧[姆]	Ω	V/A
电导	西[门子]	S	A/V
磁通量	韦[伯]	Wb	$V\cdot s$
磁通量密度,磁感应强度	特[斯拉]	T	Wb/m^2
电感	亨[利]	H	Wb/A
摄氏温度	摄氏度	℃	
光通量	流[明]	lm	$cd\cdot sr$
光照度	勒[克斯]	lx	lm/m^2
放射性活度	贝可[勒尔]	Bq	s^{-1}
吸收剂量	戈[瑞]	Gy	J/kg
剂量当量	希[沃特]	Sv	J/kg

表 1-5 国家选定的非国际单位制单位

量的名称	单位名称	单位符号	换算关系和说明
时　间	分 [小]时 天[日]	min h d	1 min = 60 s 1 h = 60 min = 3 600 s 1 d = 24 h = 86 400 s
平面角	[角]秒 角[分] 度	(″) (′) (°)	1″ = (π/648 000)rad (π 为圆周率) 1′ = 60″ = (π/10 800)rad 1° = 60′ = (π/180)rad
旋转速度	转每分	r/min	1 r/min = (1/60) s^{-1}
长　度	海　里	n mile	1 n mile = 1 852m(只用于航程)
速　度	节	kn	1 kn = 1 n mile/h = (1 852/3 600) m/s(只限于航行)
质　量	吨 原子质量单位	t u	1 t = 10^3 kg 1 u≈1.660 565 5 × 10^{-27} kg
体　积	升	L,(l)	1 L = 1 dm = 10^{-3} m
能	电子伏	eV	1 eV≈1.602 189 2 × 10^{-19} J
级　差	分　贝	dB	
线密度	特[克斯]	tex	1 tex = 1 g/km

表 1-6 用于构成十进倍数和分数单位的词头

所表示的因数	词头名称	词头符号
10^{18}	艾[可萨]	E
10^{15}	拍[它]	P
10^{12}	太[拉]	T
10^{9}	吉[咖]	G
10^{6}	兆	M
10^{3}	千	k
10^{2}	百	h
10^{1}	十	da
10^{-1}	分	d
10^{-2}	厘	c
10^{-3}	毫	m
10^{-6}	微	μ
10^{-9}	纳[诺]	n
10^{-12}	皮[可]	p
10^{-15}	飞[母托]	f
10^{-18}	阿[托]	a

注:1. 周、月、年(年的符号为 a),为一般常用时间单位。

2.[ ]内的字,是在不致混淆的情况下,可以省略的字。

3.( )内的字为前者的同义语。

4. 角度单位度分秒的符号不处于数字后时,用括弧。

5. 升的符号中,小写字母 l 为备用符号。

6.r 为“转”的符号。

7. 人民生活和贸易中,质量习惯称为重量。

8. 公里为千米的俗称,符号为 km。

9.10^4 称为万,10^8 称为亿,10^{12}称为万亿,这类数词的使用不受词头名称的影响,但不应与词头混淆。

第二章　测量的误差

2-1　误差的概念

测量的目的是获得被测量的数值。它包括计量单位和纯粹的数值。在一定条件下物理量符合其定义的真实值称为真值。无论多么精确的测量，都无法获得被测量的真值。只能在一定测量准确度下获得一个与真值相近似的可使用的值，称为约定真值。此值与真值之差可以忽略。在不引起误解时，也可将术语“真值”理解为“约定真值”。

我们把通过一定测量方法得到的测得值与真值的差称为误差。误差的表示方法有以下几种。

一、绝对误差

通过测量得到的被测量的数值称为测得值，测得值与真值的代数差称为绝对误差。用 X_0 表示真值，X 表示测得值，则绝对误差 Δx 可表示为：

$$\Delta x = X - X_0 \tag{2-1}$$

绝对误差有大小、符号和单位。

二、相对误差

绝对误差与真值的比率称为相对误差。通常用百分数表示。如用 γ 表示相对误差，则有

$$\gamma = \frac{\Delta x}{X_0} \times 100\% \tag{2-2}$$

相对误差只有大小和符号而无单位。

通常 X 与 X_0 很接近，所以有

$$\gamma \approx \frac{\Delta x}{X} \times 100\% \tag{2-3}$$

相对误差便于比较，更能反映测得值的可信程度。因此在测量实践中都用相对误差来评价测量结果的优劣。

三、基准误差(引用误差)

相对误差可以说明测量结果的好坏，但不能评价一个指示仪表的质量。对一个指示仪表而言；标尺上各点的绝对误差相近似。指针指在不同刻度上读数不同，因而各指示值的相对误差差别很大。无法用来评价仪表的质量。为区分仪表的质量等级(该等级通常称准确度等级)。选取仪表上限即满刻度值做为参比基准，称为基准值(注意，此基准值不是测量单位基准器的数值)。用绝对误差与基准值的比值来评价仪表的质量或该表测量时的准确度，称为基准误差或引用误差。用百分数表示。若用 γ_n 表示引用误差，则有

$$\gamma_n = \frac{\Delta x}{X_n} \times 100\% \tag{2-4}$$

由于仪表各指示值的绝对误差不相等，因此国家标准规定仪表的准确度等级 a 用最大引用误差来确定。指示仪表各指示点的最大引用误差不超过该仪表准确度等级的百分数，即

$$\gamma_{nm} = \frac{\Delta x_m}{X_n} \times 100\% \leqslant a\% \tag{2-5}$$

式中 γ_{nm}——仪表各指示点处引用误差的最大值；

Δx_m——仪表指示值中最大绝对误差；

X_n——仪表的测量上限；

a——仪表的准确度等级指数。

这样，当示值为 X 时，测量结果所能产生的最大相对误差为

$$\gamma_m = \frac{\Delta X_m}{X} \leqslant a\% \frac{X_n}{X} \tag{2-6}$$

式(2-6)表明，与测量上限相比被测量越小，测量结果的相对误差越大。

例如，用0.5级电压表($a=0.5$)测量名义值为2V的电压。仪表有满量程3V档和5V档可供选择。

当使用3V档对被测量进行测量时，最大可能相对误差为

$$\gamma_m = \frac{\Delta U_m}{U} = \frac{3 \times 0.5\%}{2} = 0.75\%$$

当使用5V档对被测量进行测量时，最大可能相对误差为

$$\gamma_m = \frac{\Delta U_m}{U} = \frac{5 \times 0.5\%}{2} = 1.25\% \approx 1.2\%$$

从上述例子可以看出，引用误差只表示仪表的质量，而不能完全代表测量结果的好坏。因此，选用仪表前应对被测量数值范围、测量要求有所了解。为充分利用仪表的准确度，被测量的值应大于其测量上限的2/3。

2-2 测量误差的分类

在测量过程中，测量结果与被测量真值之间总是存在偏差。为了尽量减小测量误差，需要充分认识测量误差的规律性。根据误差的性质，测量误差可分为三类。下面逐一进行讨论。

一、系统误差

把数值一定或按一定规律变化的误差称为系统误差。系统误差的产生原因有以下几种。一是仪器、仪表本身不准确。由于技术水平和生产条件限制，仪器、仪表本身总会含有误差。在使用其进行测量时，就直接造成测量误差。二是测量方法和理论误差。主要是测量中所采用的测量方法没充分考虑到各种因素对测量结果的影响或采用了近似公式引起的。另外，系统误差还和操作者的操作水平、反应速度和固有习惯有关系。

为了消除系统误差的影响。应根据测量的准确度要求，选择合适的测量方法和测量仪表在规定的环境下测量，并全面分析各种因素对测量结果的影响，对测量读数进行合理修正，以将系统误差减小到允许的范围内。

二、随机误差

在相同条件下多次测量同一量时，大小和符号均可能发生变化的误差称随机误差。其值时大时小，符号时正时负，没有确定的变化规律。

随机误差是测量实验中许多独立因素的微小变化而引起的。例如温度、湿度均不停地围绕各自的平均值起伏变化；所用电源的平均值也时刻不停地围绕其平均值起伏变化等。这些互不相关的独立因素是人们不能控制的。它们中的某一项影响极其微小，但很多因素的综合影响就造成了每一次测得值的无规律变化。

单次测量的随机误差没有规律、无法预料也不可控制。所以无法用实验的方法加以消除。但是多次测量中随机误差的总体服从统计规律。因此，可以用统计学的方法估计其影响。

1. 随机误差的统计特性

测量数据中既含系统误差又含随机误差。在这里假定系统误差已消除，只讨论随机误差的特性。

多个随机误差服从统计规律，数据越多，其规律性越明显。对一个物理量在一定条件下进行多次重复测量可得一系列的测量读数：

$$X_1, X_2 \cdots\cdots X_i \cdots\cdots X_n$$

把它们按顺序排列起来称为测量列。其中 i 表示测量序号，总的测量次数为 n。n 次测量结果因其外界宏观条件相同，可信度是一样的。所以这 n 次测量又称等精度测量。但每次测量结果的随机误差却不同。

误差的分布规律有多种。最常见的是正态分布规律。对一个物理量进行多次等精度测量所得到的一系列读数一般都服从正态分布律，其随机误差也服从正态分布律。

正态分布的概率分布密度为

$$y(\delta) = \frac{1}{\sigma\sqrt{2\pi}} e^{-\frac{\delta_i^2}{2\sigma^2}} \tag{2-7}$$

式中　$\delta_i = X_i - X_0$ 是测量读数的随机误差；$\sigma = \sqrt{\sum_{i=1}^{n}(\delta_i^2/n)}$ 为变量（测量读数）的均方根误差。

在测量领域中，σ 称为测量列单次测量的标准差。图 2-1 给出了不同标准差的正态分布曲线。其中 $\sigma_3 > \sigma_2 > \sigma_1$。从中可以看出 σ 越大曲线越平坦，大的随机误差出现的可能性越大。标准差 σ 表征了测量列数据的分散程度，是随机误差的重要参数。

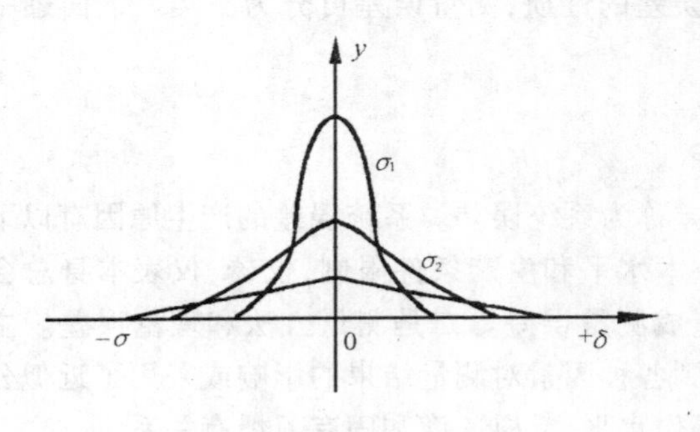

图 2-1　σ 值不同时正态分布曲线

服从正态分布的随机误差呈现下述四种特性

(1)有界性：即在一定条件下对某量进行有限次测量，其随机误差的绝对值不会超出一定界限。

(2)单峰性:即绝对值大的随机误差出现的机会少,绝对值小的随机误差出现的机会多。

(3)对称性:绝对值相等的正、负误差出现的机会相等。

(4)抵偿性:将全部随机误差相加时,正负误差具有相互抵消的趋向。即以等精度测量某一量时,其随机误差的算术平均值随着测量次数 n 的无限增多而趋近于零,即

$$\lim_{n \to \infty} \frac{\sum_{i=1}^{n} \delta_i}{n} = 0 \tag{2-8}$$

式中　$\delta_i = X_i - X_0$ 为随机误差。

抵偿性是随机误差的重要特性,凡具有抵偿性的误差,原则上都属于随机误差。

2. 算术平均值原理及标准差的估算

设在一定条件下对某物理量进行 n 次等精度测量,得到测量列如下:

$$X_1, X_2, \cdots\cdots X_i, \cdots\cdots X_n$$

我们定义

$$\bar{X} = \sum_{i=1}^{n} \frac{X_i}{n} \tag{2-9}$$

为测量列的算术平均值。

算术平均值是根据测量数据得到的被测量的最可信赖值。它可做为测量结果最接近被测量的真值。下面做一下简单的证明。

测量列中读数的随机误差为

$$\delta_i = X_i - X_0$$

对 n 个读数的随机误差取平均值得

$$\frac{\sum_{i=1}^{n} \delta_i}{n} = \frac{\sum_{i=1}^{n} X_i}{n} - X_0 \tag{2-10}$$

在测量次数无限增加(即 $n \to \infty$)时,根据随机误差的抵偿性和式(2-10)可得

$$\bar{X} = \lim_{n \to \infty} \frac{\sum_{i=1}^{n} X_i}{n} = X_0 \tag{2-11}$$

可以看出测量列的算术平均值 $\bar{X}$ 在测量次数极多时,趋近于被测量的真值。所以把它做为测量结果。

在实际工作中以算术平均值代替真值。单次测得读数与算术平均值之差为

$$v_i = X_i - \bar{X}$$

称 v_i 为残差(或剩余误差)。从残差的定义可以看出,测量列所有读数残差的代数和为零,即

$$\sum_{i=1}^{n} v_i = 0$$

利用这个特点可对计算得到的残差进行验算。如果测得值服从正态分布,则残差也服从正态分布。

在测量实践中,常需要知道测量列标准差的大小。前面给出标准差的定义为

$$\sigma = \sqrt{\sum_{i=1}^{n}(\delta_i^2/n)} \tag{2-12}$$

但因 X_0 未知,所以 δ_i 无法计算。实际上,由于测量次数有限,只能计算出标准差的估值。可以证明,测量列单次测量标准差的估值为

$$\hat{\sigma} = \sqrt{\frac{\sum_{i=1}^{n} v_i^2}{n-1}} \tag{2-13}$$

式中 v_i——读数 X_i 的残差;n——测量次数

该公式称为贝塞尔公式。在实际计算中不再区分 σ 与 $\hat{\sigma}$。因为计算得到的只是估值。

三、粗差

超出在规定条件下预期值的误差称为粗差。含有粗差的读数明显地歪曲了测量结果。

粗差的产生主要有两个原因:一是由于操作者粗心和疏忽引起的。如不正确地使用仪器,读错、记错、算错数据。或是使用了有缺陷的量具或仪器造成的。另一个原因是由测量中的统计规律决定的。当测量次数较多时,总会有大的随机误差出现。因为含有粗差的读数明显地歪曲了测量结果,我们称其为坏值。在处理数据时应予剔除。

对于第一类原因造成的坏值,可以随时发现、随时剔除。这称为物理判别法。另一类坏值是由随机因素造成的,符合统计规律。其误差超出了一定界限。这就要求用统计判别法来判定。通常当某一读数的残差超出 $3\hat{\sigma}$(测量列标准差的三倍),该值即被认为是粗差。该读数为坏值应予剔除。这就是拉依达准则。

坏值剔除后要重新计算测量列的算术平均值和标准差。

四、相关的测量术语

下面介绍与误差性质相关的测量术语。

(1)正确度:指测量结果与真值的偏离程度。表征系统误差的大小。

(2)精密度:指多次重复测量中,测量读数重复一致的程度。表征随机误差的大小。

(3)准确度(精确度):指测量结果与真值符合一致的程度,表征系统误差和随机误差的综合大小。

2-3 函数误差的基本问题和基本关系

在生产生活实践中,常常要进行测量。例如,用尺量布、用电压表测量电压、用电流表测量电流等等。这些测量可以直接得到测量结果,称为“直接测量”。还有一些物理量不能直接得到测量结果。例如电阻值和电阻上消耗电功率的定义分别为

$$R = \frac{U}{I} \qquad\qquad P = IU$$

其中 U 和 I 分别为电阻 R 上的电压和流过的电流。若求 P 和 R 的值,可以用电压表和电流表测出 I 和 U 的值,再代入上两式中求出 P 和 R 的值。这是通过测量与 P 和 R 有一定函数关系的物理量后,再通过函数关系计算得到的测量结果。这种通过测量与被测量有一定函数关系的物理量,再根据函数关系计算出被测量的测量结果的方法称为“间接测

量法”。这里直接测得量相当于函数中的自变量,也简称变量;而被测量相当于函数。上例中,测量 I、U 时,直接测量结果无疑是含有误差的。自然,由公式计算所得的 P 和 R 的数值也含有误差。研究和计算间接测量中直接测得量 U、I 的测量误差 ΔU、ΔI 与被测量 P、R 的误差 ΔP、ΔR 的关系,也就是研究函数误差和自变量误差的关系。

研究函数误差理论,主要是解决下面三个问题。一是已知函数关系和自变量误差求函数误差,这称为误差的综合问题。再是已知函数关系和函数误差,求自变量的误差,称误差分配。另一个是寻找使函数误差达到最小值的条件。为解决这些问题,就需要寻找函数误差和变量误差的基本关系。

设被测量与 m 个独立变量 $X_1,X_2,\cdots\cdots,X_m$ 具有函数关系

$$y=f(X_1,X_2,\cdots\cdots,X_m)$$

若 $X_1,X_2,\cdots\cdots,X_m$ 的绝对误差为 $\Delta_1,\Delta_2,\cdots\cdots,\Delta m$,由其引起的函数 y 的误差为 Δy,则有

$$y+\Delta y=f(X_1+\Delta_1,X_2+\Delta_2,\cdots\cdots,X_m+\Delta_m)$$

将上式展开成泰勒级数,并略去高阶微量得

$$y+\Delta y=f+\frac{\partial f}{\partial X_1}\Delta_1+\frac{\partial f}{\partial X_2}\Delta_2+\cdots\cdots+\frac{\partial f}{\partial X_m}\Delta_m$$

所以有

$$\Delta y=\frac{\partial f}{\partial X_1}\Delta_1+\frac{\partial f}{\partial X_2}\Delta_2+\cdots\cdots+\frac{\partial f}{\partial X_m}\Delta_m=\sum_{j=1}^{m}\frac{\partial f}{\partial X_j}\Delta_j=\sum_{j=1}^{m}D_j \tag{2-14}$$

式中 $\Delta_j=X_j-X_{j0}$——变量 X_j 的误差;

$D_j=(\frac{\partial f}{\partial X_j})\Delta_j$——变量 X_j 的局部误差;

$\frac{\partial f}{\partial X_j}$——误差传递函数

式(2-14)是函数和变量的绝对误差关系式。将式(2-14)两边除以 $y=f(X_1,X_2,\cdots\cdots,X_m)$,得函数的相对误差为

$$\gamma_y=\frac{\Delta y}{y}=\frac{1}{f}\sum_{j=1}^{m}\frac{\partial f}{\partial X_j}\Delta_j=\sum_{j=1}^{m}\frac{\partial \ln f}{\partial X_j}\Delta_j \tag{2-15}$$

式中 $\frac{\partial \ln f}{\partial X_j}\Delta_j$——变量 X_j 的局部相对误差;

$\frac{\partial \ln f}{\partial X_j}$——相对局部误差的传递函数。

式(2-14)和式(2-15)是函数误差理论的基本关系式。是误差综合和分配的基础。

2-4 误差的综合与分配

一、随机误差的综合

在分析随机误差的综合时,假设测得值的系统误差为零。

因为反映测量质量的参数是测量列的标准差。所以要分析变量标准差与函数标准差的关系。设有函数

$$y=f(X_1,X_2,\cdots\cdots,X_m)$$

y 是自变量 $X_1, X_2, \cdots\cdots, X_m$ 的任意函数。分别对 $X_1, X_2, \cdots\cdots, X_m$ 进行多次测量，并计算出各自测量列的标准差估值为 $\sigma_1, \sigma_2, \cdots\cdots, \sigma_m$。可以推导出函数标准差为

$$\sigma_y = \pm\sqrt{\sum_{j=1}^{m}\left(\frac{\partial f}{\partial X_j}\sigma_j\right)^2} = \pm\sqrt{\sum_{j=1}^{m} D_{\sigma_j}{}^2} \tag{2-16}$$

式中 σ_j——变量 X_j 的标准差；

$D_{\sigma_j} = \frac{\partial f}{\partial X_j}\sigma_j$——变量 X_j 的局部标准差。

二、系统误差的综合

1. 已定系统误差的综合

大小和符号均已知的系统误差称已定系统误差。例如某名义值为 100 Ω 的电阻误差为

$$\Delta R = -1\Omega$$

这就是已定系统误差。当自变量误差的大小和符号已知时，可直接由式(2-14)和(2-15)计算函数的系统误差。设函数

$$y = f(X_1, X_2, \cdots\cdots, X_m)$$

自变量 X_j 的系统误差用 θ_j 表示，函数误差用 θ_y(绝对误差)和 $\gamma_{\theta y}$(相对误差)表示。则有

$$\theta_y = \sum_{j=1}^{m}\frac{\partial f}{\partial X_j}\theta_j = \sum_{j=1}^{m} D_{\theta_j} \tag{2-17}$$

$$\gamma_{\theta_y} = \frac{\theta_y}{y} = \sum_{j=1}^{m}\frac{\partial \ln f}{\partial X_j}\theta_j \tag{2-18}$$

式中 D_{θ_j}——表示变量 X_j 的局部系统误差。

已定系统误差的综合实际是函数系统误差等于各变量局部系统误差的代数和。对于和差函数，用公式(2-17)综合比较方便。对于积商函数，用公式(2-18)综合比较方便。对于和差积商混合函数用哪个公式方便要视具体情况而定。

例如，三个名义值为 100 Ω 的电阻 R_1, R_2, R_3 串联。各电阻的系统误差为：$\theta_1 = 0.1\ \Omega$，$\theta_2 = 0.3\ \Omega$，$\theta_3 = -0.2\ \Omega$，则总电阻的名义值为

$$R = R_1 + R_2 + R_3 = 300\ \Omega$$

总电阻的绝对误差为

$$\theta_R = \frac{\partial R}{\partial R_1}\theta_1 + \frac{\partial R}{\partial R_2}\theta_2 + \frac{\partial R}{\partial R_3}\theta_3 = \theta_1 + \theta_2 + \theta_3 = 0.2\ \Omega$$

总电阻的相对误差为

$$\gamma_{\theta_R} = \frac{\theta_R}{R} = \frac{0.2\ \Omega}{300\ \Omega} \times 100\% = 0.07\%$$

又如测得某一阻值为 10 Ω 的电阻上流有 1 A 的电流。电阻的系统误差为 $\gamma_{\theta_R} = 0.01\%$，电流测量的系统误差为 $\gamma_{\theta_I} = 0.05\%$。则电阻上消耗的功率为

$$P = I^2 R = 10\text{W}$$

测得功率值的相对误差为

$$\gamma_{\theta_P} = \frac{\partial \ln P}{\partial I}\theta_I + \frac{\partial \ln P}{\partial R}\theta_R = 2\frac{\theta_I}{I} + \frac{\theta_R}{R} = 2\gamma_{\theta_I} + \gamma_{\theta_R} = 0.11\%$$

功率的绝对误差为

$$\theta_P = P \cdot \gamma_{\theta_P} = 0.011\text{W}$$

2. 系统不确定度的综合

前面对已定系统误差的综合做了分析。但是,并不是所有系统误差的大小和符号都能确切知道的。很多系统误差只知道其范围,即其值在某一个误差限以内。把系统误差所在范围的误差限称为系统不确定度。例如,某名义值为100 Ω的电阻系统误差范围为(-1 Ω,1 Ω),这个电阻的系统不确定度就为±1 Ω。这样,在综合时不能直接应用函数误差的基本关系式。而要视具体情况而定。最保险的办法是采用算术综合(又称绝对值综合),即

$$\theta_{ym} = \pm \sum_{j=1}^{m} \left| \frac{\partial f}{\partial X_j} \theta_{jm} \right| = \pm \sum_{j=1}^{m} |D_{jm}| \tag{2-19}$$

式中 θ_{ym}——函数 y 的系统不确定度或误差限;

θ_{jm}——变量 X_j 的系统不确定度或误差限;

D_{jm}——变量 X_j 的局部系统不确定度。

如果系统不确定度用相对误差形式表示,其表达式可写成

$$\gamma_{ym} = \frac{\theta_{ym}}{y} = \pm \sum_{j=1}^{m} \left| \frac{\partial \ln f}{\partial X_j} \theta_{jm} \right| \tag{2-20}$$

例如,用伏安法测量电阻。所用电压表为0.2级,量程为250V,测量读数为200V。电流表为0.2级,量程为3A,读数为2A。

所测电阻阻值为

$$R = \frac{U}{I} = \frac{200\text{V}}{2\text{A}} = 100\ \Omega$$

根据式(2-20),电阻的相对系统不确定度为

$$\gamma_{Rm} = \pm \left(\left| \frac{\partial \ln R}{\partial U} \theta_{Um} \right| + \left| \frac{\partial \ln R}{\partial I} \theta_{Im} \right| \right)$$

$$\gamma_{Rm} = \pm \left(\left| \frac{\theta_{Um}}{U} \right| + \left| \frac{\theta_{Im}}{I} \right| \right) =$$

$$\pm \left(\left| \frac{250 \times 0.2\%}{200} \right| + \left| \frac{3 \times 0.2\%}{2} \right| \right) = \pm 0.55\% \approx \pm 0.60\%$$

这种方法适用于局部误差个数较少的情况。因为这种情况下,非常可能会遇到各局部误差同符号迭加。用这种方法较保险。但是,当局部误差个数较多时,各局部误差相互抵消一部分的可能性很大。这时可以用随机误差的综合方法。

$$\theta_{ym} = \pm \sqrt{\sum_{j=1}^{m} \left(\frac{\partial f}{\partial X_j} \theta_{jm} \right)^2} = \pm \sqrt{\sum_{j=1}^{m} D_{jm}^{\ 2}} \tag{2-21}$$

$$\gamma_{ym} = \frac{\theta_{ym}}{y} = \pm \sqrt{\sum_{j=1}^{m} \left(\frac{\partial \ln f}{\partial X_j} \theta_{jm} \right)^2} \tag{2-22}$$

例如,5个名义值为1 000 Ω,0.1级标准电阻串联。总电阻的名义值为5 000 Ω。各标准电阻的局部系统不确定度为

$$D_{jm} = \pm 0.1\% \times 1\ 000\ \Omega = \pm 1\ \Omega$$

总电阻的系统不确定度为

$$\theta_{Rm} = \pm\sqrt{\sum_{j=1}^{m} D_{jm}{}^2} = \pm\sqrt{5} = \pm 2.2\ \Omega$$

$$\gamma_{Rm} = \pm\frac{2.2\ \Omega}{5\ 000\ \Omega} = \pm 0.04\%$$

三、误差的分配

误差的分配就是函数关系和函数误差已知，确定自变量的误差。这是在设计实验中常遇到的问题。我们希望间接测量结果的误差不超过某一给定值。就要先求各局部误差小到何种程度才能满足这一给定值要求，以便进一步选择测量仪器。例如，用伏安法测量电阻($R = U/I$)。要求 R 的测量误差不超过 ΔR。就要先确定对 U 和 I 的测量误差 ΔU、ΔI 的要求，以便进一步选择所用电压、电流表的准确度等级。在设计测量仪器时，为使仪器达到一定的准确度等级，也要根据要求确定组成仪器各单元的允许误差为多少。再选取适当的元器件。

误差的分配以系统不确定度的分配最为典型。因此我们主要研究系统不确定度的分配。误差的分配是误差综合的反问题，因此分配方案与综合方法密切相关。

1. 按算术综合时的误差分配

系统不确定度按算术综合时的综合公式为

$$\theta_{ym} = \pm\sum_{j=1}^{m}\left|\frac{\partial f}{\partial X_j}\theta_{jm}\right| = \pm\sum_{j=1}^{m}\left|D_{jm}\right|$$

设给定 θ_{ym}，根据上式求 $\theta_{jm}(j = 1,2,\cdots,m)$，显然解是不定的。可以有各种分配方案。为使问题简化，第一步先按等分原则进行分配。先假定各变量的局部系统不确定度相等，即

$$\left|D_{1m}\right| = \left|D_{2m}\right| = \cdots\cdots = \left|D_{mm}\right| = \left|D_m\right|$$

于是有

$$\theta_{ym} = mD_m$$

则

$$D_m = \frac{\theta_{ym}}{m}$$

即

$$\left|D_{1m}\right| = \left|D_{2m}\right| = \cdots\cdots = \left|D_{mm}\right| = \frac{1}{m}\theta_{ym} \tag{2-23}$$

各变量的系统不确定度为

$$\theta_{jm} = \frac{D_m}{\dfrac{\partial f}{\partial X_j}}$$

$$\theta_{jm} = \frac{\theta_{ym}}{m}\times\frac{1}{\dfrac{\partial f}{\partial X_j}} \tag{2-24}$$

上式得到的是按等分原则获得的分配结果。但由于各自变量的传递系数不同，即各 θ_{jm} 对 θ_{ym} 影响不同，仪器或元器件能达到的准确度程度不同，这种分配不一定合理。所以第二步应根据现有技术水平、设备情况、实验环境、θ_{jm} 对 θ_{ym} 影响大小等具体情况，对上一

步求得的 θ_{jm} 进一步调整，使分配更加合理。最后，还要把分配确定的各变量误差代入误差综合公式，验证一下是否满足函数误差的要求。

如果函数系统不确定度以相对误差形式表示时，同样可仿照上述方法进行分配。

例如，设计一个直流电桥，要求电桥的测量误差小于 ±0.05%。电桥原理见图 2-2。

测量结果表达式为

$$R_X=\frac{R_2}{R_3}\cdot R_4$$

要求相对误差 $\gamma\leqslant\pm0.05\%$。因为变量个数较少，采用算术综合法。

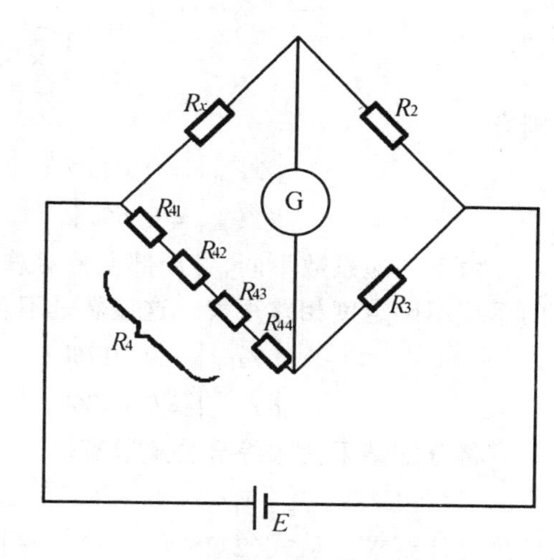

图2-2 直流电桥

$$\gamma_{RXm}=\left|\frac{\theta_{2m}}{R_2}\right|+\left|\frac{\theta_{3m}}{R_3}\right|+\left|\frac{\theta_{4m}}{R_4}\right|=|\gamma_{R2m}|+|\gamma_{R3m}|+|\gamma_{R4m}|$$

首先按等分原则进行分配，即

$$|\gamma_{R2m}|=|\gamma_{R3m}|=|\gamma_{R4m}|=\frac{1}{3}\times0.05\%\approx0.016\%$$

由于 R_4 是调节臂，由四个十进可变电阻组成，要达到 ±0.016% 的准确度，制造起来比较困难。而 R_2、R_3 是比例臂，电阻数目少，调整起来比较容易。根据这个情况，应分配给 R_4 较大的系统不确定度。分配给 R_2 和 R_3 较小的系统不确定度。所以重新分配各变量的局部误差为

$$\gamma_{R4m}=\pm0.02\%$$

$$\gamma_{R2m}=\pm0.012\%$$

$$\gamma_{R3m}=\pm0.012\%$$

将分配结果代入原来综合公式验证

$$\gamma_{RXm}=\pm(|\gamma_{R2m}|+|\gamma_{R3m}|+|\gamma_{R4m}|)=\pm0.044\%<\pm0.05\%$$

满足了设计要求。

下面再根据 $\gamma_{R4}=\pm0.02\%$，求对调节臂各十进盘的系统不确定度要求。调节臂由四个十进可变电阻 R_{41}，R_{42}，R_{43}，R_{44} 串联组成，即

$$R_4=R_{41}+R_{42}+R_{43}+R_{44}$$

且有

$$R_{41}=10\ R_{42}=100\ R_{43}=1\ 000\ R_{44}$$

按算术综合法，R_4 的系统不确定度综合公式为

$$\gamma_{4m}=\left|\frac{R_{41}}{R_4}\gamma_{41m}\right|+\left|\frac{R_{42}}{R_4}\gamma_{42m}\right|+\left|\frac{R_{43}}{R_4}\gamma_{43m}\right|+\left|\frac{R_{44}}{R_4}\gamma_{44m}\right|\approx$$

$$|\gamma_{41m}|+\frac{1}{10}|\gamma_{42m}|+\frac{1}{100}|\gamma_{43m}|+\frac{1}{1000}|\gamma_{44m}| \tag{2-25}$$

第一步，按局部误差等分原则进行分配

$$|\gamma_{41m}|=\frac{1}{10}|\gamma_{42m}|=\frac{1}{100}|\gamma_{43m}|=\frac{1}{1\ 000}|\gamma_{44m}|=$$

$$\frac{1}{4} \times 0.02 = 0.005\%$$

则有

$$|\gamma_{41m}| = 0.005\%; \quad |\gamma_{42m}| = 0.05\%;$$

$$|\gamma_{43m}| = 0.5\%; \quad |\gamma_{44m}| = 5\%。$$

由于传递系数不同,各局部误差对总误差的贡献不同。按等分原则确定的各十进盘的系统不确定度相差很大。这显然是不合理的。为此,重新调整如下。

$$|\gamma_{41m}| = 0.017\%; \quad |\gamma_{42m}| = 0.025\%;$$

$$|\gamma_{43m}| = 0.043\%; \quad |\gamma_{44m}| = 0.07\%。$$

将分配结果代入综合公式验算

$$|\gamma_{4m}| = 0.02\%$$

满足设计要求。从式(2-25)可以看出,测量盘的准确度主要由第一测量盘决定。从分配情况看,我们必须用到第一测量盘,才能保证测量准确度。所以,当使用电桥、电位差计等类似仪器时,第一测量盘一定要有读数。同样,在使用数字仪表时,为保证测量准确度仪表的第一位也要有读数。

2. 按几何综合时的误差分配

按几何综合时,系统不确定度的综合公式为

$$\theta_{ym} = \pm\sqrt{\sum_{j=1}^{m} D_{jm}^2} = \pm\sqrt{\sum_{j=1}^{m}\left(\frac{\partial f}{\partial X_j}\theta_{jm}\right)^2}$$

按等分原则有

$$D_{1m}{}^2 = D_{2m}{}^2 = \cdots\cdots = D_{mm}{}^2 = D_m{}^2$$

于是

$$|\theta_{ym}| = \sqrt{m}D_m$$

由此得

$$D_m = \frac{|\theta_{ym}|}{\sqrt{m}} = |D_{1m}| = |D_{2m}| = \cdots\cdots = |D_{mm}|$$

所以有

$$\theta_{jm} = \frac{D_m}{\frac{\partial f}{\partial X_j}} = \frac{\theta_{ym}}{\sqrt{m}} \cdot \frac{1}{\frac{\partial f}{\partial X_j}}$$

求出 θ_{jm}后,再进行适当调整。用相对误差方便时,可仿照上述方法求出。

2-5 有效数字及数据舍入规则

一、有效数字

在进行测量读数和数据处理时,可能得到一串很长的数字。但这些数字不一定都有意义。一个数据位数的多少应与误差大小相对应。因此提出了有效数字的概念。一个数据,从左边第一个非零数字起至右边含有误差的一位为止,中间的所有数字都为有效数字。

一个数据要与其测量误差或计算误差相对照,如测量误差或计算误差对应的那位后面还有数字,则需对其进行舍入处理。处理后的数据从左边第一个非零数字起后面所有数字均为有效数字。开头的零不是有效数字，中间和末尾的零均为有效数字。如电流值为 100A，表示数据有三位有效数字。为避免误解，可根据有效数字的位数将其写成 10 的乘幂形式。如 2.5×10^3V 表示数据为两位有效数字，1.20×10^3V 表示数据有三位有效数字。

对于误差来说，只保留一两位有效数字就够了。因为误差本身就是一个估计数。（有效数字的保留要与误差相适应）。

二、数据舍入规则

如前所述，由于测量数据都是近似数，有很多数字是无意义的。在处理数据时需要舍入。数据的舍入规则与通常的四舍五入有所区别。数据处理的舍入规则是小于 5 就舍、大于 5 就入。而恰好等于 5 时则应用偶数法则。即以保留数据的末位为单位，它后面的数大于 0.5 则末位进 1；小于 0.5 时末位不变；恰好等于 0.5 时末位凑成偶数，即末位为奇数时进 1，末位为偶数时舍弃。这样，在末位后面的数等于 0.5 时，舍和入机会相等，便于提高数据的准确度。例如将下列数据进行舍入处理使其保留两位小数。

58.7750 ⟶ 58.78　　　　36.7650 ⟶ 36.76

21.1051 ⟶ 21.11　　　　23.1460 ⟶ 23.15

数据在舍入处理时带来的误差称为舍入误差。采用上述舍入规则，舍入误差不会超过保留数据末位一个单位的一半。如果以保留数字的最后一位做单位，那么舍入误差不会大于0.5。

三、有效数字的运算规则

1. 加、减运算

在不超过 10 个近似数相加减时，要把小数位数多的数据进行舍入处理；使其比小数位数最少的数据只多一位小数。计算结果再做舍入处理时应保留的小数位数要与参与运算的原近似数中小数位数最少的那个相同。

2. 乘、除法则

在两个近似数相乘或相除时。需要把有效数字多的数据进行舍入处理，使其比有效数字最少的数只多一位有效数字。计算结果再做舍入处理时应保留的有效数字位数与参与运算的原近似数中有效数字最少的那个相同。

3. 乘方、开方法则

在近似数乘方或开方时，原近似数中有几位有效数字，计算结果就可保留几位有效数字。

2-6　被测信号与测量仪器之间相互影响的问题

测量工作者在进行一次测量之前，必须根据自己的经验，考虑下列问题：

(1)为实现这次测量最适合的方法是什么；

(2)允许的测量误差是多少，采用什么方法及那种测量仪器能满足测量误差的要求；

(3)使用的测量仪器对被测量是否有影响，影响有多大，测量仪器是否从被测量中吸收功率；

(4)被测量的特点是否对测量仪器的工作有影响；

(5)本次测量是否受到外界因素的影响(即受外界干扰的影响)。

只有正确回答了上述问题,才能得到正确的测量结果。为了回答上述问题,除了测量工作者应具有足够的经验外,还必须对被测对象有所了解,对各种测量仪器的特点及性能要十分熟悉,对测量的周围环境做出适当的安排。

例如,测量一个电阻,可以用欧姆表和电桥。但是,只有该电阻不与外电路相接,其中没有外接电源的情况下,测量的结果才是正确的,如图 2-3(a)所示。图 2-3(b)所示的测量有两个错误;其一是被测电阻是接在电路中的,若电源的电势 E 和其内阻 R_E 的值均为零时,测量得到的结果是 R_X 和 R 的并联值而不是 R_X;其二是若 $E_X \neq 0$,测量仪器将无法工作,有时会把仪器损坏。

用电压表测量电压是经常遇到的测量问题。如图 2-4 所示,按电路给出的参数,ab 两点之间的电压为 50 V。但是,把一个内阻为 1 000 KΩ、量限为 100 V 的电压表接入时,仪表的指示只有 25V! 这是因为仪表的内阻太小,接入电路后,改变了原来电路的参数,使分压比发生变化的缘故,如果测量工作者对测量仪器的性能(例如内阻的大小等)不够了解而使测量仪器严重的影响测量对象而产生测量误差的现象是经常发生的。

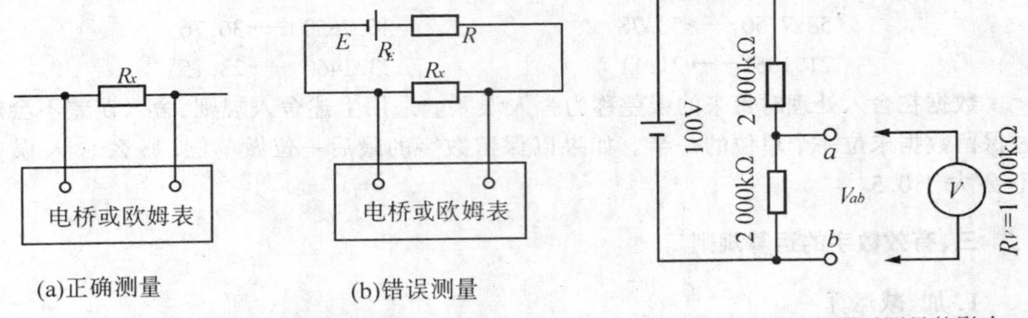

(a)正确测量　　(b)错误测量

图2-3　被测对象对测量的影响

图 2-4　测量仪器对测量的影响

测量环境的温度、湿度、电磁场强度等对测量仪器和被测量也是有影响的,这也是测量工作者应当时刻注意的问题。

思考题、习题及答案

1. 为什么引入基准误差(引用误差)的概念?

2. 指示仪表和标准量具的准确度级别是如何确定的。

3. 为测量稍低于 100 V 的电压,现实验室中有 0.5 级 0~300 V 和 1.0 级 0~100 V 两只电压表,为使测量准确些,你打算选用哪一只,为什么?

4. 用伏安法测量某电阻 R_X。所用电流表为 0.5 级,量限 0~1 A。电流表指示值为 0.5 A。所用电压表为 1.0 级,量程 0~5 V。电压表指示值为 2.5 V。求对 R_X 的测量结果及测量结果的最大可能相对误差。

5. 将 25.66,22.650,23.55,26.547,28.747 进行舍入处理,处理结果只保留一位小数。

(答案)

3. 选用 1.0 级 0~100 V 的那只电压表。

4. $R_X = 5.0$ 欧姆　$\gamma_{RXm} = \pm 3\%$。

5. 25.7,22.6,23.6,26.5,28.7。

附录 2

目前,我们习惯延用系统不确定度和随机不确定度的概念。但国际上已出现了新的不确定度分类方法。见下面建议书。

国际计量局关于表述不确定度的工作组的建议书 INC—1 (1980)

1. 测量结果的不确定度一般包含几个分量,按其数值的评定方法,这些分量可以归入两类:

A 类——用统计方法计算的分量;

B 类——用其它方法计算的分量。

将不确定度区分为 A 类和 B 类与按过去的方法将不确定度区分为“随机的”和“系统的”,这两者之间不一定存在一种简单的对应关系。“系统不确定度”这一术语可能引起误解,应避免使用。

任何详细的不确定度报告应该完整地列出其各分量,并应说明每个分量数值获得的方法。

2.A 类分量用估计的方差 s^2(或估计的标准差 s_i)及自由度 v_i 表征。必要时,应给出估计的协方差

3.B 类分量用量 U_j^2 表征,可认为 U_j^2 是假设存在的相应方差的近似,可以象处理方差那样处理 U_j^2,可以象处理标准差那样处理 U_j。必要时,也应给出协方差。

4. 用通常合成方差的方法可以得到表征合成不确定度的数值。合成不确定度及其各分量用标准差的形式来表示。

5. 对于特殊用途,若需对合成不确定度乘以一个因子,以获得总不确定度,则必须说明这一因子的数值。

第三章　直接作用模拟指示电测量仪表及比较式仪表

3-1　直接作用模拟指示仪表的工作原理

世界上最早出现的电测量仪表是以电磁力为基础的“直接作用模拟指示电测量仪表”,也称“电磁机械式仪表”。被测量接入仪表后,仪表的指针(或光指示器的光标)产生偏转,偏转角的大小就代表了被测量的大小。这类仪表相对来说结构简单、价格便宜、运行可靠。在科学研究和国民经济各个部门中得到了广泛的应用。因为它以指针的偏转模拟被测量的大小,使读数直观,并可据此轻易的判断被测量的变化范围和变化趋势,这一特点在交通和航空等部门有特殊意义,是当前广泛应用的数字式仪表所不能代替的。目前,这类仪表不仅在国内,而且在国外也仍在大量生产并有广泛的市场。

一、结构方框图

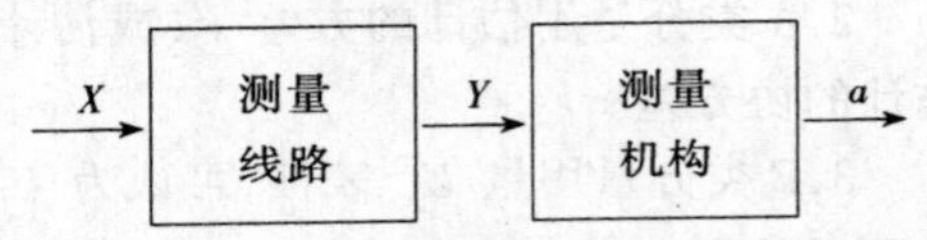

图 3-1　直接作用模拟指示仪表的方框图

直接作用模拟指示电测量仪表在结构上由测量线路和测量机构两大部分组成,其方框图如图 3-1 所示。仪表的被测量可以是电压、电流、功率及电荷等电量;也可能是电阻、电感和互感等电路参数。一种类型的测量机构只能把一种电量转换成仪表指针的偏转角,所以,在测量前必须用测量线路把被测量 X 变换成测量机构所能接受的、与被测量成正比的某一变量 Y,测量机构再把 Y 变成偏转角 α。变量 y 也称“中间变量”,它和被测量 X 是单值函数。

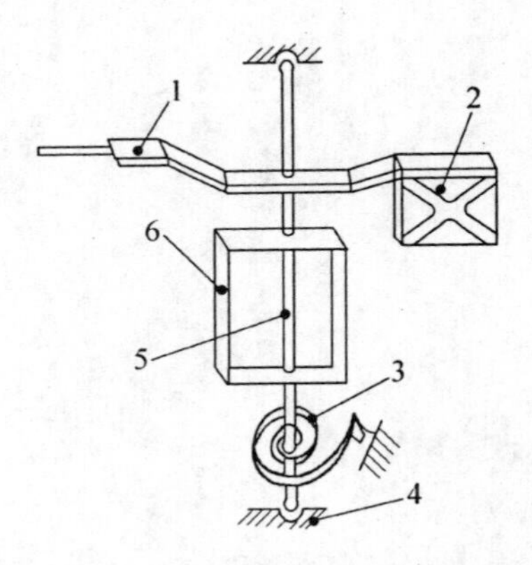

图3-2　可动部分示意图

1— 指针;2— 阻尼器;3— 游丝;
4— 轴承;5— 转轴;　6— 可动线圈

测量机构分可动和固定两大部分。固定部分是由固定在仪表外壳上的线圈、磁铁(电磁铁或永久磁铁)、轴承、支架和标度盘(读数装置)等组成;可动部分由转轴及固定在转轴上的指针、游丝、线圈和阻尼器等组成。可动部分的示意图如图 3-2 所示。固定部分的结构因仪表的类型不同而异。

二、转动力矩

在电磁机械式仪表中推动可动部分(指针)偏转的是电磁力矩 M,该力矩是中间变量 Y 在测量机构的固定部分中产生的磁场(或电场)与可动部分中的电流(或磁场)相互作用而产生的。根据转动力矩产生的方式不同,电磁机械式仪表的工作原理分磁电系、电磁系、电动系、感应系和铁磁电动系等类型。

若以 X 表示仪表的被测量,则转动力矩 M 与被测量 X 间可以写成

$$M = f(X) \tag{3-1}$$

三、反作用力矩

为了能从仪表可动部分偏转角 α 的大小读出被测量的大小,不同量值的被测量 X 应对应不同的偏转角 α。但是,如果测量机构只有偏转力矩 M 而没有其它力矩,不管 M 值多大,可动部分在 M 的作用下将做加速运动而不能停止在某一个稳定的偏转角 α_0 处,也不可能根据偏转角 α 的大小读出被测量的大小来。

为了在不同被测量值的作用下能得到不同的稳定偏转角 α_0,在可动部分上还要加上反作用力矩 D,它的大小应与偏转角 α 成正比,作用方向应和偏转力矩 M 的方向相反,即

$$D = W\alpha \tag{3-2}$$

式中　W—— 反作用力矩系数,也称比反作用力矩;

α—— 可动部分(指针)的偏转角。

反作用力矩和偏转力矩相等时,可动部分停止偏转,根据式(3-1)和(3-2)得

$$M = D = f(X) = W\alpha$$

$$\alpha = \frac{1}{W}f(X) = F(X) \tag{3-3}$$

可以根据 α 的大小读出被测量 X 的数值来。

产生反作用力矩 D 的方式有机械和电气两种。机械方式(见图 3-2) 是用弹性元件游丝或张丝、吊丝产生。可动部分转动时,弹性元件被扭转,产生了和偏转角成正比的、方向与转动方向相反的力矩来阻止可动部分继续转动。用电气方法产生反作用力矩的仪表称“比率表”或“流比计”。

四、阻尼力矩

偏转力矩和反作用力矩都是静态力矩。由于可动部分惯性的作用,可动部分往往在稳定偏转角 α_0 处的两侧摆动而不能立刻停止在 α_0 处,从而延长了测量时间。为了减少摆动次数,缩短测量时间,可动部分上还增加了一个和可动部分的运动速度成正比、与运动的方向相反的力矩,该力矩称“阻尼力矩”,用 M_P 表示,即

$$M_P = -p\frac{\mathrm{d}\alpha}{\mathrm{d}t} \tag{3-4}$$

式中　p—— 阻尼系数;

$\frac{\mathrm{d}\alpha}{\mathrm{d}t}$—— 可动部分运动角速度。

阻尼力矩可以由电磁力产生,也可以用空气阻尼器。如果阻尼力矩选择得当,可以减少指针的摆动次数,减少测量时间。

在上述三种力矩的作用下,仪表才能稳定可靠的运行。

五、准确度等级

表征电磁机械式仪表质量的指标是用该仪表测量时得到的测量结果的准确度,仪表

的准确度等级用等级指数表示。等级指数在数值上等于用基准误差(引用误差)百分数表示的基本误差。例如,一块电压表的量限为0 ~ 100 V,电压表的标度盘上每个有数字的刻度点处的基本误差(固有误差)的绝对值是Δi,且$\Delta\text{max} = 1\text{V}$时,用基准误差表示时为

$$\gamma_n = \frac{\Delta\text{max}}{X_n} = \frac{1}{100} \times 100\% = 1\% = a\% \tag{3-5}$$

式中　X_n——基准值,多数情况下是仪表的测量上限,有些仪表是用标度尺长度做基准值,此处$X_n = 100$ V;

Δmax——仪表标度盘上各有数字的刻度点处绝对误差的最大值,此外$\Delta\text{max} = 1\text{V}$;

a——等级指数,本例中$\alpha = 1$。

等级指数a表示该仪表在0 ~ 100 V的范围内,标度盘上各有数字刻度点处的基本误差用基准误差表示时不超过$\pm a\%$。我国国家标准规定直接作用模拟指示仪表的准确度等级有8级,其等级指数和允许的基本误差值如表3-1所示。

表3-1　直接作用模拟指示仪表的准确度等级

等级指数 a	0.1	0.2	0.3	0.5	1.0	1.5	2.5	5.0
基本误差(%)	±0.1	±0.2	±0.3	±0.5	±1.0	±1.5	±2.5	±5.0

六、表征仪表指标及性能的符号

在仪表的标度盘上标有各种符号,它们表征了仪表的主要技术性能和指标。掌握这些符号的含义可以正确使用仪表。这些符号分别表示仪表的工作原理、型号、被测量单位、准确度等级、正常工作位置等等。其中,常见的几种主要符号及其含义如表3-2所示。

3-2　磁电系仪表的工作原理

可动线圈中的电流与固定的永久磁铁产生的磁场相互作用而工作的仪表称“磁电系仪表”。

一、固定部分

磁电系仪表的测量机构由固定部分和可动部分组成。固定部分主要是磁路,其示意图如图3-3所示。图中,永久磁铁1用硬磁材料制成,待系统安装完成后由充磁机充磁而得到磁性;磁轭2由软磁材料制成,它和用软磁材料制成的铁心5共同形成空气隙4;在园形铁心5的外面套着仪表的可动部分的线圈6,仪表工作时线圈6中通入被测电流,该电流与空气隙中的磁通相互作用而产生偏转力矩。磁铁、铁心、极掌和磁轭构成仪表的磁系统。该系统在结构上保证了在空气隙4中的磁通均匀分布。该系统磁铁1的位置在可动线圈6的外部,所以也称“外磁式测量机构”。外磁式测量机构的结构还有很多种形式,如图3-4所示。近年来,由于磁性

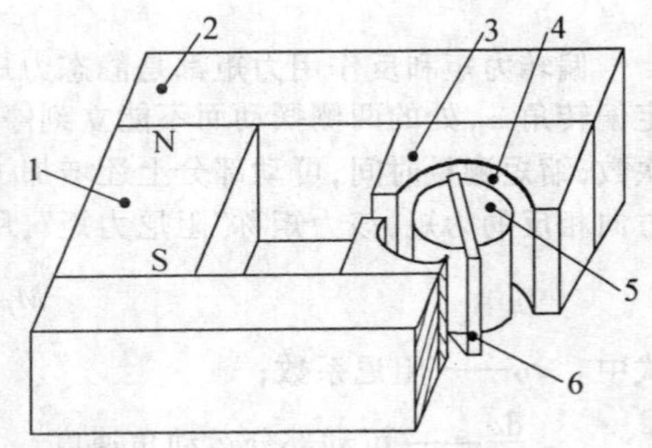

图3-3　磁电系测量机构固定部分示意图

1—永久磁铁;2—磁轭;3—极掌;
4—空气隙;5—铁心;6—线圈

材料磁性能的改善,又出现了磁铁在仪表可动线圈内部的所谓“内磁式测量机构”,其结构如图 3-5 所示。其中磁轭 2 由软磁材料制成,它不但是磁路的一部分,也起到了磁屏蔽的作用。

表 3-2 仪表标度盘上的部分符号及其含义

序 号	符 号	含 义	序 号	符 号	含 义
1		直流线路和(或)直流响应的测量机构	13	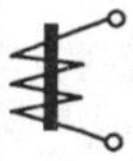	电磁系仪表
2		交流线路和(或)交流响应的测量机构	14		电动系仪表
3		试验电压 500V	15		铁磁电动系仪表
4	 2	试验电压高于 500V(例如 2kV)	16		感应系仪表
5	 0	不经受电压试验的装置	17		静电系仪表
6		标度盘垂直使用的仪表	18		磁电系比率表
7		标度盘水平使用的仪表	19		电屏蔽
8	60°	标度盘对水平面倾斜(例如 60°)的仪表	20		磁屏蔽
9	1	等级指数(例如 1)除基准值为标尺长、指示值者外	21	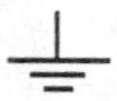	接地端
10	 1	等级指数(例如 1),基准值为标度尺长	22		零(量程)调节器
11	 1	等级指数(例如 1),基准值为指示值	23	+	正端
12		磁电系仪表	24	—	负端

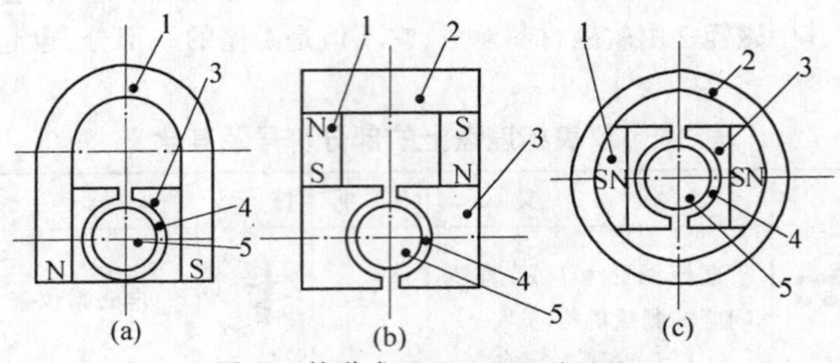

图3-4 外磁式磁系统的几种结构

1—磁铁;2—磁轭;3—极掌;4—空气隙;5—铁心

二、可动部分

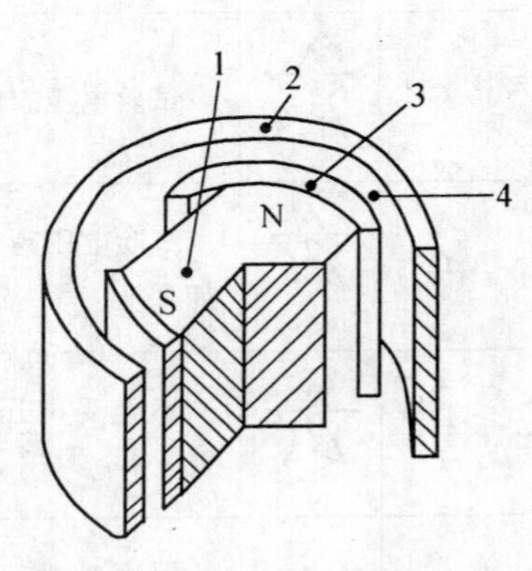

图3-5 内磁式磁路系统的结构

磁电系测量机构的可动部分如图 3-6 所示。指针 1 由铝制成,上、下两个半轴 2 和 6 同心的固定在可动线圈 5 的上、下两个侧面上,在上、下半轴上固定两个绕向相反的游丝 3 和 7,线圈 9 绕在铝制的框架 8 上,构成可动线圈 5。线圈中流过的被测电流是由上、下游丝引入和流出的。装配时,可动线圈的两个侧面处在图 3-3(或图 3-5)的气隙 4 中,可动线圈流有被测电流时,因为空气隙中有永久磁铁产生的磁场,线圈中电流和空气隙中的磁场相互作用而使线圈受力,力的方向由左手定则确定,如图 3-7 所示。可动线圈的两侧受到的电磁力 f_1 和 f_2 的大小相等,方向相反,形成力矩而使可动部分转动。该力矩是转动力矩,也称偏转力矩或作用力矩。

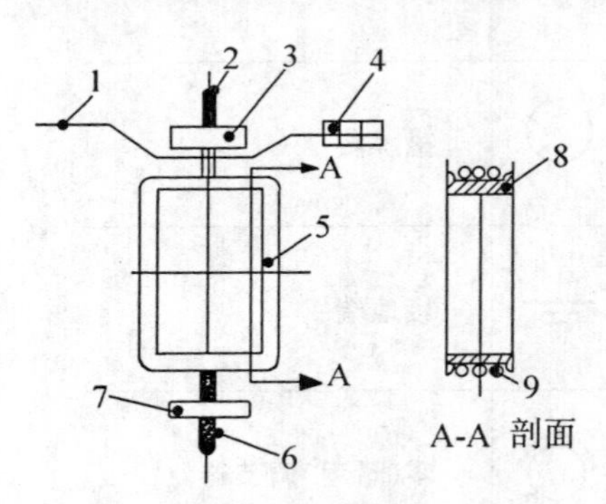

图3-6 磁电系测量机构可动部分结构示意图

1—指针; 2、6—半轴; 3、7—游丝;
4—平衡锤; 5—可动线圈; 8—框架;
9—线圈

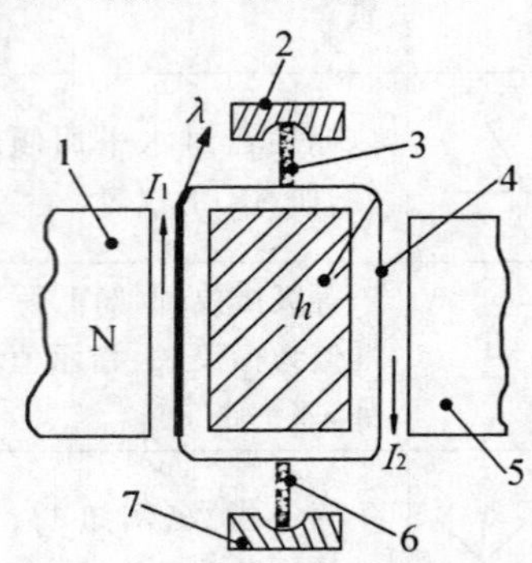

图3-7 磁电系测量机构的转矩

1、5—磁极; 2、7—上、下轴承; 3、6—上、下半轴;
4—线圈

三、转矩公式、灵敏度、仪表常数

磁系统在空气隙中产生的磁感应强度是均匀的,转矩 M 的数值可写为

$$M = I\frac{\mathrm{d}N\varphi}{\mathrm{d}\alpha} = I\frac{\mathrm{d}\psi}{\mathrm{d}\alpha} \tag{3-6}$$

式中　I—— 流过可动线圈中的被测电流；

N—— 可动线圈的匝数；

φ—— 空气隙中的磁通；

ψ—— 穿过可动线圈的磁链；

α—— 可动线圈的偏转角。

因为可动线圈两侧受力，使其转动，$\frac{\mathrm{d}\psi}{\mathrm{d}\alpha}$ 是可动线圈在转动 $\mathrm{d}\alpha$ 时穿过线圈中磁链的变化量，它和动圈的结构尺寸有关。若用 l 表示线圈的侧面高度，b 表示线圈侧面对转轴的距离，动圈的转角为 $\mathrm{d}\alpha$ 时线圈的受力侧面转过的面积如图 3-8 所示，其大小为

$$\mathrm{d}S = lb\mathrm{d}\alpha$$

式中　$\mathrm{d}\alpha$，以弧度表示。

设空气隙中的磁感应强度为 B，线圈的匝数为 N，动圈有两个侧面，在转动 $\mathrm{d}\alpha$ 时穿过线圈的磁链变化量为

$$\mathrm{d}\psi = 2blBN\mathrm{d}\alpha$$

$$\frac{\mathrm{d}\psi}{\mathrm{d}\alpha} = 2blBN = BNS$$

式中　$S = 2bl$，是线圈的面积。代入(3-6)式得磁电系测量机构的偏转力矩为

$$M = IBNS = I\psi_0 \tag{3-7}$$

式中　$\psi_0 = NBS$，是穿过可动线圈的磁链。

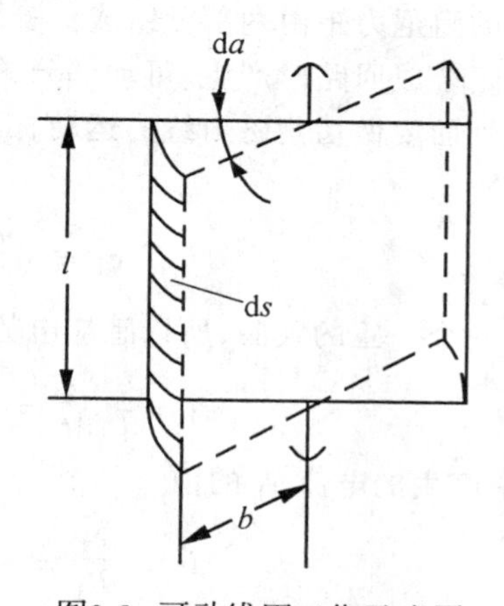

图3-8　可动线圈工作示意图

反作用力矩用游丝产生，其大小为

$$D = W\alpha$$

当系统平衡时，反作用力矩和偏转力矩相等得到

$$M = D = W\alpha$$

$$\alpha = \frac{M}{W} = \frac{\psi_0}{W}I \tag{3-8}$$

式中　W—— 游丝的反作用力矩系数；

I—— 流过可动线圈的被测电流。

单位被测量对应的偏转角称为仪表的“灵敏度”，根据式(3-8)可求得磁电系测量机构的灵敏度 S_i

$$S_i = \frac{\alpha}{I} = \frac{\psi_0}{W}$$

单位偏转角对应的被测量称“仪表常数”，同样，根据式(3-8)求得仪表常数 C_i

$$C_i = \frac{I}{\alpha} = \frac{W}{\psi_0}$$

四、磁电系测量机构的特点

从式(3-8)可见，磁电系测量机构的偏转角 α 和流过可动线圈中的电流 I 成正比，α 和 I 之间是单值函数，可以用它来测量电流。流过仪表中的电流方向改变时，偏转力矩的方向也改变，可见，磁电系测量机构可以做成零点在标尺中间的仪表，这不但能指示出被测电流的大小，而且还能指示出其流动的方向；也正是这一原因，导致磁电系测量机构只能测量直流而不能测量交流。在磁电系测量机构中，ψ_0 由永久磁铁产生，数值可以做得很大，可动线圈中流入很小的电流就可以产生很大的转矩，因而使磁电系测量机构的灵敏度较高，消耗的功率很小；也正是因为它的内部磁场很强，受外界磁场的干扰较小。被测电流是通过游丝导入线圈的，游丝的电阻较大，流过较大电流时容易发热而改变其弹性，引起测量误差，所以，磁电系测量机构的耐过载能力较差。

五、磁电系仪表的阻尼方式

磁电系仪表的阻尼力矩由两部分组成：一部分是由可动部分的铝框架产生；另一部分由线圈和外电路闭合成回路时产生。可动部分的铝制线圈框架相当于一个短路匝，在转动时铝框架的两个侧面要做切割磁力线的运动，因而要产生感应电势，电势的方向由右手定则决定，其数值是

$$e_1 = -\frac{\mathrm{d}\psi}{\mathrm{d}t}$$

因为框架相当于一个一匝的线圈，所以感应电势的大小为

$$e_1 = -\frac{\mathrm{d}\varphi}{\mathrm{d}t} = -BS\frac{\mathrm{d}\alpha}{\mathrm{d}t}$$

电势 e_1 在框架中产生的电流 i_1 的值

$$i_1 = \frac{e_1}{R_1} = -\frac{BS}{R_1}\frac{\mathrm{d}\alpha}{\mathrm{d}t}$$

该电流和流过线圈的电流一样也要产生转矩，其大小是

$$M_1 = \psi_0 i_1 = -\frac{BS}{R_1}BS\frac{\mathrm{d}\alpha}{\mathrm{d}t} = -\varphi_0^2\frac{1}{R_1}\frac{\mathrm{d}\alpha}{\mathrm{d}t} = -p\frac{\mathrm{d}\alpha}{\mathrm{d}t} \tag{3-9}$$

式中　$\varphi_0 = BS$——空气隙中的磁通，因为框架只相当于一匝线圈，所以 φ_0 也是穿过框架的磁链；

$p_1 = \frac{\varphi_0^2}{R_1}$——阻尼系数。

式(3-9)表明，该力矩和可动部分的运动速度成正比，其方向和运动速度的方向相反，可以阻止可动部分在平衡位置两侧摆动。

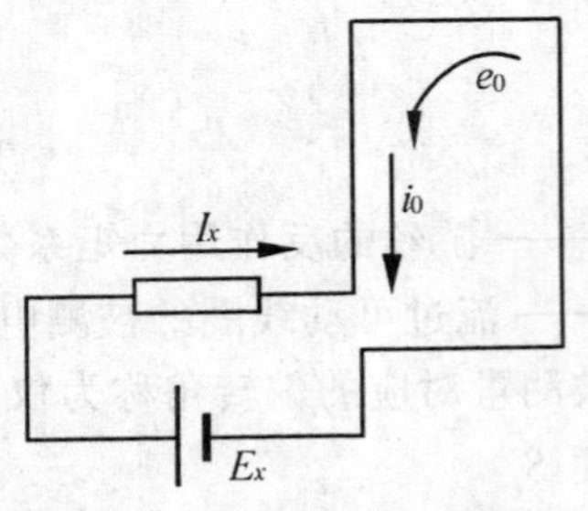

图3-9 外电路产生的阻尼

仪表工作时，线圈和外电路联接成闭合电路，如图 3-9 所示。线圈运动时，线圈中产生的感应电势用 e_0 表示，产生的附加电流 i_0 也要产生转矩 M_0，其大小为

$$M_0 = -p_0\frac{\mathrm{d}\alpha}{\mathrm{d}t} \tag{3-10}$$

式中　$p_0 = (BNS)^2/(R + R_0)$—— 线圈产生的阻尼系数；

R—— 和线圈闭合的外电路电阻；

R_0—— 线圈的电阻；

N—— 线圈的匝数；

B—— 空气隙中的磁感应强度；

S—— 线圈的面积。

仪表工作时总的阻尼力矩 $M_p = M_1 + M_0$

3-3　磁电系电流表、电压表、欧姆表及兆欧表

从磁电系测量机构的原理可知，仪表可动部分的偏转角和流过可动线圈中的电流成正比，亦即：磁电系测量机构只能接受电流做中间变量 Y。如果用它测量电压、电阻等物理量时，必须选用适当的电路把这些量变成电流后，才能用磁电系测量机构来测量。

一、磁电系电流表

在测量实践中被测电流数值从微安、毫安、安培级起，直到百安培、千安培。为适应这么宽的测量范围，磁电系电流表也有相应的测量电路。

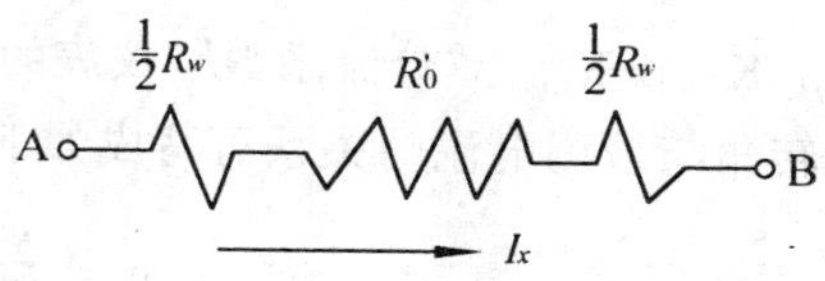

图3-10　微安、毫安表的测量电路

微安表和毫安表的测量电路最简单，如图3-10所示。测量电路的电阻由两部分组成，其中1/2 R_W 是一个游丝的电阻，R'_0 是可动线圈的电阻，A、B两端是电流表的两个接线端钮。测量时，仪表串联在电路中，被测的电流全部通过游丝流入和流出可动线圈。

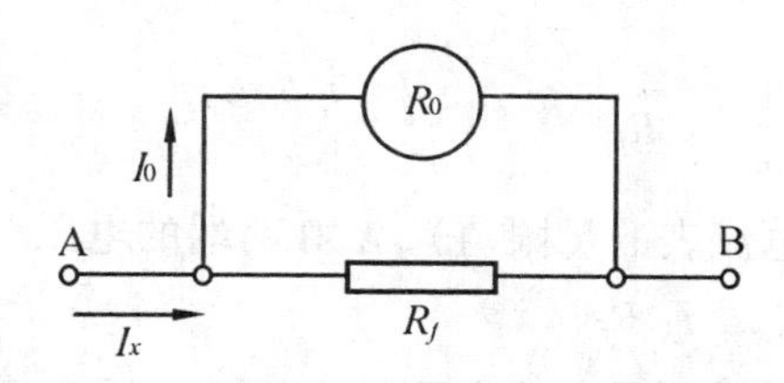

图3-11　带有分流器的大电流电流表测量电路

游丝只能通过几十毫安的电流，电流过大会使游丝发热而减弱其弹性，产生测量误差。如果被测电流大于100 mA，为了减小流过游丝中的电流，电流表采用了图3-11所示的电路，图中 R_f 是分流器电阻；$R_0 = R'_0 + R_W$，仪表的偏转角与流过其中的电流 I_0 成正比，即

$$\alpha = \frac{\psi_0}{W} I_0$$

但是，被测电流是 I_X，I_0 和 I_X 的关系为

$$I_0 = \frac{R_f}{R_0 + R_f} I_X$$

代入上式得

$$\alpha = \frac{\psi_0}{W} = \frac{R_f}{R_0 + R_f} I_X \tag{3-11}$$

可见，仪表的指示亦与被测量 I_X 成正比，并且可以直接用 I_X 刻度。

有些电流表是多量限的，分流器的形式也各有不同。量限30 A以下的电流表其分流

器电阻 R_f 放在表壳内部，这种分流器称"内附分流器"。30 A 以上的电流表分流器的电阻 R_f 多放在表壳的外部，称"外附分流器"。

多量限电流表内附分流器线路采用较多的是图 3-12 所示的所谓"阶梯分流器"，开关 K 放在位置 1 时仪表的电流量限最低，与图 3-11 所示的电路相同；开关 K 放在位置 2 和 3 时，电流量限逐渐提高。开关在位置 1、2 和 3 时，被测电流量限分别为 I_{X1}、I_{X2} 和 I_{X3}，I_0 和 I_{Xi} 的关系分别为

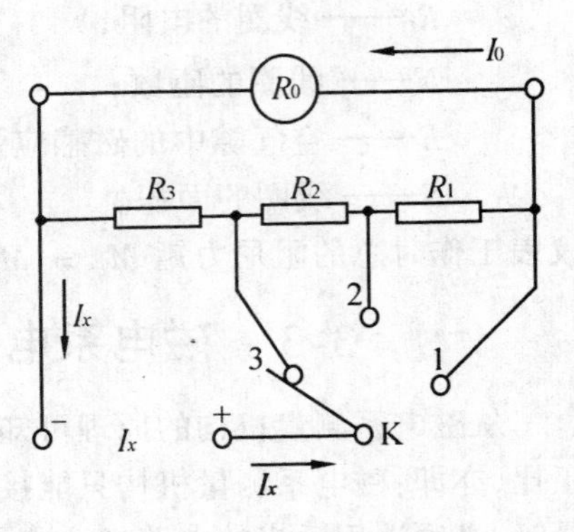

图3-12 阶梯分流器

$$I_0 = \frac{R_1 + R_2 + R_3}{R_0 + R_1 + R_2 + R_3} I_{X1} = \frac{1}{K_{f1}} I_{X1}$$

$$I_0 = \frac{R_2 + R_3}{R_0 + R_1 + R_2 + R_3} I_{X2} = \frac{1}{K_{f2}} I_{X2}$$

$$I_0 = \frac{R_3}{R_0 + R_1 + R_2 + R_3} I_{X3} = \frac{1}{K_{f3}} I_{X3}$$

式中 K_{f1}、K_{f2} 和 K_{f3} 称"分流系数"。仪表的量限不同，分流系数的数值亦不一样。多量限电流表偏转角与被测电流的关系可写成如下的一般形式

$$\alpha = \frac{\psi_0}{W} \frac{1}{K_{fi}} I_{Xi} \tag{3-12}$$

阶梯分流器的优点是：与仪表可动线圈相串联的外电路电阻是固定的，基本上等于阶梯分流器电阻，这样，仪表的阻尼状态不变，工作比较稳定。开关的接触电阻不串联在分流器回路中，对仪表的准确度没有影响。

30 A 以上的电流表采用外附分流器。因为 30 A 以上的分流器电阻 R_f 远小于仪表的内阻 R_0，在图 3-11 中，仪表 A、B 两端的总电阻

$$R_{ab} = \frac{R_0 R_f}{R_0 + R_f} \approx R_f$$

在 A、B 两端通入被测电流的标称值 I_{Xn} 时（即电流表的量限值），A、B 两端的电压

$$U_{ab} = I_{Xn} R_{ab} \approx I_{Xn} R_f$$

可见，大电流电流表可以认为是用小量限的电压表测量分流器两端电压的电压表，刻度盘用电流刻度。在制造分流器时，要求分流器中流有分流器的标称电流值时分流器两端的电压固定，只要用电压的量限和分流器的标称电压（即分流器通以标称电流时其两端的电压降）相等的电压表都可以与这样的分流器组成一个测大电流的电流表。这种分流器不要求与某一个固定的仪表配套使用，所以称"通用分流器"，也称"定值分流器"。目前，我国国家标准规定外附定值分流器通入标称电流时，两端电压即标称电压值有六种，分别是 30、45、75、100、150 和 300 mV。例如，某分流器的标称电流为 100 A，标称电压为 100 mV，则分流器的电阻是 1mΩ，若选择一个量限为 100 mV 的电压表与分流器相配套，那么，电压表指示 100 mV 的电压就代表分流器中流有 100 A 的电流；指示 50 mV 就代表 50 A 电流，电压表用电流刻度，直读被测电流。

二、分流器的四端钮结构

分流器、仪表及被测电流的电路三者相接时，等效电路如图 3-13 所示。如果分流器、仪表和被测电流用图 3-13 所示的顺序相接，考虑到接触电阻的影响，等效电路如图 3-14 所示，流过仪表中的电流 I'_0 为

$$I'_0 = \frac{R_f + \Delta R_2 + \Delta R'_2}{R_0 + R_f + \Delta R_2 + \Delta R'_2} I_X \approx \frac{R_f + \Delta R_2 + \Delta R'_2}{R_0 + R_f} I_X$$

由于 ΔR_2 和 $\Delta R'_2$ 引起的测量误差

$$\gamma = \frac{I'_0 - I_0}{I_0} \approx \frac{\Delta R_2 + \Delta R'_2}{R_f} \times 100\% \tag{3-13}$$

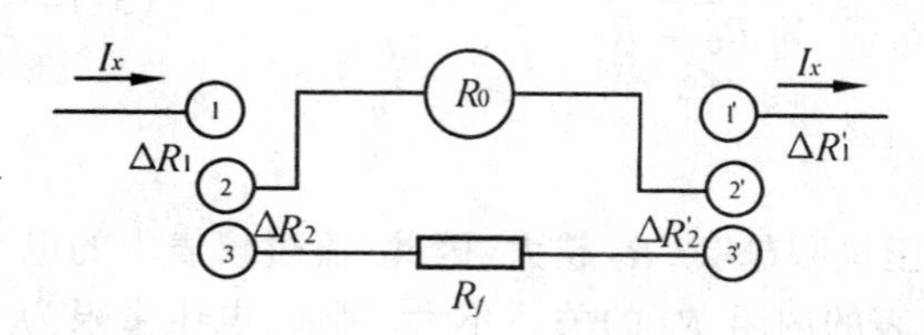

图3-13　分流器、仪表及外接电路相接时的示意图

1、1′—被测电流的电路接线端子；

2、2′—仪表的接线端子；

3、3′—分流器的接线端子；

ΔR_1、$\Delta R'_1$—1 和 2 和 1′与 2′之间的接触电阻；

ΔR_2、$\Delta R'_2$—2 和 3 和 2′与 3′之间的接触电阻。

接触电阻 ΔR_2 的值一般是 1 ~ 10 mΩ 之间，而标称值为 100 mV 和 100 A 的分流器其电阻 R_f 只有 1mΩ，从图 3-14 可见，分流器和两个接触电阻相串联，而接触电阻的数值是很不稳定的，用这样一个系统去测量 100 A 的电流，仪表的指示可能是几百安培，测量误差可能是百分之几百。为了消除接触电阻的影响，外附定值分流器没有例外的均采用所谓“四端钮”结构，也称“凯尔文”接法。四端钮结构分流器的等效电路如图 3-15 所示，其中 A、B 两端称“电流端”，A′、B′两端称“电位端”，采用四端钮结构的分流器时、接方法如图 3-16(a)所示，电流端 A、B 与被测电路相接，电位端 A′、B′与仪表相接，它受接触电阻影响的等效电路如图 3-16(b)所示。这时，电流端的接触电阻 ΔR_1 与 $\Delta R'_1$ 与被测电流的电路相串联，电位端的接触电阻 ΔR_2 与 $\Delta R'_2$ 和仪表的内阻 R_0 相串联，$R_0 \gg \Delta R_2 + \Delta R'_2$，这样，接触电阻对测量的影响可以完全消除。

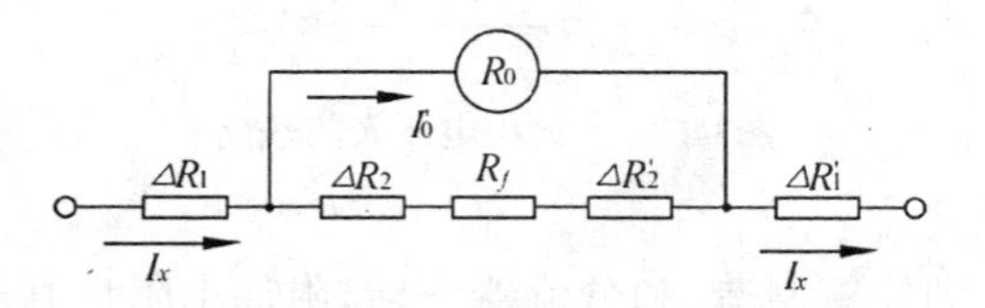

图3-14　接触电阻影响的等效电路

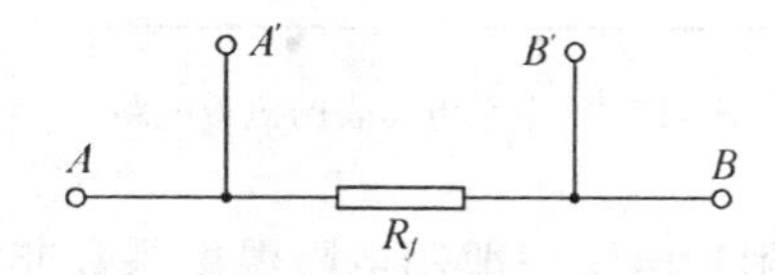

图3-15　分流器的四端钮结构

四端钮结构不但在分流器中采用，小于 10 Ω 的标准电阻也采用四端钮结构。

三、磁电系电压表

电压一般都是指两点之间的电压。测量电压时需要把测量电压的仪表接在被测电压的两点之间，也就是仪表必须和被测电压并联。磁电系测量机构的偏转角只和流过动圈中的电流成正比，因此，必须把被测电压变换成与电压成正比的电流才能用磁电系测量机

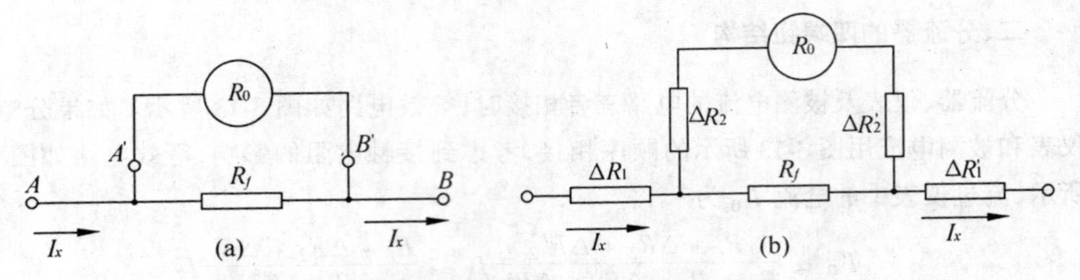

图3-16 四端钮分流器接线方法及其等效电路图

构测量，常用的把电压变成电流的方法是串联附加电阻。用来测量电压的仪表称电压表。

电压表的测量电路如图 3-17 所示。电压表的偏转角表示为

$$\alpha = \frac{\psi_0}{W} I_0 = \frac{\psi_0}{W} \frac{U_0}{R_0} = \frac{\psi_0}{W} \frac{U_X}{R_0 + R_V} \tag{3-14}$$

式中 R_V—— 附加电阻；

U_X—— 被测电压。

附加电阻 R_V 的值比仪表内阻 R_0 大很多倍，电压量限越高，R_V 越大。因此，流过仪表中的电流 I_0 将主要取决于附加电阻 R_V 的大小，和仪表的内阻 R_0 的关系不大。例如，电压量限为 100 V 的仪表其附加电阻 $R_V = 100 \times 10^3 \Omega = 10^5 \Omega$，而 R_0 只有 100 Ω，这样，电流 I_0 的值

$$I_0 = \frac{U_X}{R_0 + R_V} \approx \frac{100}{10^5} = 1(\text{mA})$$

因此，可以把电压表看作是用内阻为 R_0 的电流表测量附加电阻中电流的电流表，用被测的电压来刻度。

多量限电压表的测量电路如图 3-18 所示。开关 K 放在不同位置上，电压表的量限亦不相同。

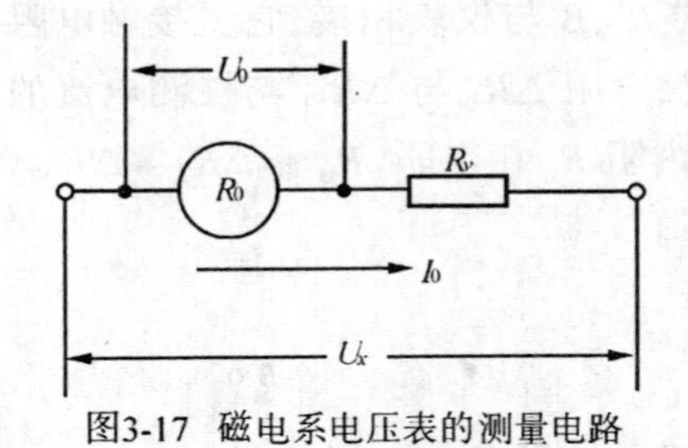

图3-17 磁电系电压表的测量电路

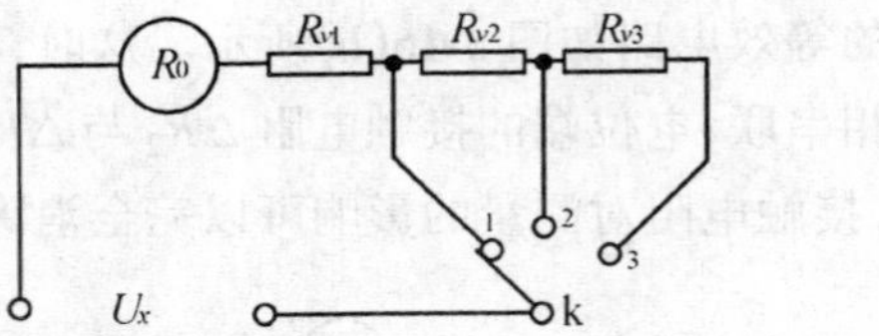

图3-18 多量程电压表的线路

附加电阻一般用电阻温度系数非常小的锰铜制造，和分流器一样，附加电阻也有内附和外附之分。量限低于 600 V 的电压表采用内附附加电阻，如图 3-18 所示，用开关切换量限。

外附附加电阻是单独制造的，并且和仪表配套使用。因为电压表可以看作是用电流表测量附加电阻中的电流并以被测电压值来标度的仪表，因此，在选择附加电阻的阻值时，可以使附加电阻的两端在加有标称电压时流过电阻中的电流是固定值。这样，就可以选用电流量限和该电流相等的电流表去测量附加电阻中的电流而构成电压表。按上述原则构成的附加电阻称“通用附加电阻”或“定值附加电阻”。在我国的国家标准中规定，通用附加电阻的额定电流值有 0.05、0.1、0.2、0.5、1.0、5.0、7.5、15、30 和 60 mA，共 10 种。

四、磁电系欧姆表

用磁电系测量机构测量电阻的原理性电路如图 3-19 所示。根据欧姆定律，流过仪表中的电流

$$I_0 = \frac{U}{R_0 + R_X}$$

若电源电压 U 一定，电路中的电流和被测电阻成反比，仪表的偏转角可以写成

$$\alpha = \frac{\psi_0}{W} I_0 = \frac{\psi_0}{W} \frac{U}{R_0 + R_X} \tag{3-15}$$

并且可以直接用被测电阻 R_X 来标度。

欧姆表的测量电路有串联和并联之分，串联电路欧姆表的原理电路如图 3-20 所示。接入被测电阻时仪表的偏转角和被测电阻的关系如式(3-15)所示。当 $R_X = \infty$ 时，$I_0 = 0$，$\alpha = 0$；当 $R_X = 0$ 时，$I_0 = U/R_0$，$\alpha = \alpha_{max}$，可见，仪表的标度和一般的仪表不同，电阻标度的零点在标度盘的右面，如图 3-21 所示。当被测电阻 $R_X = R_0 = R_d$ 时，仪表的偏转角是最大偏转角的 1/2，R_d 称“中值电阻”，中值电阻是欧姆表的重要指标。

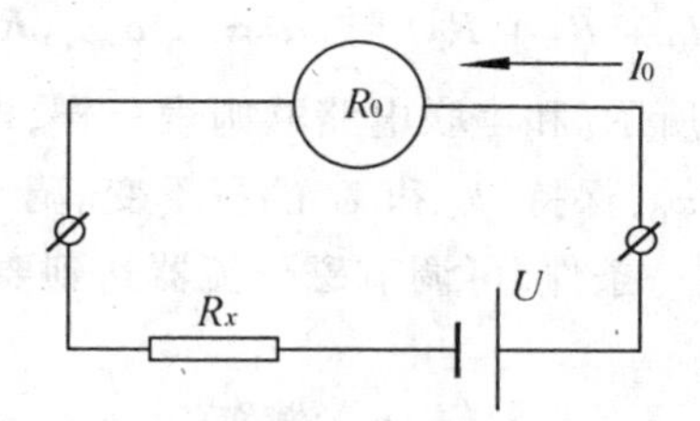

图3-19 用磁电系测量机构测量电阻的原理电路

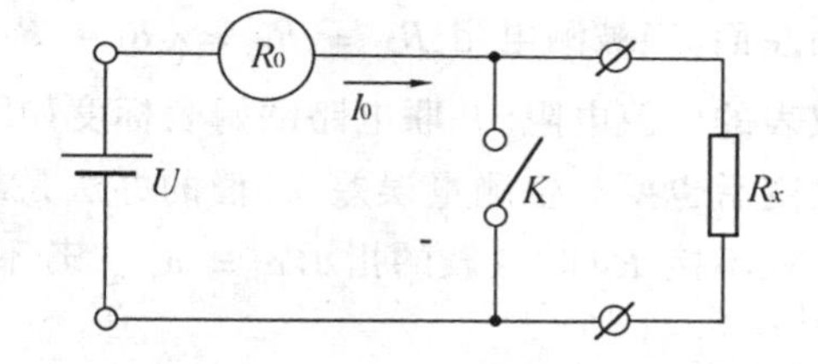

图3-20 串联电路欧姆表的原理电路图

在一般的磁电系仪表中，电源都是由电池来充当的。在使用过程中，电源的端电压 U 由 1.5V 渐渐下降到 1.1V，再低就不能用了。从式(3-15)可见，对同一个被测电阻 R_X，电压 U 值不同，仪表的指示也不一样，因而造成测量误差，为此，必须加上适当的元件来补偿电源电压不稳定造成的测量误差。在多数磁电系欧姆表中是靠调节 φ_0 来实现的。φ_0 的调节用磁分流器来完成。磁分流器的等效示意图如图 3-22 所示，调节螺钉 2 可以改变磁分流器

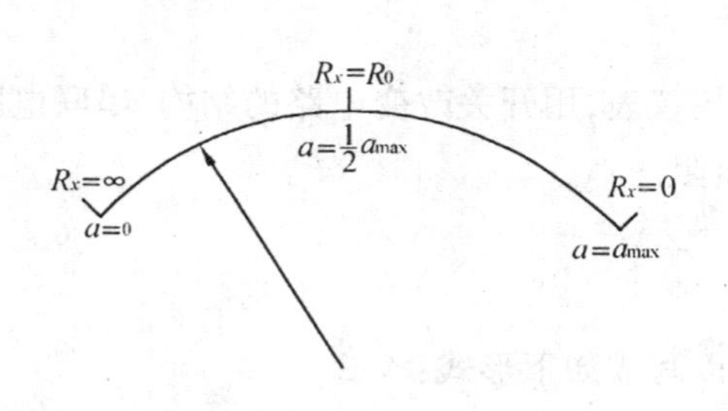

图3-21 串联型欧姆表的标度

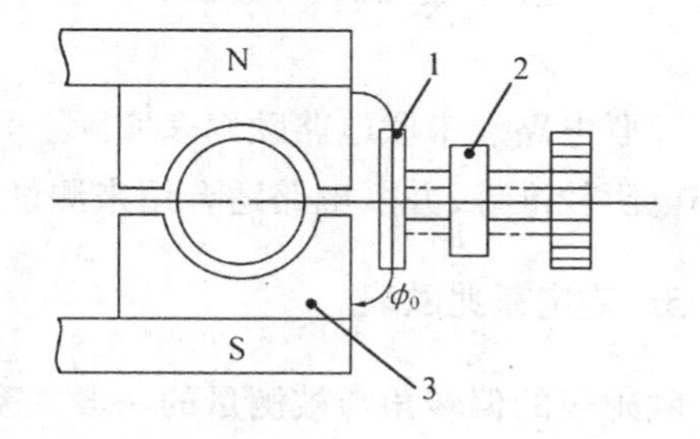

图 3-22 磁分流器示意图

1— 磁分流器；2— 调节螺钉；3— 极掌

1与极掌3的相对位置，从而改变流过磁分流器中的磁通值，达到调节空气隙中磁通的目的。调节的方法是在测量前把图3-20中所示的开关K短路，相当于 $R_X=0$，这时仪表的指示应当满度，即 $\alpha=\alpha_{max}$，如果 $\alpha\neq\alpha_{max}$，说明电源电压 U 的数值已经下降，可以调节磁分流器来改变 φ 的大小，补偿 U 值的变化，使 $\alpha=\alpha_{max}$。这种调节方法的物理意义是保证 ψ_0 和 U 的积为常数。调节完成后断开开关K，开始测量。

并联电路欧姆表原理电路如图3-23所示。被测电阻 R_X 接入时，流过可动线圈的电流

$$I_0=\frac{U}{R_2+\frac{(R_0+R_1)R_X}{R_0+R_1+R_X}}\cdot\frac{(R_0+R_1)R_X}{R_0+R_1+R_X}\cdot\frac{1}{R_0+R_1}=$$

$$\frac{U}{(R_0+R_1+R_2)\left[1+\frac{(R_0+R_1)R_2}{(R_0+R_1+R_2)R_X}\right]}$$

当 $R_X=\infty$ 时，$I_0=\frac{U}{R_0+R_1+R_2}=I_{max}$，所以 $\alpha=\alpha_{max}$。当 $R_X=0$ 时，即仪表的输入端短路，则 $I_0=0,\alpha=0$。可见，并联电路欧姆表的标度和一般仪表一样，标度的零点在度盘的左面。当被测电阻 $R_X=R_d=(R_0+R_1)R_2/(R_0+R_1+R_2)$ 时，$\alpha=\frac{1}{2}\alpha_{max}$，$R_d$ 值亦为仪表的中值电阻。并联电路欧姆表标度如图3-24所示。和串联电路欧姆表一样，电源电压改变后也要产生测量误差，补偿的办法是靠调节 φ_0，保持 ψ_0 和 U 的积不变。调节的过程是在不接 R_X 时仪表的指示 $\alpha=\alpha_{max}$，若不满足这一条件，可调节磁分流器达到要求。

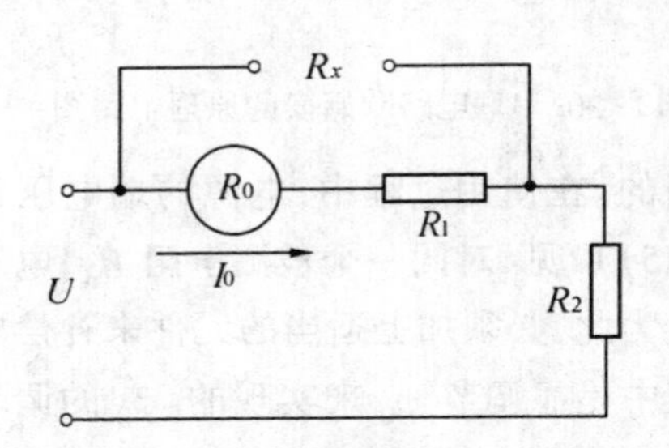

图3-23 并联电路欧姆表电路

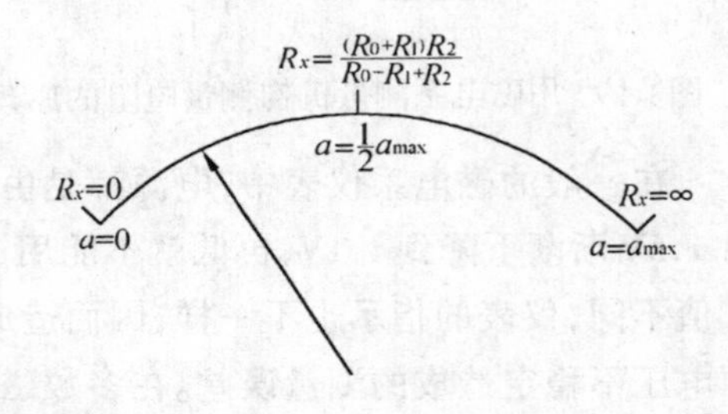

图3-24 并联电路欧姆表的标度

并联电路和串联电路欧姆表实际上是一块仪表，用开关改变电路的结构。串联电路测量小电阻较准确，并联电路适合用来测量大电阻。

五、磁电系兆欧表

欧姆表的偏转角与被测量的一般关系可以写成如下形式：

$$\alpha=\frac{\psi_0 U}{W}f(R_X)$$

上面介绍的欧姆表反作用力矩均由游丝产生，消除电源电压波动的影响是靠保证 ψ_0 与 U 的乘积不变。从欧姆表偏转角的一般表达式可见，如果保证 U/W 是常数，也可以补偿电压

波动的影响。U/W 不变的物理意义是靠改变反作用力矩系数 W 来补偿电源电压 U 的变化，这样，就要求反作用力矩系数 W 是电压 U 的函数。用电磁力代替游丝产生反作用力矩，可以达到 W 是电源电压 U 的函数的目的。流比计就是用电磁力产生反作用力矩的仪表。测量绝缘电阻用的兆欧表就是用流比计的原理制成的磁电系仪表。

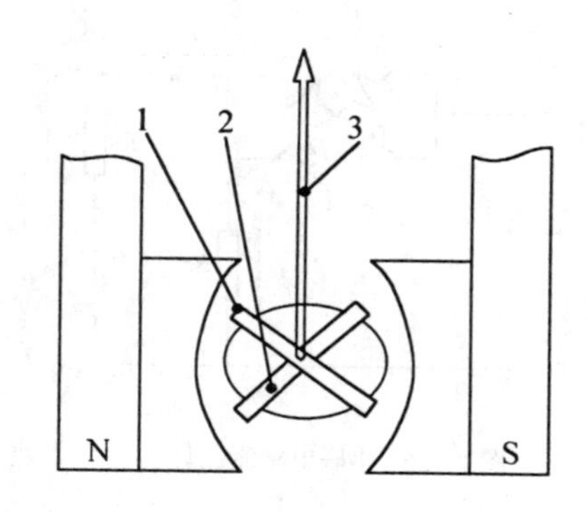

图 3-25　磁电系流比计结构之一

磁电系流比计的结构有多种，图 3-25 是常用的结构之一。它和一般磁电系仪表不同的是除了不用游丝产生反作用力矩外，还有两点区别：其一是空气隙中的磁感应强度不均匀，其二是可动部分有两个线圈，线圈 1 产生偏转力矩，线圈 2 产生反作用力矩。若线圈 1 和 2 中流过的电流分别为 I_1 和 I_2，产生的偏转力矩和反作用力矩分别为

$$M = B_1N_1I_1S_1$$

$$D = B_2N_2I_2S_2$$

式中　B_1和 B_2 是线圈 1 和 2 所处位置空气隙的磁感应强度。由于空气隙不均匀，B_1 和 B_2 的值是偏转角 α 的函数。N_1 和 N_2 是线圈 1 和 2 的匝数，S_1 和 S_2 是线圈 1 和 2 的面积。系统平衡时，$M = D$，可得

$$B_1N_1I_1S_1 = B_2N_2I_2S_2$$

考虑到 B_1 和 B_2 是偏转角的函数，设 $B_1 = f_1(\alpha)$、$B_2 = f_2(\alpha)$，代入上式可得

$$\frac{I_1}{I_2} = \frac{S_2N_2f_2(\alpha)}{S_1N_1f_1(\alpha)}$$

求得偏转角

$$\alpha = f(\frac{I_1}{I_2}) \tag{3-16}$$

即偏转角与两个电流之比成比例，所以称这种机构为“流比计”。如果令 $I_2 = f(\alpha)$、$I_1 = f(R_X \cdot U)$，可以利用式(3-16) 所示的关系测量绝缘电阻 R_X。

流比计测量机构的测量电路也有串联和并联之分，分别如图 3-26 和图 3-27 所示。不难看出，若不考虑 N_2 线圈，这两个电路分别与串联电路欧姆表及并联电路欧姆表的电路基本一样。产生偏转力矩的线圈 N_1 中流过的电流 I_1 与电源电压 U 有关，产生反作用力矩的线圈 N_2 中流过的电流 I_2 也与电源电压 U 有关。电源电压 U 的波动对偏转力矩和反作用力矩的干扰是相同的，所以偏转角与电源电压的变化无关。制造良好的流比计，当电源电压波动 20% 时，仪表指示的变化不越过 $\pm 0.1\%$。

测量绝缘电阻用的兆欧表其电路如图 3-28 所示。开关 K 置于位置 1 时是并联电路，标度的零点在左面。开关 K 置于位置 2 时是串联电路，标度的零点在右面。电源电压 U 是装在仪表内部的手摇发电机，不同型号的兆欧表其电源电压的数值也不一样，有 100 V、250 V、500 V 和 2 500 V 之分，这是应绝缘材料的绝缘电阻测试条件的要求而设置的。由于直流发电机的结构比较复杂，目前已由构造比较简单的交流发电机所代替，发出的交流电经晶体二级管整流后供给仪表。

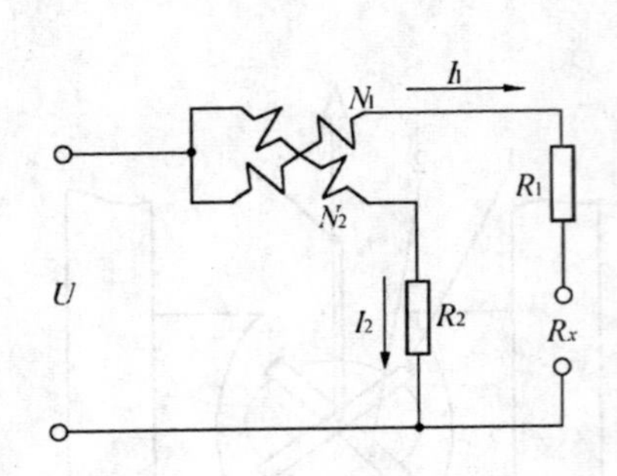

图3-26 串联电路流比计

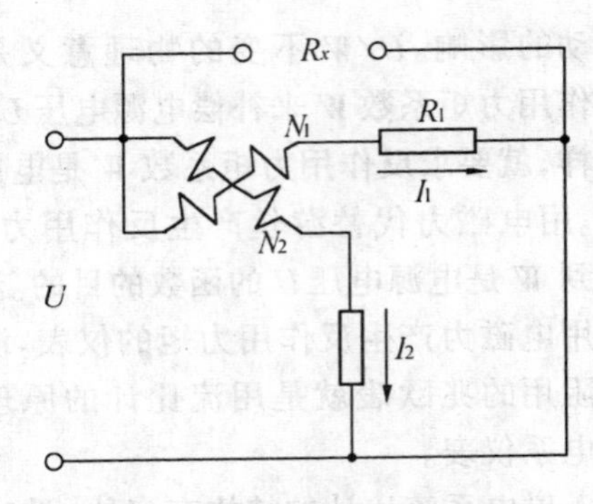

图3-27 并联电路流比计

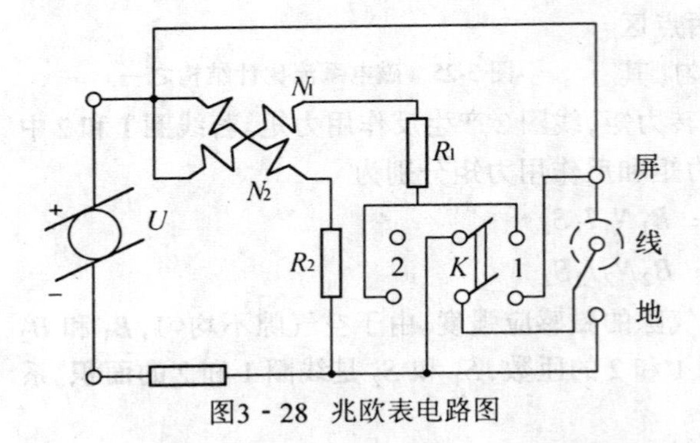

图3-28 兆欧表电路图

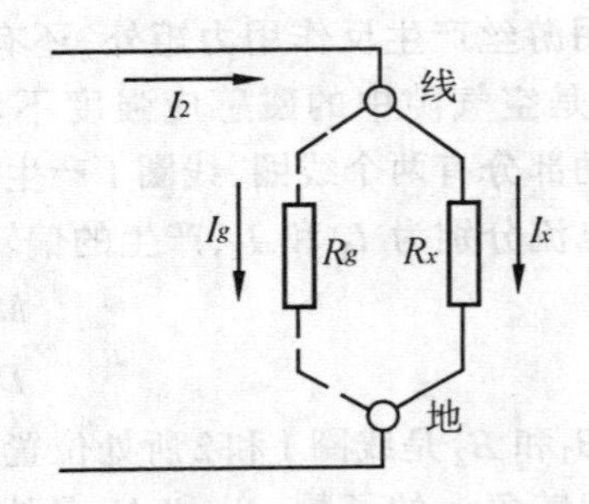

图3-29 兆欧表接线柱之间的绝缘漏电

兆欧表的接线端钮有三个。分别标有“屏”、“线”和“地”，被测的电阻接在“线”和“地”端钮之间。“屏”端子是为了防止漏电干扰而加的保护端。在“线”端钮的外侧有一个金属保护环，这个环和“屏”端子相接，处在高电位。如果没有屏蔽保护措施，在测量大电阻时（见图3-29），“线”与“地”端之间的表面存在绝缘电阻 R_g，R_g 与 R_X 并联，从接线柱的“线”端流出的电流 I_1 被分为 I_g 和 I_X 两部分，这样，仪表测量出来的电阻 R 是 R_g 和 R_X 的并联值，使测量产生很大的误差。在“线”端钮外侧加上屏蔽保护环后，因为屏蔽保护环上的电位由发电机的正极直接提供，和“线”接线端的电位相近，由“线”接线端流出的电流就不被分流（见图3-30），消除了仪表的接线端钮之间绝缘电阻分流被测电阻而产生的测量误差。

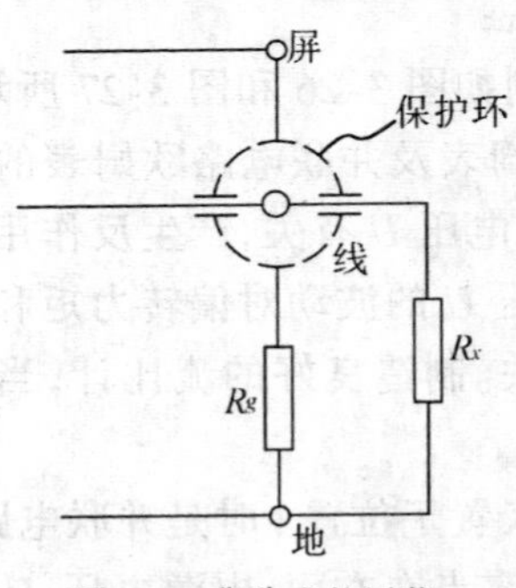

图3-30 兆欧表的屏蔽

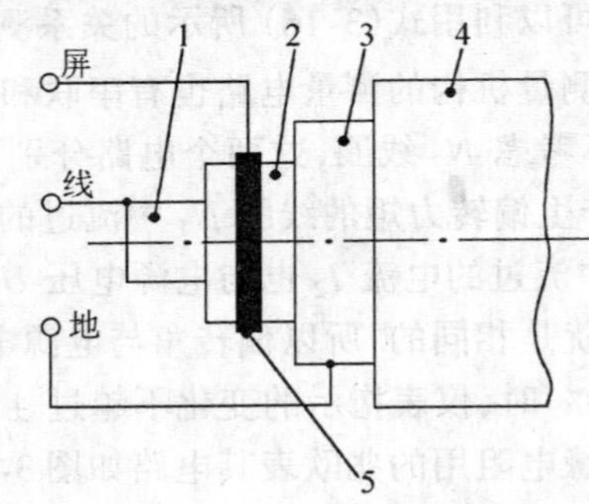

图3-31 用兆欧表测量同轴电缆绝缘电阻的接线方法

1—芯线；2—绝缘；3—金属外皮；
4—外层绝缘；5—保护环

若用兆欧表测量同轴电缆的绝缘电阻，其接线方法如图3-31所示，为了测量出芯线和外皮之间的绝缘电阻，防止沿绝缘表面漏电而引起的测量误差，在绝缘层2上固定了一个金属保护环5,该保护环接在仪表的“屏”接线端上,因为“线”和“屏”两接线端电位近似相等,沿绝缘体表面不再有漏电电流,从而消除了表面漏电产生的测量误差。这种屏蔽方法实际上是等电位屏蔽。

3-4 万用电表

万用电表是可以测量电阻、直流电流和交、直流电压的仪表。有些万用电表还可以测量交流电流、晶体管放大倍数、电感、电容和音频电平等参数。它有量限广、灵敏度高、价格低和使用方便等一系列优点,是无线电、通讯和电工等领域的工厂和实验室中不可缺少的测量工具。在部分万用电表中还能提供1kHz、465kHz或音频信号,为业余无线电爱好者提供了方便。

万用电表的准确度不高,多为2.5级,它的种类和型号很多,量限也各不相同,但是,它的基本结构相似。

万用电表用磁电系测量机构配用不同的测量电路和开关组成。在结构上它可分为三大部分:第一部分是表头,它是磁电系微安表,全偏转电流(即使仪表指针指示最大时流过仪表中的电流)是40~100 μA,作指示用,它的灵敏度决定了整个万用电表的灵敏度;第二部分是测量电路,用不同的测量电路与表头配合,以完成测量电阻、电流和电压等测量任务;第三部分是转换开关,用以切换测量电路,实现量限和测量种类的换接任务。

下面以哈尔滨精艺仪表厂生产的MF 107型万用电表为例,分析一下万用电表的线路、结构及切换方法。

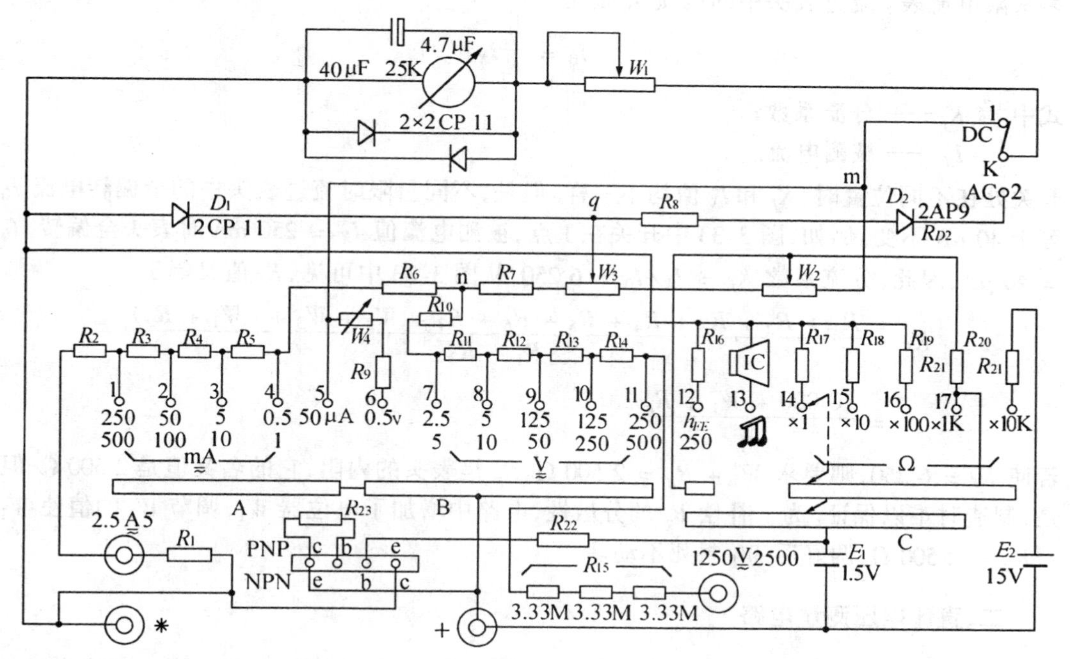

图3-32 MF 107型万用电表电路图

MF 107型万用电表的电路结构如图3-32所示。测量电流、电压和电阻的量限总和共有30个之多,此外,还可以测量音频电平、功率、晶体管放大倍数。它在用作线路的通、断检查时能发出音响,是功能比较齐全的万用电表之一。

一、直流电流测量电路

MF107 型万用电表测量直流电流的分解电路图及量限如图 3-33 所示。它用转换开

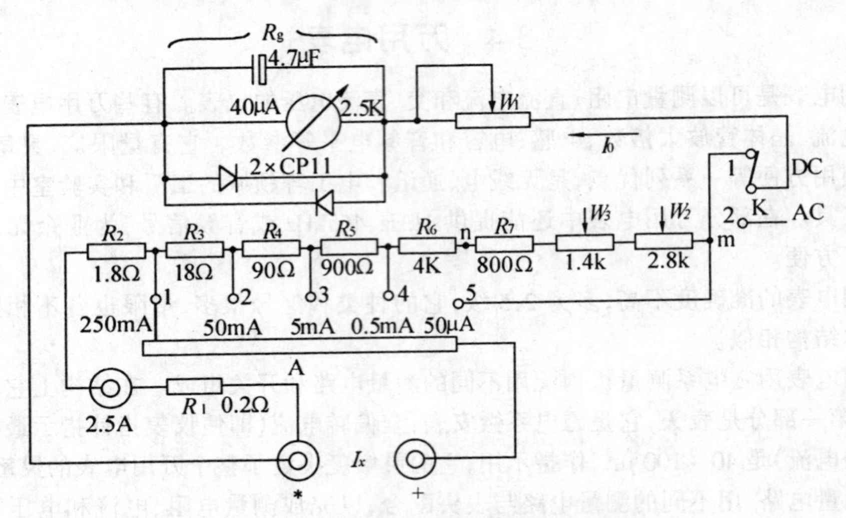

图3-33　直流电流测量电路分解图

关 A 部分的触点 1、2、3、4 和 5 及 2.5A 插孔切换量限。很显然，它是用阶梯分流器组成的多量限电流表。流过表头中的电流 I_0 值是

$$I_0 = \frac{1}{K_f} I_X$$

式中　K_f—— 分流系数；

I_X—— 被测电流。

开关处在不同位置时，K_f 和 I_X 值均不一样。但是，不同量限时流过表头中的全偏转电流 I_0 等于 40 μA 不变。例如，图 3-33 中开关在 1 点，被测电流值 $I_X = 250$ mA 时表头全偏转，$I_0 = 40$ μA，因此，分流系数 $K_f = I_X / I_0 = 6\,250$，从图 3-33 中可见，K_f 值又等于

$$K_f = \frac{R_1 + R_2 + R_3 + R_4 + R_5 + R_6 + R_7 + W_2 + W_3 + (W_1 + R_g)}{R_1 + R_2}$$

$$= \frac{10\,000 + W_1 + R_g}{2}$$

若使 $K_f = 6\,250$，则要求 $W_1 + R_g = 2\,500\ \Omega$。$R_g$ 是表头的内阻，它的名义值是 2 500 Ω，但是，制造时难以保证。为了补偿 R_g 的分散性，电路中增加了电位器 W_1，调节 W_1 的值使 $W_1 + R_g = 2\,500\ \Omega$，调好后 W_1 封死不动。

二、直流电压测量电路

直流电压测量电路是在直流电流测量电路的基础上加上附加电阻而成。它的分解电路及量限如图 3-34 所示。用开关 B 部分的触点 6、7、8、9、10、11 和 1 250V 插孔切换量限。

万用电表直流电压挡的重要指标之一是比值 Ω/V，即每伏被测电压仪表的内阻是多少欧。在 MF 107 的不同挡，该比值也不同。从图 3-34 上可见，0.5V 挡是在 50 μA 电流挡上增加附加 电阻 R_9 和 W_4 组成。在该挡上接入 0.5V 被测电压时，电流 $I = 50$ μA，表头全

偏转；$I_0 = 40\ \mu A$，I 在 m 点处分流，$I' = 10\ \mu A$。可见，该挡的总电阻 $R = U/I = 10^4 \Omega$，该挡的 $\Omega/V = 20\,000$，另方面，$R = R_g + W_4 + R'_g$

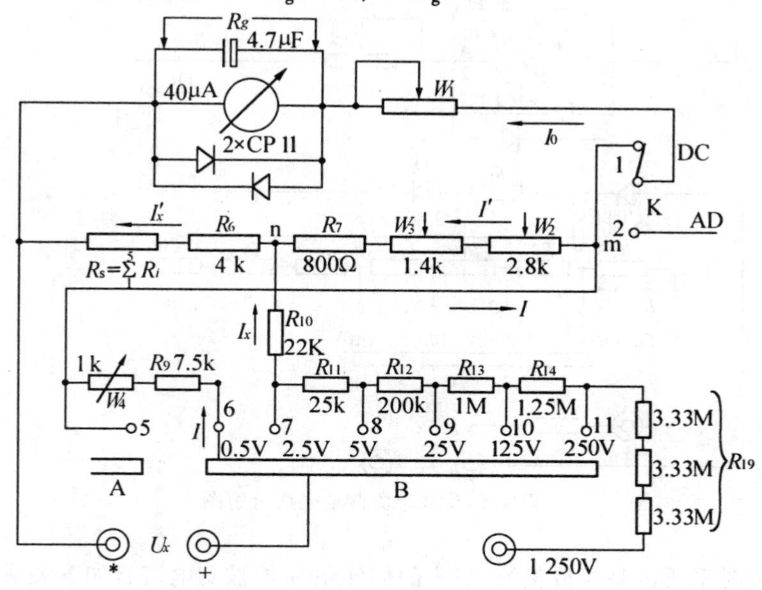

图 3-34　直流电压测量电路分解图

其中
$$R'_g = \frac{(R_g + W_1)(R_s + R_6 + R_7 + W_2 + W_3)}{R_g + W_1 + R_s + R_6 + R_7 + W_2 + W_3} = 2\,000\ \Omega$$

因此，要求 $R_9 + W_4 = 10\,000 - 2\,000 = 8\,000\ \Omega$。

2.5V 以上的各挡 Ω/V 值可以从两挡之差求出，即 2.5V 到 5V 两挡之间 Ω/V 等于

$$\Omega/V = \frac{R_{11}}{5 - 2.5} = \frac{25\,000}{2.5} = 10\,000$$

在 5V 挡位加上 5V 电压时流入仪表的电流 I_X 等于

$$I_X = \frac{5 - 2.5}{R_{11}} = 100\ \mu A$$

这时表头全偏转，$I_0 = 40\ \mu A$，在 n 点分流，$I'_X = 60\ \mu A$，在 n 点的电流分流比应为 $I'_X/I_0 = 1.5$，n 点处的电阻比为

$$\frac{R_7 + W_2 + W_3 + (W_1 + R_g)}{Rs + R_6} = \frac{7.5K}{5K} = 1.5$$

因此

$$\frac{I'_X}{I_0} = \frac{R_7 + W_2 + W_3(W_1 + R_g)}{R_s + R_6} = 1.5$$

满足了分流比的要求。

三、交流电流测量电路

磁电系测量机构做成的表头只能测量直流，若测量交流，必须经过整流。MF 107 型万用电表测量交流电流的分解电路及量限如图 3-35 所示。该电路用开关 A 部分的触点 1、2、3、4 及交流 5A 插孔切换量限，和直流电流测量电路共用一组阶梯分流器。为了和直流测量电路相区别，需要把开关 K 置于位置 2，即置向“AC”一侧。测量交流电流时，同一

分流电阻对应的交流电流量限比直流量限大一倍，交流电流最小量限是 1mA。

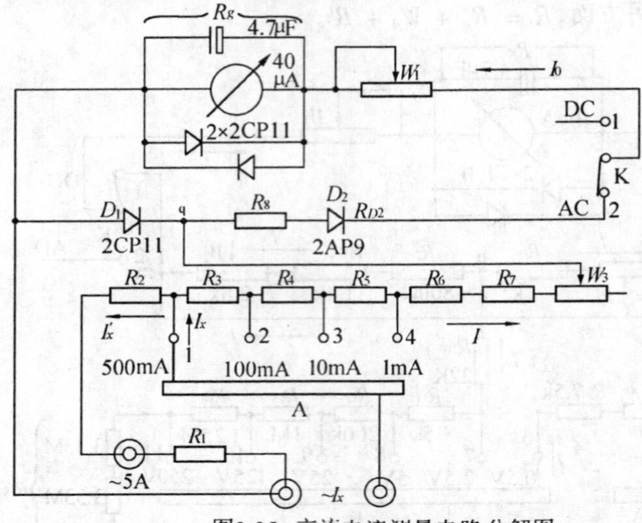

图3-35 交流电流测量电路分解图

测量交流时采用的是半波整流。表头的偏转角 α 与被测电流有如下关系

$$\alpha = \frac{\psi_0}{W} I_0 = \frac{\psi_0}{W} \frac{1}{T} \int_0^{T/2} I_m \sin \omega t = \frac{\psi_0}{W} \frac{I_p}{2}$$

式中 I_p 为交流电流的平均值。交流电流的有效值和平均值之间有如下关系

$$I = KI_p$$

式中 I—— 交流电流的有效值；

K—— 正弦波的波形系数，$K = 1.11$。

偏转角与有效值的关系

$$\alpha = \frac{\psi_0}{W} \frac{I}{2K} = \frac{\psi_0}{W} \frac{I}{2.22} = \frac{\psi_0}{W} I_0 \tag{3-17}$$

式中 I_0—— 流过表头中经半波整流后的电流；

I—— 经分流器分流后流向表头一侧未被整流的被测电流的有效值。

以开关在 1 点为例。从图 3-35 可见，当 $I_X = 500$ mA 时 α 应偏转到最大，此时，$I_0 = 40$ μA，考虑到半波整流，从式(3-17) 中可以求得未被整流的交流有效值 $I = 2.22\ I_0 = 88.8$ μA，分流器的分流比应当是

$$K_f = \frac{I_X}{I} = \frac{500 \times 10^3}{88.8} = 5\,630.6$$

电路中的电阻比

$$K_f = \frac{R_1 + R_2 + R_3 + R_4 + R_5 + R_6 + R_7 + W_3 + R_8 + R_{D2} + (W_1 + R_g)}{R_1 + R_2}$$

式中 R_{D2} 是二极管 2AP9 的正向导通电阻，对不同的二极管其值略有不同。为了保证 $K_f = 5\,630.6$，调节 W_3 的值，用以补偿 R_{D2} 的分散性，W_3 调好后封死不变。

该电路中两整流管的型号不同，D_1 采用 2CP11 是为了得到较高的反向电阻；D_2 采用 2AP9 的目的是为了得到较低的正向压降，以降低 R_{D2}的非线性对分流器产生的影响。

四、交流电压测量电路

交流电压测量电路的分解电路图和量限如图 3-36 所示。它利用开关 B 部分的触点 7、8、9、10、11 及交流 2 500 V 插孔切换量限，与直流电压测量电路共用一组分压电阻。为了与直流相区别，开关 K 应置于交流一侧。与测量直流电压相比，不同的是同一分压电阻对应的交流电压量限比直流大一倍。

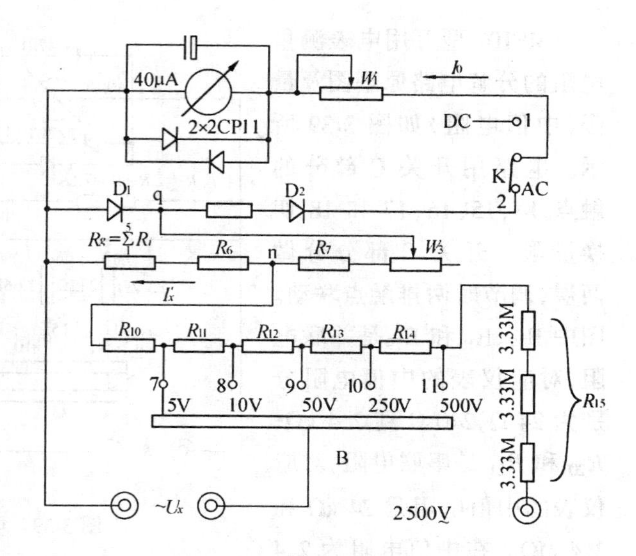

图 3-36　交流电压测量电路分解图

交流电压挡的 Ω/V 值可以从 10V 和 5V 挡之差求出，即

$$\Omega/\mathrm{V} = \frac{R_{11}}{10-5} = \frac{25\ 000}{5} = 5\ 000$$

流入仪表的电流 $I_X = 200\ \mu\mathrm{A}$。考虑到半波整流的作用，在电路 n 点处的电流比是

$$\frac{I'_X}{I} = \frac{I'_X}{2.22I_0} = \frac{200 - 2.22I_0}{2.22I_0} = 1.52$$

计算图 3-36 中 n 点处的电阻比满足此要求。

五、电阻测量电路

在万用电表中测量电阻多采用串联电路，其原理电路图如图 3-37 所示。其中 $R_0 + R = R_d$，是仪表的等效内阻，也称仪表的中值电阻。中值电阻 R_d 的物理意义如图 3-38 所示。当 $R_X = R_d$ 时，仪表的指示 $\alpha = \frac{1}{2}\alpha_{\max}$，$R_X$ 在 0 ~ R_d 范围变化，α 在 $\alpha_{\max}$ 到 $\frac{1}{2}\alpha_{\max}$ 范围内变化；当 R_X 在 R_d ~ ∞ 的范围变化时，仪表的偏转角在 $\frac{1}{2}\alpha_{\max}$ 到 0 的范围内变化。改变中值电阻阻值，可以改变万用电表的电阻挡量限。在图 3-37 中，当 $R_X > R_0$ 时，可以用串联电阻的办法改变中值电阻的阻值，当 $R_X < R_0$ 时，在 R_0 两端并联 R 来改变中值电阻的阻值。

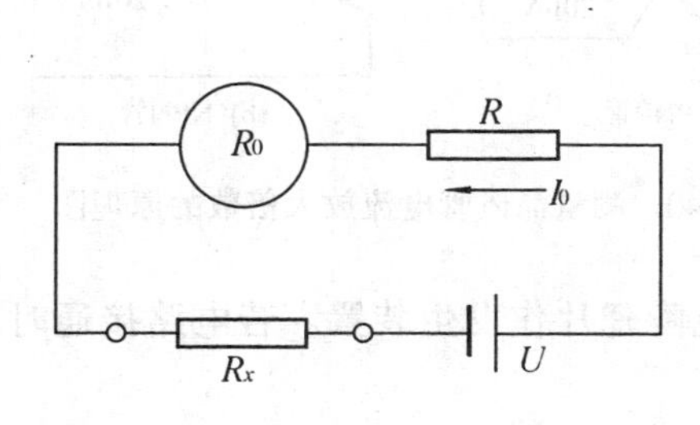

图3-37　MF107 测量电阻的原理电路

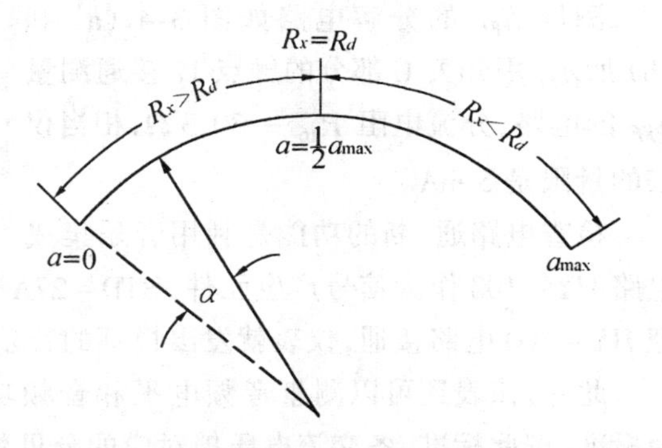

图3-38　测量电阻时万用电表指示的变化范围

MF107 型万用电表测量电阻的分解电路原理图及量限(中值电阻)如图 3-39 所示。电路用开关 C 部分的触点 14、15、16、17 和 18 切换量限。开关 C 部分分做两层,调节时两排触点联动。图中 R_{17}、R_{18}和 R_{19}是并联电阻,对应仪表的中值电阻分别为 24 Ω、240 Ω 到 2.4 kΩ;R_{20} 和 R_{21} 是串联电阻,对应仪表的中值电阻是 24 kΩ 和 2.4 MΩ。在中值电阻为 2.4 MΩ 一挡,因为仪表的内阻太大,1.5 V 的电源已经不能使仪表产生全偏转所需的电流,所以该挡用 15 V 电池供电。

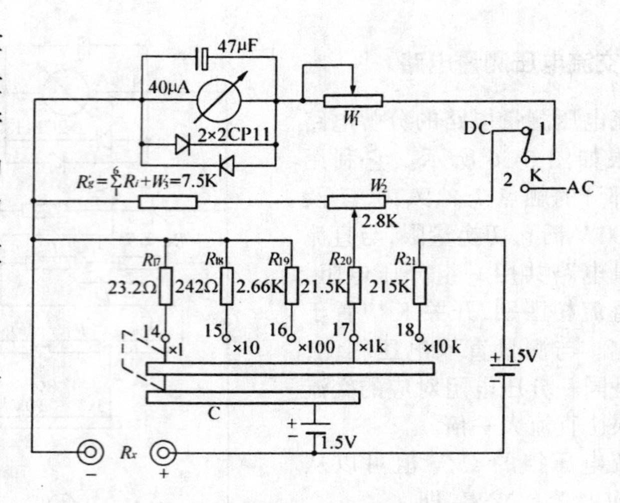

图 3-39　电阻挡测量电阻的分解图

万用电表的内附电源一般是 1.5 V 的干电池和 15 V 的叠层电池两种,随着使用时间的增长,电源电压要下降而产生测量误差。这里不能用调节 φ_0 的办法来补偿电压的下降,因为 φ_0 改变会使仪表的灵敏度发生变化,影响万用电表测量电流和测量电压的准确度。唯一可用的办法是靠调节电阻值改变分流比来补偿电源电压变化产生的测量误差。图 3-39 中的 W_2 就是为此目的而设置的调节元件。在测量前把 R_X 端短路,仪表应指示 $R_X = 0$,(即 $\alpha = \alpha_{max}$),如果仪表指示的 $R_X \neq 0$,说明电源电压有变化,可调节 W_2 使指针指示 $R_X = 0$ 后再进行测量 ,MF 107 型万用电表面板上的"调零"旋钮就是调节 W_2 用的。

六、测量晶体管放大倍数、电路通、断检查及其它功能

MF 107 型万用电表还可以测量晶体管电流放大倍数。测量 PNP 和 NPN 管电流放大倍数的原理电路分别如图 3-40(a)和 3-40(b)所示。基极电流 $i_b = 20\ \mu A$, $h_{FE} = 250$ 倍时集电极电流 $I_c = 5$ mA。

(a) PNP管　　(b) NPN管

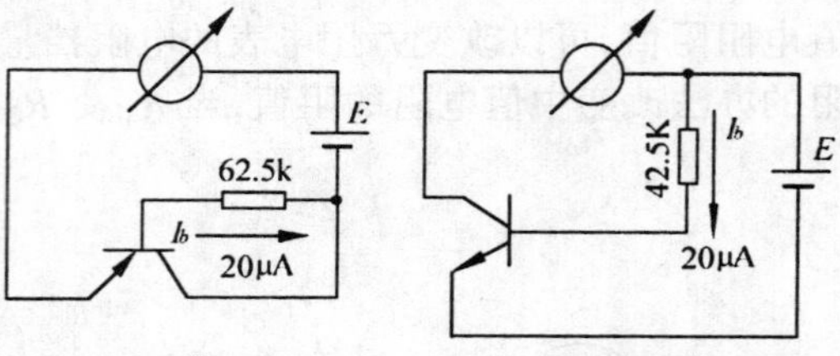

图 3-40　测量晶体管电流放大倍数的原理图

测量 h_{FE} 的分解电路如图 3-41(a) 和 (b) 所示。用开关 C 部分的触点 12 接通测量 h_{FE} 的电路,分流电阻 $R_{16} = 30.3\ \Omega$,相当仪表的量限是 5 mA。

检查电路通、断的功能是利用音乐集成电路 HY－100 作为信号产生元件,HTD－27A 型压电陶瓷片作发生装置。若电路接通时,把 HY－100 电路接通,仪表就发出悦耳的音乐声。

此外,该表还可以测量音频电平和音频功率。音频电平的刻度以 0dB = 1mV、600 Ω 为标准,按此标准,各交流电压挡对应的分贝数如表 3-3 所示。

表 3-3 MF 107 交流电压挡对应的分贝数

交流电压挡(V)	~5	~10	~50	~250	~500
对应的分贝数(dB)	16	22	36	50	56

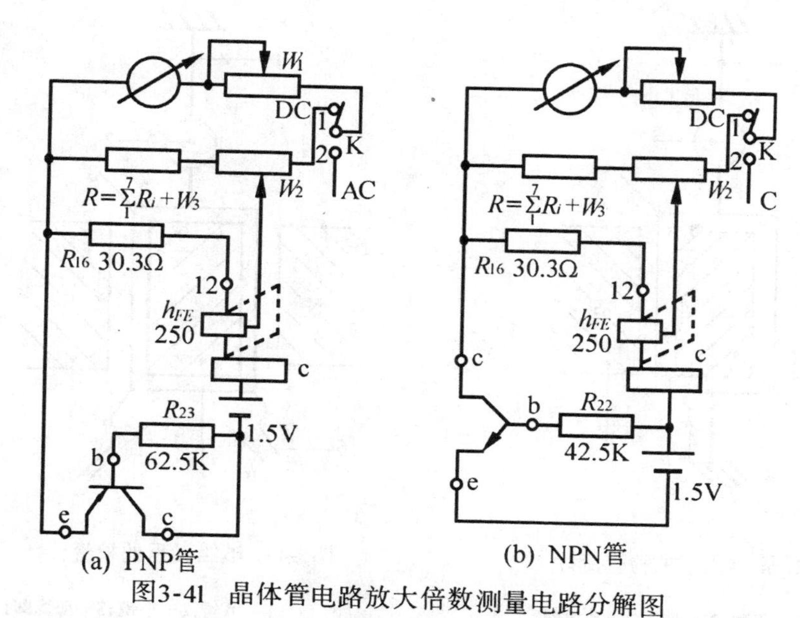

(a) PNP管　　(b) NPN管

图3-41　晶体管电路放大倍数测量电路分解图

电阻中消耗的功率 $P = U^2/R$,其中 U 是电阻两端的电压。若电阻 R 一定,电压 U 的大小可以代表功率。MF 107 测量功率时是以 $R = 8\ \Omega$(相当于阻抗为 8 Ω 的喇叭)作刻度的标准,这样,交流 10 V 挡对应的功率为 12.5 W,该表用交流 10 V 挡测量内阻为 8 Ω 的扬声器的功率,并以功率刻度。

3-5　磁电系检流计

在工程实践中往往有一些非常小的电流和电压需要测量,例如 10^{-10}A 的小电流和 10^{-6}V 的小电压等。为了测量它们,设计制造了被称作“检流计”的仪表。这种仪表的电流常数在 $10^{-9}\sim10^{-10}$A/mm 范围内,电压常数可在 $10^{-5}\sim10^{-6}$V/mm。它们经常在平衡测量电路中被当作指零仪使用,以检测电路中是否存在电流,检流计由此而得名。

一、提高检流计灵敏度的结构措施

磁电系检流计的偏转角和被测电流的关系与磁电系电流表相同,即

$$\alpha = \frac{\psi_0}{W} I_0$$

在电流 I_0 非常小的情况下,要得到比较大的偏转角 α,必须增大 ψ_0 和减小 W_0。减小 W 的办法是采用张丝或吊丝代替产生反作用力矩的游丝,其示意图如图 3-42 和图 3-43 所示。在检流计中不用轴尖和轴承,没有摩擦。在吊丝支承的结构中,被测电流用无力矩导流丝导入可动线圈。

减小空气隙、增加可动线圈的匝数和选择高性能的磁性材料都可以增加 ψ_0 值,为了

能在较窄的空气隙中绕较多的匝数，检流计的可动部分中没有铝制的框架，线圈绕好后用胶木漆固定、成型，所以检流计的阻尼只能由动圈和外电路闭合后产生，使检流计的阻尼状态和外电路的电阻有关。

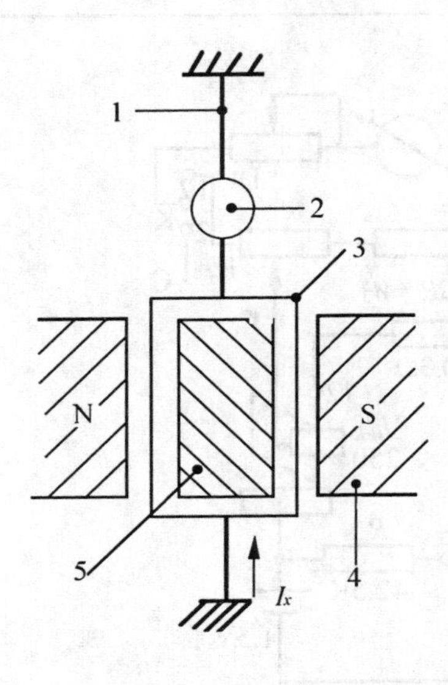

图3-42 张丝支承的检查流计

1—张丝；2—小镜；3—动线圈；
4—极掌；5—铁心

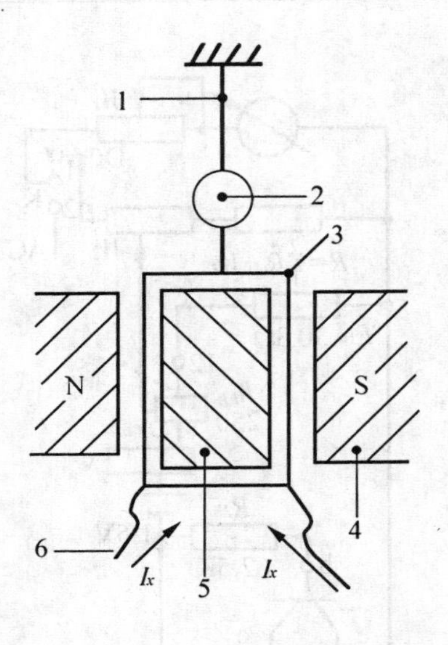

图3-43 吊丝支承的检流计

1—吊丝；2—小镜；3—动线圈；
4—极掌；5—铁心；6—无力矩导流丝

第三个提高灵敏度的方法是采用光指示。在检流计可动部分上固定有小镜子，用光标来读数。光标的光路图如图 3-44 所示，若 $\alpha=0$，小镜子的法线 OO 与标尺垂直，灯泡发出的光沿小镜子的法线方向照射在镜面上，并反射到标尺的 a 点处，a 点就是标尺的零点。检流计中通以被测电流 I_0，小镜子随可动线圈偏转 α 角，新的法线方向是 OO′，入射光是沿 OO 方向照射，而反射光沿 Ob 方向照射在标尺的 b 点处，若标尺到小镜的距离是 d，可动部分偏转角是 α，光标在标尺上移动的距离 n 等于

$$\operatorname{tg} 2\alpha = \frac{n}{d}$$

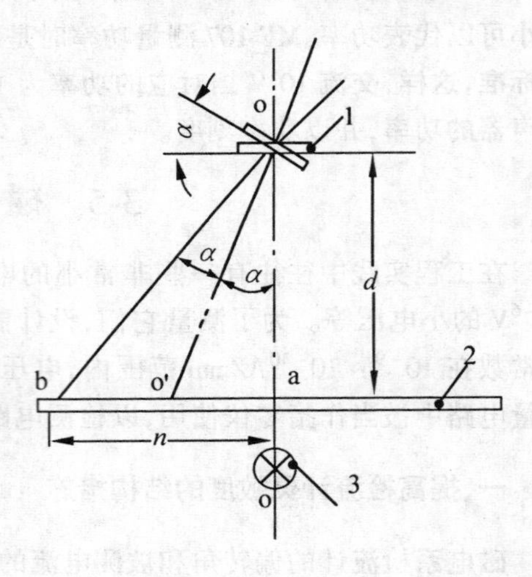

图 3-44 检流计光指示示意图

1—小镜；2—标尺；3—光源（灯泡）

因为 α 很小，上式可以写为

$$2\alpha \approx \frac{n}{d}$$

$$n = 2d\alpha \tag{3-18}$$

反射光点在标尺上移动的距离 n 和偏转角 α 成正比，d 的长度可达 1.5 m，所以灵敏度可提高很多。这种检流计称作“镜式检流计”。因为光标尺在检流计的外面，使用很不方便。有些检流计把光源、标尺都集中放在检流计的内部，靠光点在几个平面镜上的反射来增加标尺

与可动部分上小镜之间的距离 d,这类检流计称“光点式检流计”,其原理示意图如图 3-45 所示,这种检流计使用和携带均很方便。

二、磁电系检流计的动特性

下面分析检流计在被测电流作用下的运动规律,找出它的运动特性和结构参数之间的关系,从而找到它的最佳使用条件。

根据力学第二定律,描述检流计运动的方程式可写为

$$J\frac{\mathrm{d}^2\alpha}{\mathrm{d}t^2}+p\frac{\mathrm{d}\alpha}{\mathrm{d}t}+W\alpha=\psi_0 I_0 \quad (3\text{-}19)$$

式中 $\frac{\mathrm{d}^2\alpha}{\mathrm{d}t^2}$—— 检流计可动部分的角加速度;

J—— 可动部分的转动惯量;

$\frac{\mathrm{d}\alpha}{\mathrm{d}t}$—— 可动部分的角速度;

p—— 阻尼系数;

$W\alpha$— 反作用力矩;

$\psi_0 I_0$—— 偏转力矩。

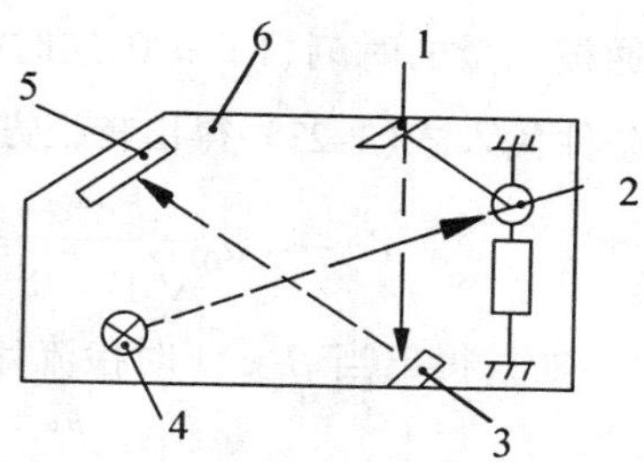

图3-45 光点式检流计结构示意图

1—反射镜;2—可动部分小镜;
3—反射镜;4—光源;
5—标尺;6—外壳

这是一个二阶、常系数、非齐次微分方程式,它的解有两部分,即

$$\alpha=\alpha_0+\alpha' \quad (3\text{-}20)$$

式中 α_0 是特解,它是可动部分的稳定偏转角,即为$\frac{\mathrm{d}^2\alpha}{\mathrm{d}t^2}=0$、$\frac{\mathrm{d}\alpha}{\mathrm{d}t}=0$ 时的偏转角,从式(3-19)可见,此时 α_0 的值为

$$\alpha_0=\frac{\psi_0}{W}I_0$$

它和普通磁电系仪表没有区别。α' 是通解,它表示可动部分在稳定前围绕平衡位置 α_0 摆动的情况,其数值由式(3-19)的特征方程式来决定。特征方程为

$$\frac{\mathrm{d}^2\alpha}{\mathrm{d}t^2}+\frac{p}{J}\frac{\mathrm{d}\alpha}{\mathrm{d}t}+\frac{W}{J}\alpha=0 \quad (3\text{-}21)$$

令 $X=\frac{\mathrm{d}\alpha}{\mathrm{d}t}$、$X^2=\frac{\mathrm{d}^2\alpha}{\mathrm{d}t^2}$,代入式(3-21)中,得

$$X^2+\frac{p}{J}x+\frac{W}{J}\alpha=0$$

该方程的解为

$$X_{1,2}=-\frac{p}{2J}\pm\sqrt{\frac{p^2}{4J^2}-\frac{W}{J}} \quad (3\text{-}22)$$

令 $\omega_0=\sqrt{\frac{W}{J}}$,为可动部分的自由振荡角频率;$\beta=\frac{p}{2\sqrt{JW}}$,为阻尼因数,把 β 和 ω_0 代入式(3-22),得

$$X_{1,2} = \omega_0(-\beta \pm \sqrt{\beta^2 - 1}) \tag{3-23}$$

因为阻尼因数 β 和阻尼系数 p 有关，而阻尼系数 p 的数值与式(3-10)中的 p_0 相同，显然，与检流计可动线圈相闭合的外电路电阻 R 不同，阻尼系数 p 也不同。β 值随 p 的变化而变化，它决定了检流计可动部分的运动规律，可分三种情况分述如下：

$\beta < 1$ 时称欠阻尼。若给定边界条件为 $t = 0$、$\frac{d\alpha}{dt} = 0$，该边界条件的物理意义是检流计未接通被测量的时刻为 $t = 0$，这时检流计的可动部分处在静止状态，因此 $\frac{d\alpha}{dt} = 0$，$\alpha = 0$，把该条件代入式(3-23)，得出特征方程(3-21)的通解为

$$\alpha' = -\alpha_0 \frac{e^{-\beta\omega_0 t}}{\sqrt{1-\beta^2}} \sin\left[\sqrt{1-\beta^2}\omega_0 t + tg^{-1}\sqrt{\frac{1-\beta^2}{\beta^2}}\right]$$

代入式(3-20)，得出当 $\beta < 1$ 时检流计通入 I_0 后的偏转角为

$$\alpha = \alpha_0 - \alpha_0 \frac{e^{-\beta\omega_0 t}}{\sqrt{1-\beta^2}} \sin\left[\sqrt{1-\beta^2}\omega_0 t + tg^{-1}\sqrt{\frac{1-\beta^2}{\beta^2}}\right]$$

可见，α 由两部分组成，第一部分是稳定偏转，第二部分是衰减振荡，振荡的幅值按 $e^{-\beta\omega_0 t}\Big/\sqrt{1-\beta^2}$ 衰减，振荡的角频率是 $\omega_0\sqrt{1-\beta^2}$，初始相位差角是 $tg^{-1}\sqrt{\frac{1-\beta^2}{\beta^2}}$。这个解的物理意义是检流计接通电流 I_0 后开始运动，偏转角不能立刻停止在 α_0 处，而是经过振荡渐渐停止在平衡位置 α_0 处，可动部分的运动规律如图 3-46 的曲线 1 所示。

$\beta = 1$ 时称临界阻尼。在与 $\beta < 1$ 相同的初始条件下，可动部分的偏转角为

$$\alpha = \alpha_0 - \alpha_0 e^{-\beta\omega_0 t}[1 + \omega_0 t] \tag{3-24}$$

可见，它的偏转角也由两部分组成；第一部分是稳定偏转；第二部分是衰减运动，它的物理意义是检流计通电后可动部分开始偏转，但它不能通过平衡位置 α_0，只能从一侧接近平衡位置，它的运动规律如图 3-46 中的曲线 2 所示。

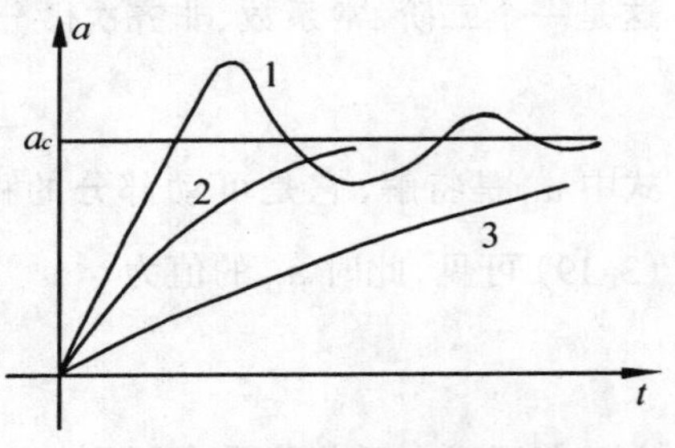

图3-46 β 值不同时检流计可动部分的运动规律

$\beta > 1$ 的情况称过阻尼，在相同的初始条件下，可动部分的偏转角为

$$\alpha = \alpha_0 - \alpha_0 \frac{e^{-\beta\omega_0 t}}{\sqrt{\beta^2 - 1}} sh\left[\sqrt{\beta^2 - 1}\omega_0 t + tgh^{-1}\sqrt{\frac{\beta^2 - 1}{\beta^2}}\right] \tag{3-25}$$

可见，它也不是振荡，可动部分也只能从一侧接近平衡位置，但达到平衡位置的时间要比 $\beta = 1$ 时长的多。它的运动规律如图 3-46 中的曲线 3 所示。

三、磁电系检流计的结构参数和运行参数

讨论可动部分运动方程式和它的解的目的是找出检流计的使用特性与其结构参数之间的关系。检流计的参数有两大类：一类是结构参数，它包括 ψ_0、W 和 J。这三个参数都由检流计的结构决定，一旦检流计设计好并制造出来，其数值固定，不易改变，只有 ψ_0 在有些两用的检流计中能通过调节分流器的办法改变它的数值；另一类参数称运行参数，它们分别是电流灵敏度 S_i（或电压灵敏度 S_u）、自由振荡周期 T_0 和外临界电阻 R_0。

检流计的电流灵敏度在形式上与磁电系电流表相同,其值为

$$S_i = \frac{\alpha}{I_0} = \frac{\psi_0}{W} \tag{3-26}$$

只要检流计的结构固定,它的数值也固定不变。

$\beta < 1$ 时,检流计做周期运动,它的振荡角频率为

$$\omega = \sqrt{1 - \beta^2}\omega_0 = 2\pi f$$

振荡周期

$$T = \frac{1}{f} = \frac{2\pi}{\sqrt{1 - \beta^2}\omega_0}$$

而 $\omega_0 = \sqrt{W/J}$,代入上式得

$$T = \frac{2\pi}{\sqrt{1 - \beta^2}}\sqrt{\frac{J}{W}}$$

可见,它和阻尼因数 β 有关,若 $\beta = 0$,即在没有阻尼的情况下它的振荡周期 $T = T_0$,T_0 称自由振荡周期,其值为

$$T_0 = 2\pi\sqrt{\frac{T}{W}} \tag{3-27}$$

T_0 是检流计的重要参数之一,它和可动部分开始偏转后停止在平衡位置时所需的时间有关,直接影响测量的速度。

$\beta = 1$ 时,检流计工作在临界阻尼状态。设临界阻尼时的阻尼系数 $p = p_K$,则

$$\beta = \frac{p}{2\sqrt{JW}} = \frac{p_K}{2\sqrt{JW}} = 1$$

$$p_K = 2\sqrt{WJ} \tag{3-28}$$

因为检流计的阻尼是可动线圈与外电路闭合后产生的,根据式(3-10)得

$$p_K = p_0 = \frac{\psi_0^2}{R_0 + R_K} = 2\sqrt{JW} \tag{3-29}$$

式中 R_0—— 检流计可动线圈的电阻,也称为检流计的内阻;

R_K—— 在临界状态下和检流计相闭合的外电路电阻。

R_K 也称检流计的外临界电阻,在一般的检流计中 R_0 的值只有几百欧姆;而 R_K 的值可达万欧,根据式(3-29),外临界电阻近似等于

$$R_K \approx \frac{\psi_0^2}{2\sqrt{JW}} \tag{3-30}$$

从式(3-26) 可见,检流计的电流灵敏度越高,ψ_0 越大;而 ψ_0 越大,从式(3-30) 可见,外临界电阻成平方倍数增加。例如,我国上海电表厂生产的 AC 4/1 和 AC 4/2 型检流计的参数如下:

AC 4/1: $R_0 = 500\ \Omega$, $S_i = 1.5 \times 10^{-9}$A/mm, $R_K = 2\ 000\ \Omega$,

AC 4/2: $R_0 = 1\ 000\ \Omega$, $S_i = 0.15 \times 10^{-10}$A/mm, $R_K = 10^5\Omega$

在检流计运行时,为了使检流计尽快的停止在平衡位置上,检流计的外电路电阻应近似等于外临界电阻 R_K。

实际上，若外电路电阻比外临界电阻 R_K 稍大一些，使 $\beta = 0.8 \sim 0.9$，检流计工作在微欠阻尼状态下，可动部分的运动规律如图 3-47 所示，则检流计接近平衡位置 α_0 的速度比 $\beta = 1$ 时更快一些。

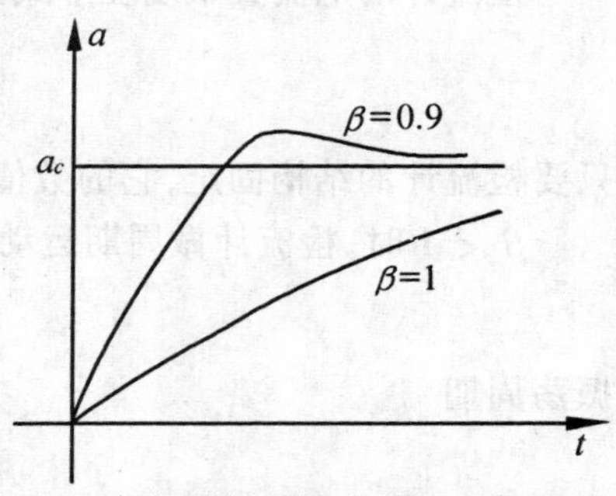

图3-47 微欠阻尼时检流计的工作状态

用检流计测量小直流电压时，偏转角和被测电压之间的关系如下：

$$\alpha = \frac{\psi_0}{W}\frac{U}{R_0 + R_K} = S_u U \qquad (3\text{-}31)$$

式中 $S_u = \frac{\psi_0}{W}\cdot\frac{1}{R_0 + R_K}$，是检流计在临界状态下的电压灵敏度。

很显然，检流计在临界状态下的电压灵敏度和外临界电阻成反比，即

$$S_u \approx \frac{\psi_0}{W}\frac{1}{R_K} \qquad (3\text{-}32)$$

把式(3-30)代入式(3-32)得

$$S_u = \frac{\psi_0}{W}\frac{2}{\psi_0^2\sqrt{JW}} = \frac{2}{\psi_0}\sqrt{\frac{J}{W}} \qquad (3\text{-}33)$$

可见，工作在临界状态下的检流计其电压灵敏度和 ψ_0 成反比。所以，检流计的电流灵敏度越高，ψ_0 值越大，而电压灵敏度却降低。一台检流计的电流灵敏度高，电压灵敏度一定低，外临界电阻 R_K 值一定大；反之，结果也相反。

为了使电流和电压灵敏度都高，有些检流计增加了磁分流器，用以调节 ψ_0 值。当需要电流灵敏度高时，增加 ψ_0 值；需要电压灵敏度高时，则减小 ψ_0 值。

3-6 冲击检流计

一、冲击检流计的工作特点

冲击检流计是一种特殊结构的磁电系检流计。它的主要用途是测量暂短的脉冲电量，例如电容通过小电阻放电时的脉冲电量（或电流）的测量，用冲击法测量磁性材料的磁特性时产生的瞬时感应电势的测量等均属此种情况。

用冲击检流计测量脉冲电量时，脉冲的持续时间必须很短，该时间与冲击检流计的自由振荡周期相比要小很多，往往是在电脉冲消失以后检流计才开始动作，脉冲的持续时间和检流计偏转的时间关系如图 3-48 所示。当满足上述时间关系时，冲击检流计的最大偏转角 α_m 正比于流过检流计可动线圈的电量。

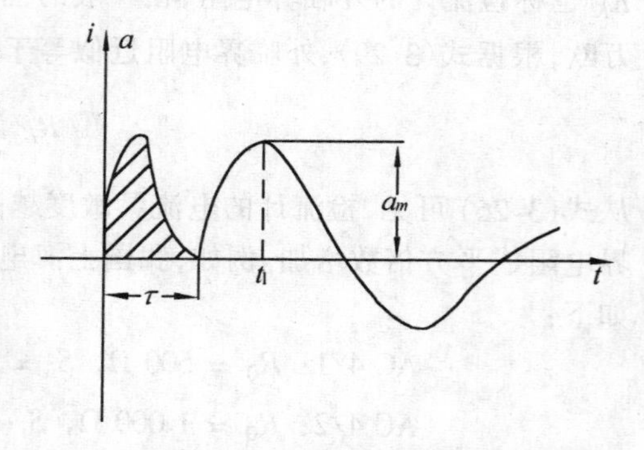

图3-48 脉冲电量及冲击检流计的偏转

二、冲击检流计的动特性

冲击检流计可动部分的运动方程式和普通检流计一样，其形式为

$$J\frac{d^2\alpha}{dt^2}+p\frac{d\alpha}{dt}+W\alpha=\psi_0 i \tag{3-34}$$

与式(3-19)相比，式中用脉冲电流 i 代替了直流电流 I_0，考虑到 $\omega_0=\sqrt{W/J}$、$\beta=\frac{p}{2\sqrt{JW}}$、$S_i=\frac{\psi_0}{W}$，式(3-34)可以写成

$$\frac{d^2\alpha}{dt^2}+2\beta\omega_0\frac{d\alpha}{dt}+\omega_0^2\alpha=S_i\omega_0^2 i \tag{3-35}$$

在图3-48中可见，在0到 τ 这段时间内，检流计还没有开始运动，即 $\alpha=0$，因此，运动方程式(3-35)可以写成

$$\frac{d^2\alpha}{dt^2}+2\beta\omega_0\frac{d\alpha}{dt}=S_i\omega_0^2 i \tag{3-36}$$

两边积分得

$$\frac{d\alpha}{dt}+2\beta\omega_0\alpha=\omega_0^2S_i\int_0^\tau i\,dt=\omega_0^2S_iQ$$

式中 $Q=\int_0^\tau i\,dt$ 为 $0\sim\tau$ 这段时间内流过检流计可动线圈中的电量。因为这段时间内 $\alpha=0$，得

$$\frac{d\alpha}{dt}=\omega_0^2S_iQ \tag{3-37}$$

上式表明，脉冲电流流过检流计后，检流计一开始运动时其运动的速度就和流过线圈中的电量成正比。

在 $\tau\sim\infty$ 这段时间内，流过检流计中的脉冲电流已经消失，即 $i=0$，检流计的运动方程可以写成

$$\frac{d^2\alpha}{dt^2}+2\beta\omega_0\frac{d\alpha}{dt}+\omega_0^2\alpha=0 \tag{3-38}$$

检流计的偏转是从 $t=\tau$ 开始的，即把 $t=\tau$ 当作 $t=0$ 求解。若 $\beta<1$，初始条件是 $t=0$(即 $t=\tau$)时 $\alpha=0$ 和 $\frac{d\alpha}{dt}=\omega_0^2S_iQ$，求解式(3-38)得到检流计的偏转角和时间的关系为

$$\alpha=\frac{e^{-\beta\omega_0t}}{\sqrt{1-\beta^2}}S_i\sin(\sqrt{1-\beta^2}\,\omega_0t) \tag{3-39}$$

把式(3-39)对时间微分，并令 $\frac{d\alpha}{dt}=0$，可以求出检流计达到最大偏转角 α_m 时所需的时间 t_1 为

$$t_1=\frac{1}{\omega_0\sqrt{1-\beta^2}}\mathrm{tg}^{-1}\sqrt{\frac{1-\beta^2}{\beta^2}} \tag{3-40}$$

把 t_1 代入式(3-39)，可以求出检流计的最大偏转 α_m 值为

$$\alpha_m = S_i \omega_0 \mathrm{e}^{-\frac{\beta}{\sqrt{1-\beta^2}}\mathrm{tg}^{-1}\sqrt{\frac{1-\beta^2}{\beta^2}}} \tag{3-41}$$

可见，检流计的第一次最大偏转角和流过检流计线圈的脉冲电量 Q 成正比。设

$$S_q = \omega_0 S_i \mathrm{e}^{-\frac{\beta}{\sqrt{1-\beta^2}}\mathrm{tg}^{-1}\sqrt{\frac{1-\beta^2}{\beta^2}}} \tag{3-42}$$

则

$$\alpha_m = S_q Q$$

式中 S_q 为冲击检流计的电量冲击灵敏度。电量冲击灵敏度的倒数 $C_q = \frac{1}{S_q}$，称为电量冲击常数，流过检流计的脉冲电量可以写为

$$Q = C_q \cdot \alpha_m \tag{3-43}$$

若已知冲击检流计的冲击常数 C_q 和最大偏转角 α_m，可以根据式(3-43)求出流过检流计的脉冲电量 Q。

式(3-42)表明冲击检流计的电量冲击灵敏度 S_q 和阻尼因数 β 有关，而 β 和阻尼系数 p 有关，即

$$p = \frac{\psi_0^2}{R_0 + R}$$

式中 R 是和检流计可动线圈相闭合的外电路电阻，所以，检流计的电量冲击灵敏度（或电量冲击常数）与外电路的电阻有关。在使用冲击检流计时，必须首先在电阻等于该电路电阻 R 的条件下测量检流计的电量冲击常数。测量方法是在电路中通以标准电量 Q，记下检流计的最大偏转角 α_m，检流计的电量冲击常数为

$$C_q = \frac{Q}{\alpha_m}$$

在 $\beta = 0$ 时电量冲击灵敏度是

$$S_{q0} = S_i \omega_0 = S_{q\max}$$

即当 $\beta = 0$ 时检流计的电量冲击灵敏度最高，随着 β 值的增加，电量冲击灵敏度的值要下降，设

$$K = \frac{S_q}{S_{q0}}$$

则有

$$K = \mathrm{e}^{-\frac{\beta}{\sqrt{1-\beta^2}}\mathrm{tg}^{-1}\sqrt{\frac{1-\beta^2}{\beta^2}}}$$

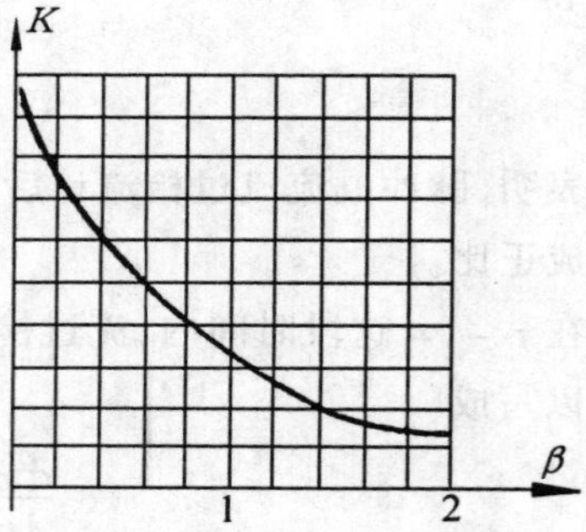

图3-49 冲击灵敏度和 β 的关系

K 和 β 的关系如图 3-49 所示，由图中可见，$\beta = 1$ 时 $K = 0.36$，$\beta = 2$ 时 $K = 0.2$，也就是冲击检流计工作在临界阻尼状态下时，其冲击灵敏度只有最大灵敏度的 36%。

冲击检流计从零点开始达到最大偏转所需的时间 t_1 要适当。如果 t_1 太短，不容易读出最大值而造成较大的读数误差；如果 t_1 太长，使测量时间较长也不方便。一般 t_1 在 3 ~ 5 秒较为合适。从式(3-40)可见，随着 β 的增加，t_1 值要下降。在 $\beta = 1$，即没有振荡时求得 t_1 为

$$t_1 = \frac{1}{\omega_0\sqrt{1-\beta^2}}\mathrm{tg}^{-1}\sqrt{\frac{1-\beta^2}{\beta^2}} = \frac{1}{\omega_0} = \frac{1}{2\pi}T_0 \approx \frac{1}{6}T_0$$

可见，冲击检流计的自由振荡周期 $T_0 = 18 \sim 20$ 秒为好。为达到这一目的，在冲击检流计

的可动部分上往往要加上一个很重的重物,用以加大它的转动惯量 J,这点是冲击检流计和普通检流计在结构上的重大区别。

3-7　电磁系测量机构及电磁系电流、电压表

交流电是目前生产和生活中使用最多的电能,交流电的测量在工业测量中占有重要地位。电磁系测量机构由于其结构简单、运行可靠、价格便宜、可以交、直流两用,在工业测量中得到了广泛的应用。

一、电磁系测量机构的结构

用被测的电量通过一固定线圈,线圈产生的磁场磁化铁心,铁心与线圈或者铁心与铁心相互作用产生转矩而构成的测量机构称为"电磁系测量机构。它和前几节讨论的磁电系测量机构的区别在于它的磁场是由被测的电量通过线圈产生,而磁电系测量机构的磁场由永久磁铁产生。

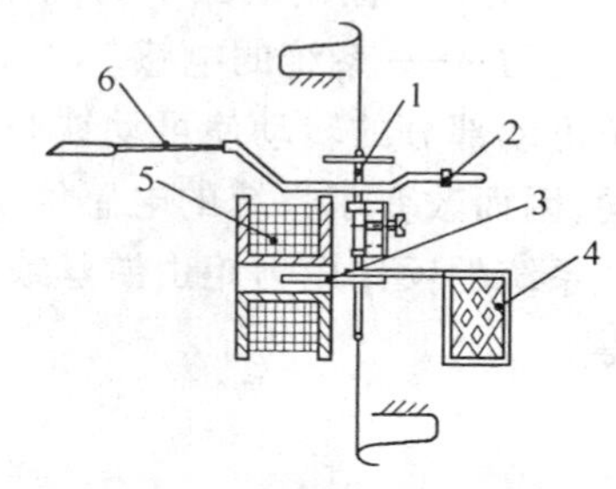

图 3-50　扁线圈吸引型测量机构
1— 转轴;2— 平衡锤;3— 铁心;
4— 阻尼翼片;5— 固定线圈;6— 指针

电磁系测量机构的结构分扁线圈吸引型和园线圈排斥型两大类。

扁线圈吸引型测量机构的结构如图 3-50 所示。在转轴 1 上固定着偏心的动铁心 3,铁心 3 由软磁材料制成;定线圈 5 固定在机壳上,它里面通入被测电流时产生的磁场磁化了铁心 3,并把铁心 3 吸入线圈 5 而产生转矩,转轴上固定着上、下两个张丝,支承着可动部分并产生反作用力矩(有些仪表的反作用力矩由游丝产生)。在转轴上还固定着指针 6 和阻尼翼片 4;翼片放在一个密闭的阻尼室中,它的四周不与阻尼室的内壁相接触。转轴转动时翼片也随之转动,使翼片两侧的空气压力不同而产生一个阻碍可动部分转动的力矩,该力矩的大小和转轴的转动速度成正比,方向和转动的方向相反,所以该力矩是阻尼力矩。用这种方法产生阻尼的机构称"空气阻尼器"。平衡锤 2 用来调整可动部分平衡。

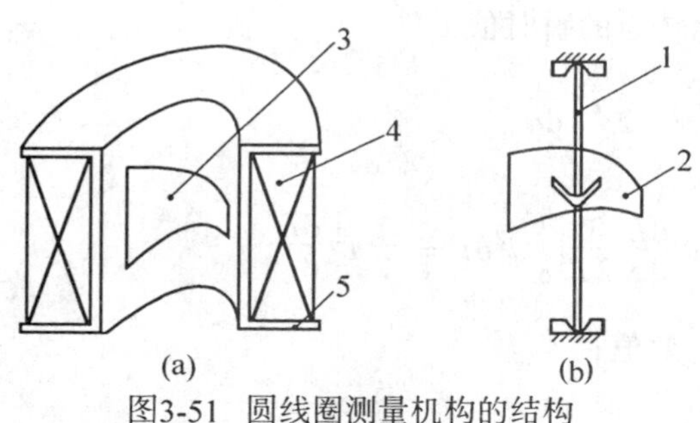

图3-51　圆线圈测量机构的结构

园线圈排斥型测量机构固定线圈的示意图如图 3-51(a)所示。在固定线圈架 5 的内壁上固定着"楔形"铁心 3,它由软磁材料制成。排斥型测量机构的可动部分如图 3-51(b)所示。在转轴 1 上固定着楔形铁心 2,可动部分安装在固定线圈的内部,其结构如图 3-52 所示。固定线圈内侧的铁心和可动部分转轴上的铁心展开图如图 3-53 所示。固定线圈通入电流时,线圈产生的磁场磁化了铁心,其极性如图

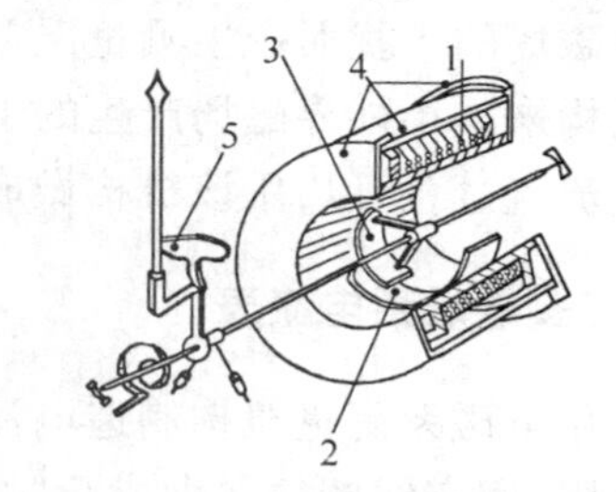

图 3-52　园线圈测量机构的结构图
1—固定线圈;2—固定铁心;3—动铁心;
4—线圈架;5—阻尼器(电磁阻尼)

3-53所示，固定铁心和可动铁心相互排斥而使转轴转动。

二、电磁系测量机构的转矩公式及特点

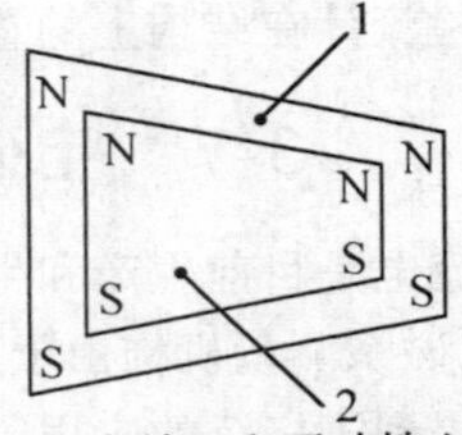

图 3-53　固定铁心和可动铁心展开图

1—固定铁心；2—可动铁心

电磁系测量机构的转矩是

$$M = \frac{1}{2} I^2 \frac{\mathrm{d}L}{\mathrm{d}t}$$

式中　I—— 固定线圈中的电流；

L—— 系统的电感。

由于可动部分的转动使可动铁心在固定线圈中的位置不同，因而改变了系统的电感值 L，所以电感值 L 是偏转角的函数。

系统的反作用力矩由游丝或张丝产生，在系统平衡时，反作用力矩和转动力矩相等，可得

$$W\alpha = \frac{1}{2} I^2 \frac{\mathrm{d}L}{\mathrm{d}\alpha}$$

$$\alpha = \frac{1}{2W} I^2 \frac{\mathrm{d}L}{\mathrm{d}\alpha} \tag{3-44}$$

从式(3-44)中可见，电磁系测量机构的偏转角与被测电流的平方成正比，因此，标度尺的刻度不均匀。为了改善刻度的非线性，在结构上采用特殊形状的铁心使$\frac{\mathrm{d}L}{\mathrm{d}\alpha}$的变化呈非线性，用以补偿刻度尺的平方律特性，使标度尺的刻度在(10 ~ 100)%的这一段上基本上均匀。

如果在固定线圈中通入交流电，产生转矩的瞬时值为

$$M_i = \frac{1}{2} i^2 \frac{\mathrm{d}L}{\mathrm{d}\alpha}$$

转矩的平均值

$$M_p = \frac{1}{T}\int_0^T M_i \mathrm{d}t = \frac{\mathrm{d}L}{\mathrm{d}\alpha} \frac{1}{2T}\int_0^T i^2 \mathrm{d}t = \frac{1}{2} I^2 \frac{\mathrm{d}L}{\mathrm{d}\alpha}$$

式中　$I^2 = \frac{1}{T}\int_0^T i^2 \mathrm{d}t$—— 交流电流的有效值；

T—— 交流电流的周期。

电流方向改变时，转矩方向不变，所以，电磁系测量机构可以交、直流两用，测量交流时，可以用交流有效值刻度。电磁系测量机构的磁场由空心线圈产生，内部磁场很弱，容易受到外界磁场的干扰而产生测量误差，因此，电磁系仪表需用良好的磁屏蔽系统或者采用无定向结构来减小外界磁场产生的干扰。在该机构中被测的电流不流过可动部分，游丝中没有电流流过，所以，用该机构做成的仪表耐过载的能力较强。

三、电磁系电流表

用电磁系测量机构制造电流表时，测量电路是固定线圈，如图 3-54(a)所示。为了改变量限，固定线圈往往做成几段。图中由四段组成，两段串联后再并联可增加电流量限一倍，四段并联后可增大电流四倍。量限的改变用开关来完成。联接方法分别如图 3-54(b)、3-54(c)所示。量限 30 A 以下的电流表用不同线径的导线绕制固定线圈；量限 30 ~ 300 A 的电流表用扁铜带绕制固定线圈；大于 300 A 以上的电流表采用电流互感器扩大电

流量限。

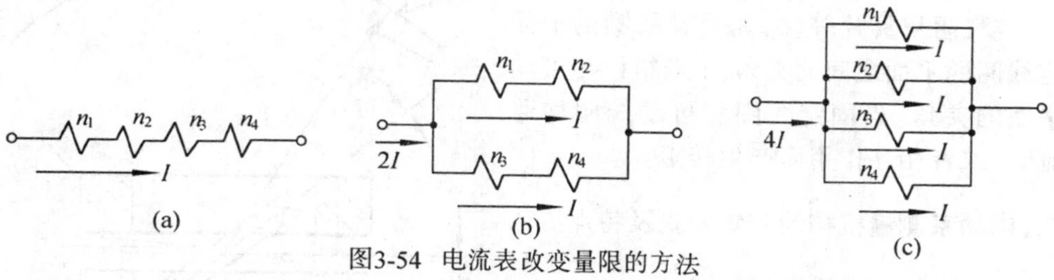

(a)　(b)　(c)

图3-54　电流表改变量限的方法

四、电磁系电压表

电磁系电压表也是用附加电阻把被测电压转换成电流，再把电流通入固定线圈来完成测量电压的任务。测量电路如图 3-55 所示。流过固定线圈的电流 I_V 等于

$$I_V = \frac{U_X}{R_0 + R_V}$$

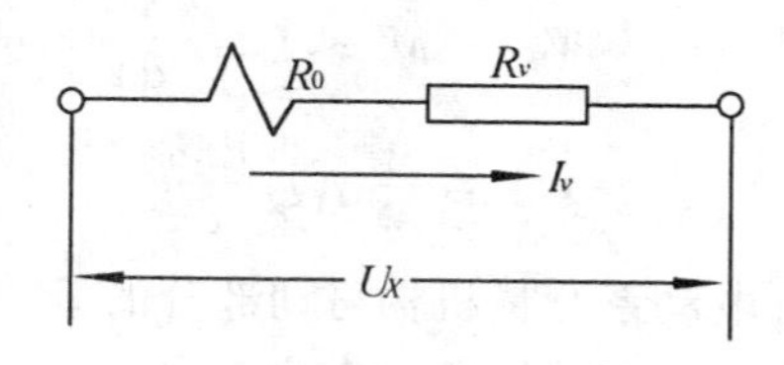

图3-55　电磁系电压表测量电路

式中　R_0—— 固定线圈的电阻；

R_V—— 附加电阻；

U_X—— 被测电压。

仪表的偏转角为

$$\alpha = \frac{1}{2W} I_V^2 \frac{\mathrm{d}L}{\mathrm{d}\alpha} = \frac{U_X^2}{2W} \frac{1}{(R_0 + R_V)^2} \frac{\mathrm{d}L}{\mathrm{d}\alpha} \tag{3-45}$$

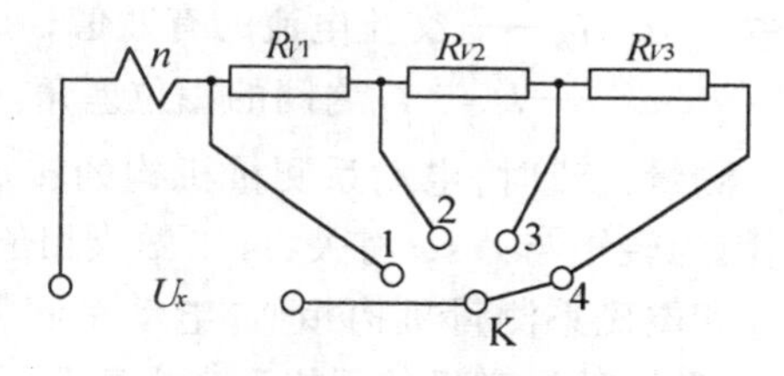

图3-56　多量限电压表电路

偏转角与被测电压的平方成正比，也用$\frac{\mathrm{d}L}{\mathrm{d}\alpha}$的非线性来补偿刻度尺的平方律特性，使标度尺基本上是均匀的。在附加电阻是纯电阻的条件下，电磁系电压表也可以交、直流两用。

电压表可以靠增加附加电阻的方法来扩大量限；多量限电压表可以用改变附加电阻的方法来完成，多量限电压表的测量线路如图 3-56 所示。

3-8　电动系测量机构及电动系电流表、电压表和功率表

电动系测量机构不但可以做成交流电流表、电压表，还可以比较方便地做成测量功率的功率表、相位表和频率表，也是目前应用比较广泛的测量机构之一。

一、电动系测量机构的结构

由可动线圈中的电流与一个或数个固定线圈中的电流相互作用而工作的测量机构称“电动系测量机构”。

电动系测量机构的示意图如图 3-57 所示。两个互相串联的固定线圈 1 和 4 固定在机

壳上，中间有缝隙。可动线圈 3 固定在转轴 2 上，转轴放在固定线圈缝隙之间，轴上固定着指针 5 和游丝、空气阻尼翼片等。θ_0 是可动线圈的平面与固定线圈的平面之间的夹角，δ 是指针与可动线圈平面的夹角。当固定线圈和可动线圈均通以电流时，二者相互作用而产生转矩。

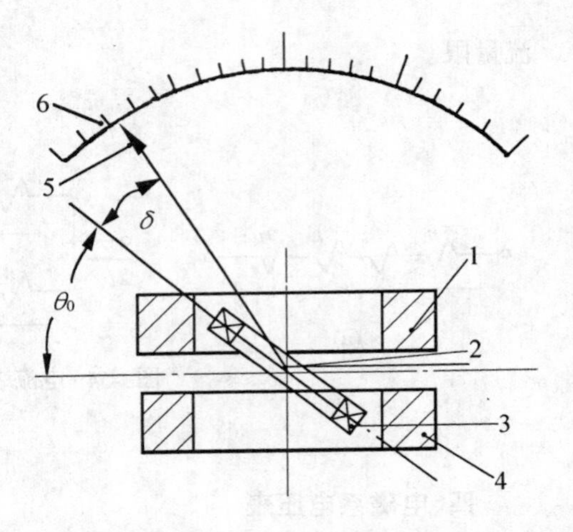

图 3-57　电动系测量机构示意图

1— 固定线圈；2— 转轴；3— 可动线圈；4— 固定线圈；5— 指针；6— 标度尺

二、电动系测量机构的转矩公式及特点

电动系测量机构的转矩公式为

$$M = I_1 I_2 \frac{\mathrm{d}M_{12}}{\mathrm{d}\alpha} \tag{3-46}$$

该测量机构用游丝产生反作用力矩，当平衡时

$$W\alpha = M = I_1 I_2 \frac{\mathrm{d}M_{12}}{\mathrm{d}\alpha}$$

$$\alpha = \frac{1}{W} I_1 I_2 \frac{\mathrm{d}M_{12}}{\mathrm{d}\alpha} \tag{3-47}$$

可见，电动系测量机构可动部分的偏转角与可动线圈和固定线圈中流过的电流之积成正比，与互感随偏转角的变化率成正比。

如果电流 I_1 和 I_2 同时改变方向，电动系测量机构的转矩方向不变，因此，可以用来测量交流。测量交流时转矩的平均值为

$$M_p = \frac{1}{T}\int_0^T i_1 i_2 \frac{\mathrm{d}M_{12}}{\mathrm{d}\alpha}\mathrm{d}t = \frac{1}{T}\frac{\mathrm{d}M_{12}}{\mathrm{d}\alpha}\int_0^T i_1 i_2 \mathrm{d}t = I_1 I_2 \cos\varphi \frac{\mathrm{d}M_{12}}{\mathrm{d}\alpha} \tag{3-48}$$

式中　I_1、I_2—— 交流电流的有效值；

φ——I_1 与 I_2 之间的相位差角。

测量交流时，电动系测量机构的转矩是交流有效值的函数，可以用交流有效值来标度。因为转矩与 $\cos\varphi$ 有关，可以做成相位表和功率因数表，也可以做成功率表。

和电磁系测量机构相似，电动系测量机构内部的磁场也是由空心线圈产生的，比较弱，容易受外界磁场的干扰而产生测量误差。所以，电动系测量机构也采用了比较完善的磁屏蔽措施或采用无定向结构。

三、电动系电流表

用电动系测量机构测量电流时，把固定线圈和可动线圈串联起来，电路如图 3-58 所示，因此，$I_1 = I_2 = I_X$，偏转角 α 等于

$$\alpha = \frac{1}{W} I_X^2 \frac{\mathrm{d}M_{12}}{\mathrm{d}\alpha} \tag{3-49}$$

偏转角与被测电流的平方成正比。为了得到均匀标度，可以用 $\frac{\mathrm{d}M_{12}}{\mathrm{d}\alpha}$ 来补偿。$\frac{\mathrm{d}M_{12}}{\mathrm{d}\alpha}$ 的数值和线圈的结构有关，如果线圈的结构参数选择适当，可以得到基本上是均匀的标度特性。

流过可动线圈的电流是经过游丝引入的，当被测电流较大时，图 3-58 所示的电路已不适用，此时可以采用图 3-59 所示的电路。该电路是把固定线圈 n_1、n'_1 串联后与可动线

圈 n_2 并联起来，此时 I_1 和 I_2 与被测电流 I_X 的关系为

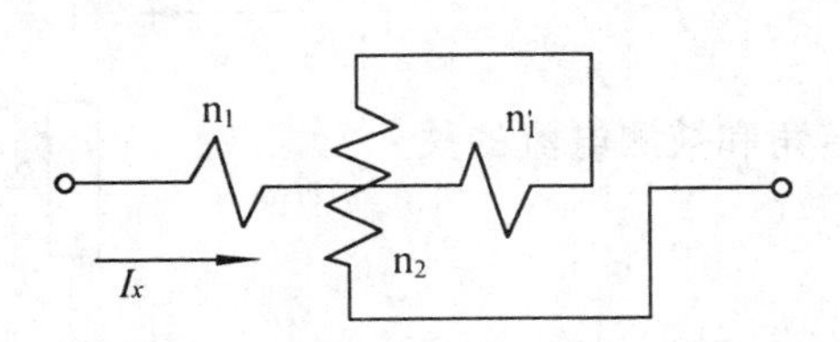

图3-58 电动系电流表的测量电路

n_1、n'_1—固定线圈；n_2—可动线圈

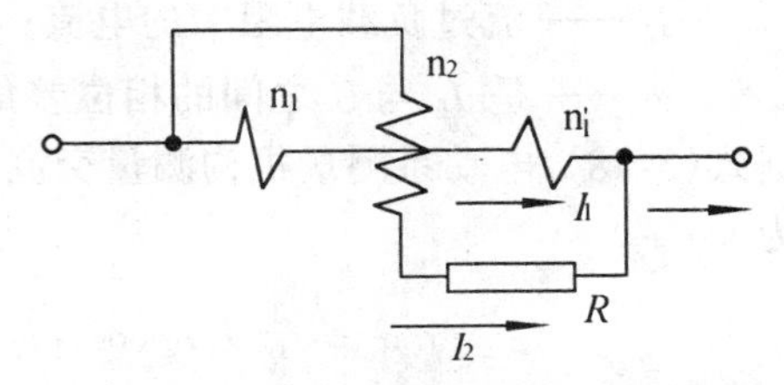

图3-59 扩大量限的电动系电流表测量电路

$$I_1 = \frac{R_{02} + R}{R_{02} + R_{01} + R} I_X$$

$$I_2 = \frac{R_{01}}{R_{01} + R_{02} + R} I_X$$

式中 R_{01}—— 固定线圈的总电阻；

R_{02}—— 可动线圈的总电阻；

R—— 与可动线圈串联的附加电阻。

只要 R 选择的合适，流过可动线圈的电流 I_2 就可以不超过游丝允许通过的电流值。加大固定线圈的导线直径，可以通过较大的电流。采用并联电路，可动部分的偏转角与 I_X 的关系为

$$\alpha = \frac{1}{W} I_1 I_2 \frac{\mathrm{d}M_{12}}{\mathrm{d}\alpha} = \frac{1}{W} \frac{R_{01} + (R_{02} + R)}{(R_{01} + R_{02} + R)^2} I_X^2 \frac{\mathrm{d}M_{12}}{\mathrm{d}\alpha} = \frac{1}{W} K I_X^2 \frac{\mathrm{d}M_{12}}{\mathrm{d}\alpha} \tag{3-50}$$

四、电动系电压表

用电动系测量机构测量电压时，可以把可动线圈和固定线圈串联起来后再串联附加电阻，其电路图如图 3-60 所示。用改变附加电阻的办法可以改变电压量限。若某一量限附加电阻的总数为 R_{Vi}，则可动部分的偏转角 α 可以写成

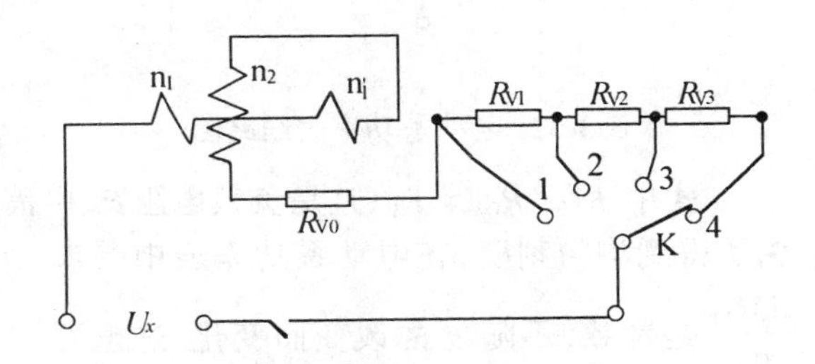

图 3-60 电动系电压表电路图

$$\alpha = \frac{1}{W} I^2 \frac{\mathrm{d}M_{12}}{\mathrm{d}\alpha} = \frac{1}{W} \frac{U_X^2}{R_{Vi}^2} \frac{\mathrm{d}M_{12}}{\mathrm{d}\alpha} \tag{3-51}$$

当然，也可以用$\dfrac{\mathrm{d}M_{12}}{\mathrm{d}\alpha}$的值来改善标度尺的刻度特性。

五、电动系功率表

在图 3-61 所示的电路中，负载电阻 R_h 消耗的功率 P 为

$$P = I_h U \cos\varphi$$

式中　U—— 负载两端的电压；

I_h—— 流过负载电阻中的电流；

φ—— 是 I_h 与 U 之间的相位差角。

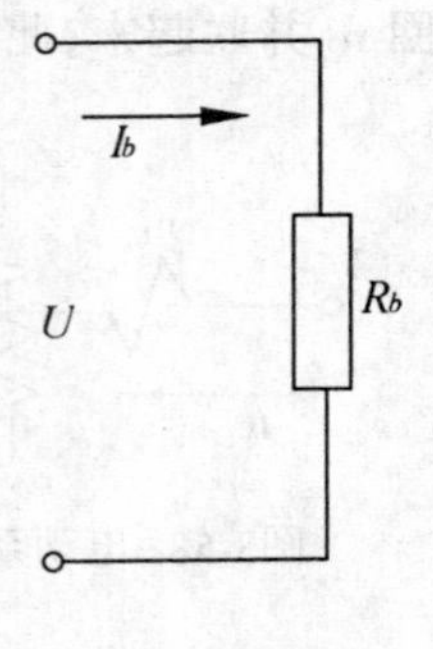

图 3-61　负载电阻中消耗的功率

根据式(3-48)，电动系测量机构测量交流时，偏转角和被测电流的关系为

$$\alpha = \frac{1}{W} I_1 I_2 \cos \widehat{I_1 I_2} \frac{dM_{12}}{d\alpha}$$

如果使 $I_1 = I_h$、$I_2 = \frac{U}{R_h}$，且 I_2 与 U 同相位，电动系测量机构就可以测量功率。功率表(也称瓦特表)的电路如图 3-62 所示；功率表的接线图如图 3-63 所示。仪表的可动线圈 n_2 串联附加电阻 R_V 后与负载电阻 R_h 并联，固定线圈 n_1 和 n'_1 与负载电阻相串联。此时，仪表的偏转角为

$$\alpha = \frac{1}{W} I_V I_h \cos \widehat{I_V I_h} \frac{dM_{12}}{d\alpha} = \frac{1}{W} \frac{U}{R} I_h \cos \widehat{U I_h} \frac{dM_{12}}{d\alpha} = \frac{1}{W} \frac{1}{R} P \frac{dM_{12}}{d\alpha} \tag{3-52}$$

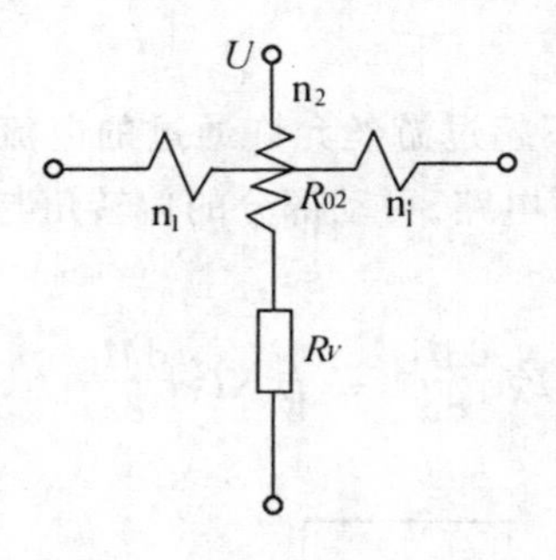

图3-62　电动系功率表线路图

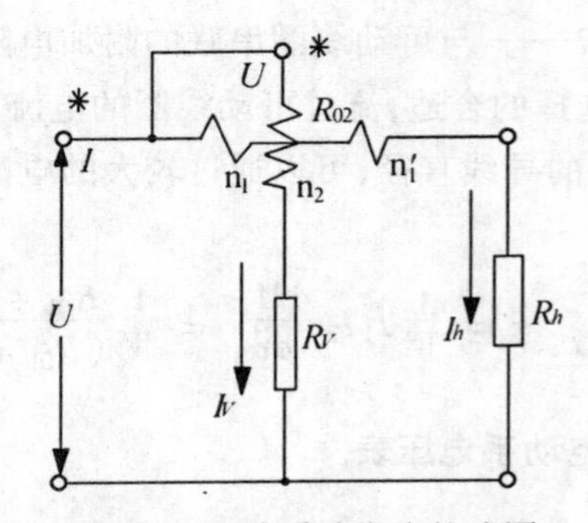

图3-63　电动系功率表接线图

式中 $R = R_{02} + R_V$；P 是负载电阻 R_h 中消耗的功率。因为偏转角 α 与功率 P 成正比，为了得到均匀刻度，在电动系功率表中要求 $\frac{dM_{12}}{d\alpha}$ 是常数，不随 α 的改变而变化。这也可以靠选择合适的线圈结构来达到。

在使用功率表时，一定要按图 3-63 所示的方法接线，即电压支路(可动线圈)和电流支路的"＊"号端联在一起，这样功率表才能正常工作。如果按图 3-64 所示的错误方法接线，功率表会反转，而且会损坏仪表。

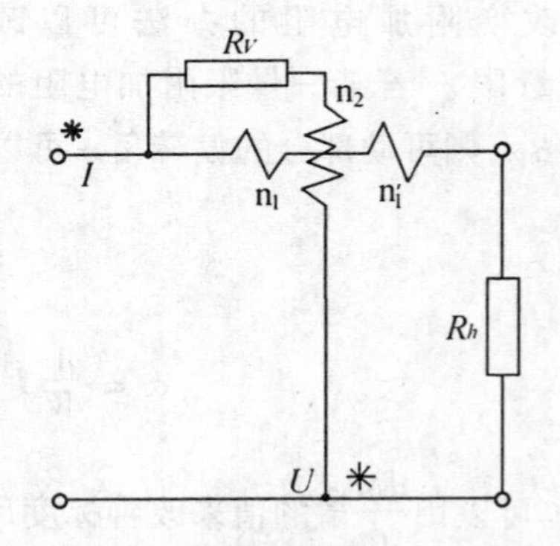

图3-64　功率表的错误接线法

在设计一般的功率表时，其标称功率因数 $\cos\varphi = 1$，即在 $\cos\varphi = 1$ 时校准和刻度。但是，用该表测量 $\cos\varphi = 0.1$ 的功率时误差很大。为此，专门设计了一种在 $\cos\varphi = 0.1$ 时标度的功率表，称"低功率因数功率表"，低功率因数功率表在磁测量中得到广泛应用。

3-9 直流电位差计

一、补偿原理及电位差计

测量是把被测量与标准量进行比较的过程。如果把一个数值已知的、可变的标准量与被测量相比较，当二者相等时，被测量的大小就等于标准量。测量直流电压的直流电位差计就是根据这一原理制成的测量仪器。根据它的工作原理，直流电位差计也称比较式仪器。

按获得可变标准电压的方法不同，直流电位差计可分为两大类：

第一类是定流变阻式，原理性电路如图 3-65 所示。图中电流 I_p 固定不变，改变 R_C 的数值，使标准电压 $U_C = I_P R_C$ 发生变化，当 $U_C = U_X$ 时，检流计 G 指零，U_X 的数值可以从 R_C、I_P 的积得到。又因为 I_P 的值固定不变，R_C 的值就代表了 U_X 的大小，R_C 可以直接用 U_X 标度。

第二类是定阻变流式，原理电路图如图 3-66 所示。图中电阻 R_C 的值保持不变，靠改变电流 I_p 的数值来改变标准电压 U_C；同样，当 $U_X = U_i$ 时，由于 R_C 值固定，U_C 值可以从电流表直接读出。I_P 直接用 U_X 来标度。

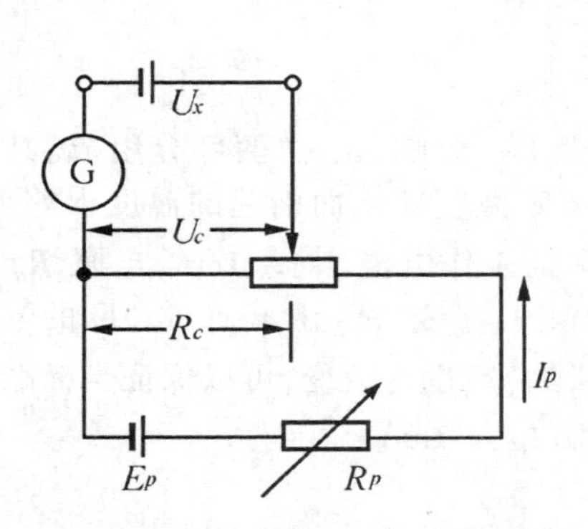

图3-65 定流变阻式电位差计的原理性电路图

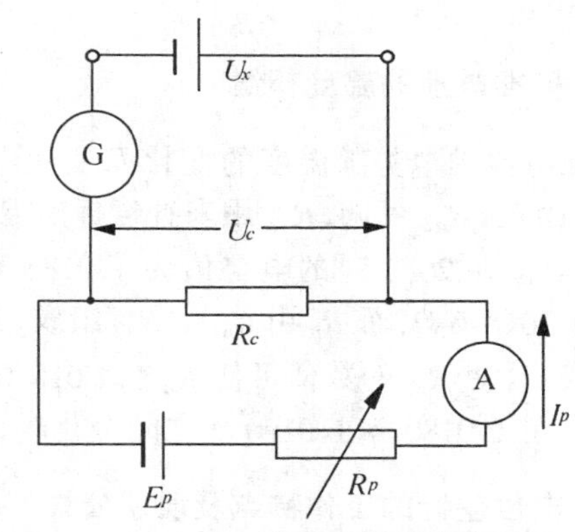

图3-66 定阻变流式电位差计的原理性电路图

为了得到准确的测量结果，U_C 的值必须准确。但是，U_C 的准确度与 I_P 和 R_C 的准确度有关。下面以定流变阻式电位差计为例，讨论一下为提高 U_C 的准确度而采取的具体措施。

二、定流变阻式电位差计

定流变阻式电位差计的电路图如图 3-67 所示。图中的 E_n 是标准电池，它是工作量具，提供准确的电压值。E_X 是被测的电源，E_P 是电位差计的工作电源，由它来提供工作电流 I_P，要求它输出的电压稳定。R_n 是调定电阻，它由 R_{n1} 和 R_{n2} 的一部分组成，要求其数值准确、稳定。R_C 是测量电阻，也称补偿电阻，要求其数值能按十进制连续可调且数值准确、稳定。它是电阻 R 的一部分。R_P 是工作电流 I_P 的调节电阻，要求它有一定的调节细度。G 是检流计，由开关 K 来换接。

测量分两步进行：第一步把开关 K 置于位置 1，调节电阻 R_P 的值来改变 I_P 的大小，当检流计 G 指零时得

$$E_n = I_P R_n$$

$$I_P = \frac{E_n}{R_n} \qquad (3\text{-}53)$$

因此，根据标准电池 E_n 的数值准确地确定了 I_P 的数值。这一步操作称为“调定工作电流”，俗称“对标准”。

第二步是把开关K置于位置2，调节电阻 R_C 使检流计再次指零，则

$$E_X = I_P R_C = \frac{R_C}{R_n} E_n \qquad (3\text{-}54)$$

当 R_n 的数值选择合适时，可由 R_C 上直读被测电势 E_X 的值。

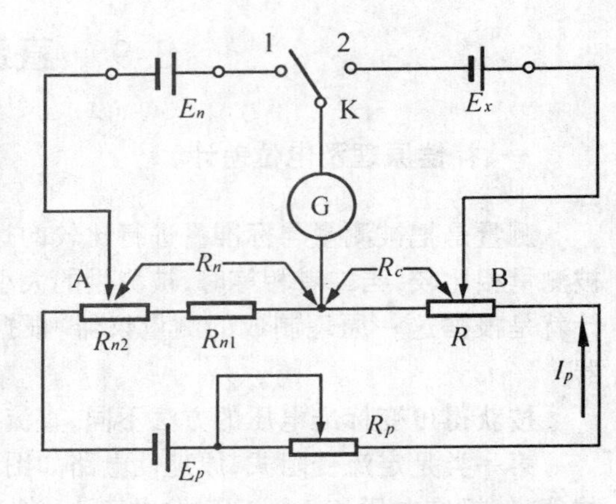

图3-67　定流变阻式电位差计电路

从式(3-54)可见，电位差计是通过电阻 R_C 和 R_n 把被测电势与标准量具 E_n 进行比较的，只要电阻 R_C 和 R_n 制造得足够准确，电位差计就可以得到比较准确的测量结果。目前，国产电位差计的准确度可达 $10^{-4} \sim 10^{-5}$。

从上述测量过程可见，保证电位差计正确工作的条件之一是在第二步操作时保证工作电流 I_P 不变。为此，调节测量电阻 R_C 时不能改变电位差计回路的总电阻，以保证工作电流 I_P 恒定不变。

三、标准电池的温度补偿

标准电池的电势随温度的变化而变化，为了补偿这一影响，R_n 由两部分组成。其中 R_{n1} 数值固定；R_{n2} 可调，R_{n2} 用来补偿标准电池的电势随温度变化而引起的温度误差。例如，标准电池在20℃时的电势值为1.0186 V，为了保证工作电流 $I_P = 1\text{mA}$，电阻 $R_n = E_n/I_P = 1018.6\ \Omega$，而 R_n 由 $R_{n1} + R_{n2}$ 组成，$R_{n1} = 1\,018\ \Omega$ 不变，R_{n2} 由10个0.1欧的电阻串联而成，改变 R_{n2} 的数值可使 R_n 在1 018.0 ~ 1 019.0 Ω范围内改变，可以保证当标准电池的电势在1.0180 ~ 1.0190 V之间变化时，工作电流 $I_P = 1\text{mA}$。

四、电位差计的工作特点及误差公式

电位差计两步操作时，检流计支路电流均为零，这保证了电位差计在平衡时不从标准电池和被测电源中吸取能量，即保证了标准电池电势值的稳定可靠，也使电位差计具有极高的等效输入阻抗，消除了由于被测量的内阻、测量仪器的输入阻抗、联接导线和端钮接触电阻引起的测量误差。

根据量限可将电位差计分为两类，第一类称高电势电位差计，它的测量上限在2V左右，测量高于2V的电压时，需要用分压器把被测电压分压。高电势电位差计中的 R_C 值最高可达 $2 \times 10^4\ \Omega$，工作电流 I_P 是0.1 mA左右。第二类称低电势电位差计，它的测量上限在20 mV左右，R_C 在20 Ω左右，工作电流 I_P 是1mA左右。

市售的成品电位差计内部只有 R_P、R_C 和 $R_{n1} + R_{n2}$ 等电阻，检流计、标准电池 E_n 和工作电源 E_n 多是外附件。

电位差计的测量误差用下式给出：

$$\Delta E = \pm \frac{a}{100}\left(\frac{U_n}{10} + x\right)$$

式中　ΔE——允许基本误差的绝对值；

U_n—— 基准值 V；①

x—— 测量盘示值(电位差计示值)(V)；

a——准确度等级，国家标准规定它的值有 0.0005、0.001、0.002、0.005、0.01、0.02、0.05 和 0.1。

相对误差的公式为

$$\gamma = \pm \frac{a}{100}\left(1 + \frac{U_n}{10x}\right)$$

五、电位差计的应用

电位差计除了可以测量电势(电压)外，还可以用来测量电流、电阻和直流电功率。测量直流电流的电路图如图 3-68 所示。图中 R_n 为数值已知的标准电阻，用电位差计测量出 R_n 两端的电压降 U_n，则被测电流 I_X 值为

$$I_X = \frac{U_n}{R_n} \tag{3-55}$$

用电位差计测量电阻的电路如图 3-69 所示。测量分两步进行：第一步把开关 K 置于位置 1，测量出标准电阻 R_n 两端电压 U_n，用式(3-55)求出流过电阻 R_X 中的电流 I_X；第二步把开关 K 置于位置 2，用电位差计测量出被测电阻两端的电压 U_X，则被测电阻 R_X 值可由下式求出：

$$R_X = \frac{U_X}{I_X} = \frac{U_X}{U_n/R_n} = \frac{U_X}{U_n}R_n$$

为了保证测量的准确度，在测量电阻的过程中保持 I_X 的值不变。

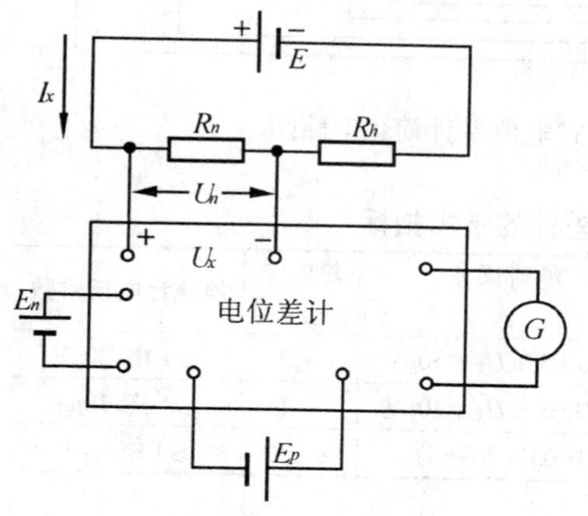

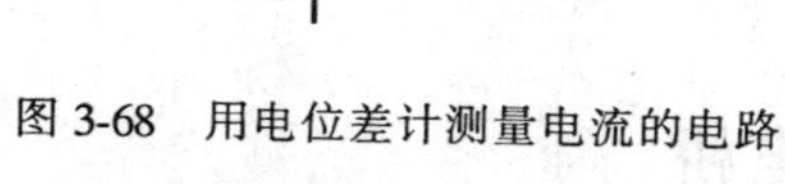

图 3-68　用电位差计测量电流的电路

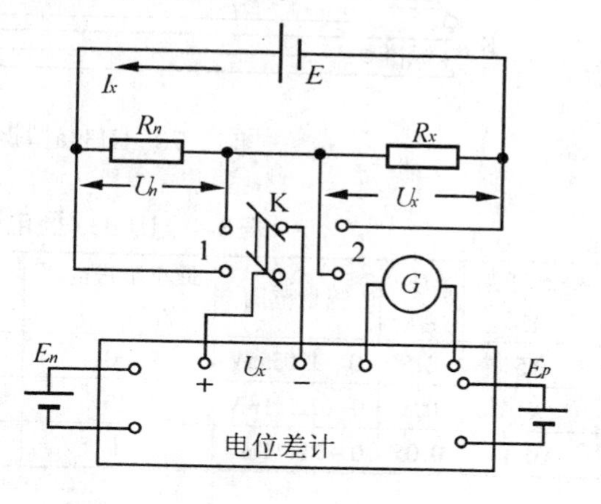

图 3-69　用电位差计测量电阻的电路

六、国产电位差计举例

上海电工仪器厂生产的 UJ 33a 型携带式电位差计的原理电路如图 3-70 所示。该电位差计的总工作电流 I_P 是 3 mA，由调定电阻 R_n 和标准电池 E_n 来准确地确定它的数值。但

① 电位差计的基准值 U_n 为一常数。电位差计各有效量程的基准值是该量程内最大 10 的整数幂。例如，UJ 26 型电位差计的量程有两挡，X1 挡量程为 22.111mV，X5 挡为 110.555mV，前者 U_n 值为 10 mV，后者 U_n 值为 100 mV。U_n 也可以是制造厂规定的其它值。

是，流过测量电阻 R_C 中的电流 I_{P2} 是 I_P 的一部分，用开关 K_{2-2} 来调节分流比，用以改变电位差计的量限。为了保证在 R_C 的调节过程中分流比不变，增加了替代电阻 R'_2，从图中可以看到，由于 R_2 和 R'_2 的开关联动，所以在 R_C 中 R_2 被短路多少，R'_2 就接入多少，使 R_C 支路的总电阻不变，从而保证了分流比和总电流 I_P 不变。该电位差计的检流计是内附的、带有直流放大器的指零仪。电位差计的技术指标如表 3-4 所示。该电位差计还可以作为输出直流电压信号的标准信号源使用。

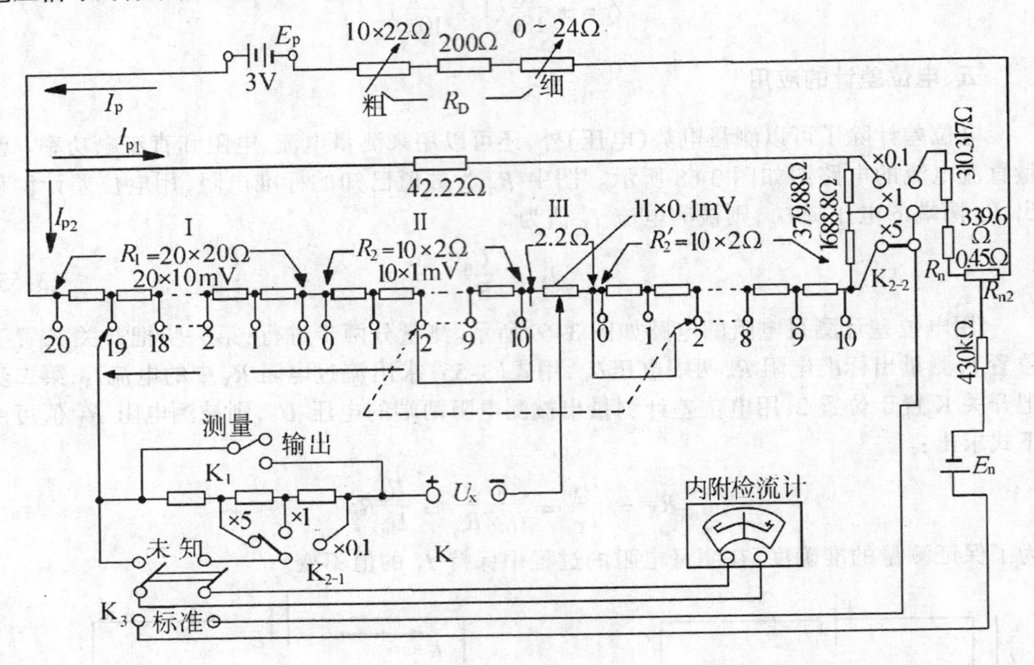

图3－70　UJ33a型携带式电位差计简化电路图

表 3-4　UJ 33a 型电位差计的技术指标

倍率开关 K	I_P (mA)	测量范围	最小步进电压 ΔU((μV)	绝对误差 Δ	热电势 μV	检流计电压常数
X5	2.5	0～1.0555V	50	≤0.05% U_X + 50μV	≤2	≥1 格/50μV
X1	0.5	0～211.1mV	10	≤0.05% U_X + 10μV	≤1	≥1 格/10μV
X0.1	0.05	0～21.11mV	1	≤0.05% U_X + 1μV	≤0.2	≥1 格/1μV

3-10　直流电桥

在工程和科研实践中直流电阻的测量是经常遇到的工作。经常要测量的电阻为 10^{-6}～$10^{12}\Omega$，范围非常广。磁电系测量机构可以测量直流电阻，但是准确度比较低，特别是在测低于 1Ω 的电阻时，由于接触电阻和联接导线电阻的影响而使测量无法进行。直流电阻的测量误差要求小于 1% 时，采用直流平衡电桥比较合适(采用数字式欧姆表达到这一准确度也比较容易)。直流平衡电桥分两种，即单电桥和双电桥。前者用于测量 10～$10^9\Omega$ 的电阻；后者用于测量 10～$10^{-6}\Omega$ 的电阻。高于 $10^9\Omega$ 和低于 $10^{-6}\Omega$ 的电阻采用其它特殊方法测量。

一、直流单电桥的工作原理

直流单电桥的原理电路如图3-71所示。其中，R_1、R_3、R_2和R_4构成四个桥臂，a、b、c和d是四个顶点，G是检流计，E是电源。a、b两点之间接有电源，称电源对角线；c、d两点之间接有检流计，称检流计对角线。当调节某个桥臂的电阻(例如R_4)使检流计支路的电流$I_g = 0$，即$U_{cd} = 0$时，称电桥“平衡”，且$I_1 = I_2$、$I_3 = I_4$，可得

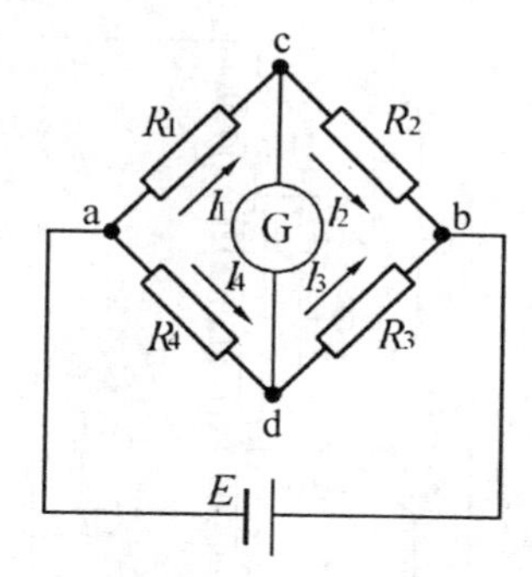

图3-71 直流单电桥电路

$$\left.\begin{aligned} I_1R_1 = I_4R_4 \\ I_2R_2 = I_3R_3 \end{aligned}\right\} \tag{3-56}$$

得

$$\frac{R_1}{R_2} = \frac{R_4}{R_3}$$

或者

$$R_1R_3 = R_2R_4 \tag{3-57}$$

上式说明电桥平衡时，电桥对臂电阻之积相等。若$R_1 = R_X$，被测电阻R_X为

$$R_1 = R_X = \frac{R_2}{R_3}R_4 \tag{3-58}$$

显然，可以从R_2、R_3和R_4的数值求出被测电阻R_X的数值来。在实际的电桥线路中，R_2/R_3的比值是10^n，提供了一个比例，所以R_2、R_3又称“比例臂”。R_4的值可以由零开始连续调节。它的数值位数由电桥的准确度来决定，称比较臂。例如，$R_4 = 1\ 275\ \Omega$、$R_2/R_3 = 10$时，则$R_X = 1.275\Omega \times 10^4\Omega$；当$R_2/R_3 = 0.1$时，$R_X = 127.5\Omega$。实际上，$R_X$是通过比例臂$R_2/R_3$与电阻$R_4$进行比较，所以电桥也是比较式仪器。

从式(3-58)可见，电桥平衡时，被测电阻与电桥的电源E无关。因此，平衡电桥对电源的稳定性要求不高，在灵敏度足够的条件下，电源电压波动对测量结果没有影响。电桥准确度主要由电阻R_2、R_3和R_4的准确度决定。

二、单电桥的误差公式

单电桥测量电阻时的误差由下式计算：

$$\Delta R = \pm \frac{a}{100}\left(\frac{R_n}{K} + x\right)$$

式中 ΔR—— 电桥允许基本误差的绝对值(Ω)；

x—— 电桥的读数值(Ω)；

R_n—— 基准值(Ω)；①

K—— 制造厂规定的值，但必须大于10；

a—— 准确度等级，国家标准规定a的值有0.01、0.02、0.05、0.1、0.2、0.5和2.0。

用相对误差表示时误差公式为

$$\gamma = \pm\left(1 \pm \frac{R_n}{Kx}\right)a\%$$

按使用条件不同，直流电桥可分为实验室型和携带型两种，实验室型主要供实验室条件下

① R_n的值是一个常数，除制造厂另有规定外，在一个给定的量程内的基准值为该量程内最大的10的整数幂。例如，电桥某一量程为$10^3\Omega \sim 10^4\Omega$，则$R_n = 10^4\Omega$。

使用，其准确度级别较高；携带型主要用于现场测量，准确度相对比较低。

在电桥不平衡时，检流计支路的电流 I_g 与被测电阻 R_X 有关，可以从 I_g 的值求出被测电阻 R_X 的数值来。这种电桥称不平衡电桥，在非电量的电测量法中有广泛的应用。

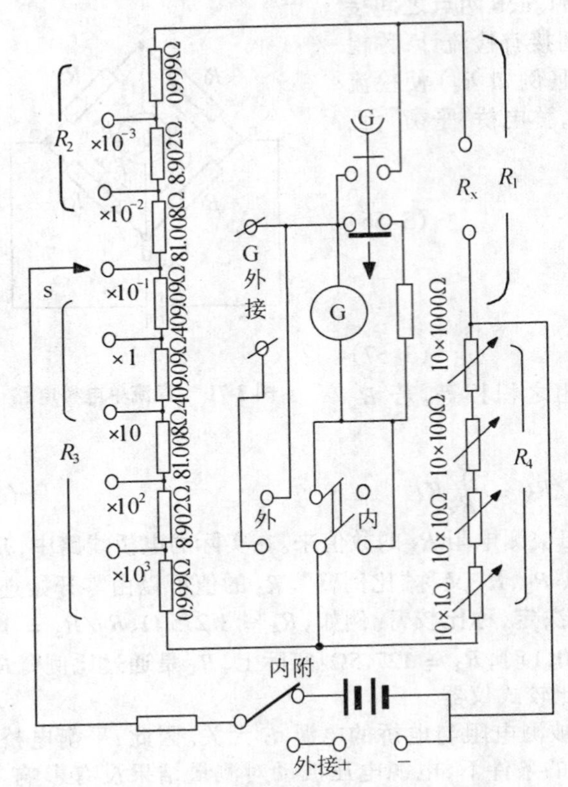

图3-72　QJ23a型直流单电桥电路

三、国产单电桥举例

单电桥的结构形式很多，图 3-72 是上海电工仪器厂生产的 QJ 23a 型直流单电桥的具体电路。开关 S 可以控制 R_2/R_3 的比值，该比值从 10^{-3} 变到 10^3，用以改变电桥的量限。R_4 是由 4 个转臂式十进电阻组成，其最大值为 $10\times1\,000\ \Omega+10\times100\ \Omega+10\times10\ \Omega+10\times1\ \Omega$，电桥在保证准确度的条件下可以测量的最小电阻为 $1.000\times10^{-3}\,\Omega$，最高电阻为 $11\,110\times10^3\Omega$。

在被测电阻较高时，用电桥的内附检流计和电源测量时电桥的灵敏度明显下降，可以外接灵敏度较高的检流计和电压较高的电源。该电桥的主要技术指标如表 3-5 所示。

表 3-5　QJ 23a 型直流电桥的技术指标

倍率开关(S)	有效量程(Ω)	准确度等效 a	电源电压(V)	指零仪
$X10^{-3}$	1.000 ~ 11.11	0.5	4.5	内附
$X10^{-2}$	10.00 ~ 111.1	0.2	4.5	内附
$X10^{-1}$	100.0 ~ 1 111	0.1	4.5	内附
$X10^{0}$	1 000 ~ 11 110	0.1	4.5	内附
$X10^{1}$	(1 000 ~ 11 110) × 10	0.1	6	可用外附
$X10^{2}$	(1 000 ~ 11 110) × 10^2	0.2	15	可用外附
$X10^{3}$	(1 000 ~ 11 110) × 10^3	0.5	15	可用外附

四、直流双电桥的工作原理

由于受接触电阻和引线电阻的影响，用单电桥测量 1Ω 以下的电阻时测量误差大大增加，所以，测量低值电阻要采用双电桥。

双电桥的原理电路如图3-73所示。图中 R_3、R'_3、R_4 和 R'_4 是桥臂电阻；r 是跨线电阻，它的数值很小，可以通过大电流。R_X 和 R_n 分别是被测电阻和标准电阻，而且是四端钮结构电阻。P_1、P_2、P_3 和 P_4 是电位端；C_1、C_2、C_3 和 C_4 是电流端。采用图3-73所示的接线方法，电位端接触电阻和引线电阻被接到电阻值较高的 R_3、R_4 和 R'_3、R'_4 支路中去。电流端的接触电阻和引线电阻被接入到电源支路及跨线电阻 r 支路中去了，从而消除了它们的影响。

为了求得平衡条件，把图3-73中a、b、c三点构成的三角形电路转换成星形电路，如图3-74所示，图中 R_a、R_b 和 R_c 分别为

$$\left.\begin{aligned} R_a &= \frac{r_1 R'_3}{r + R'_3 + R'_4} \\ R_b &= \frac{R'_3 R'_4}{r + R'_3 + R'_4} \\ R_c &= \frac{r R'_4}{r + R'_3 + R'_4} \end{aligned}\right\} \tag{3-59}$$

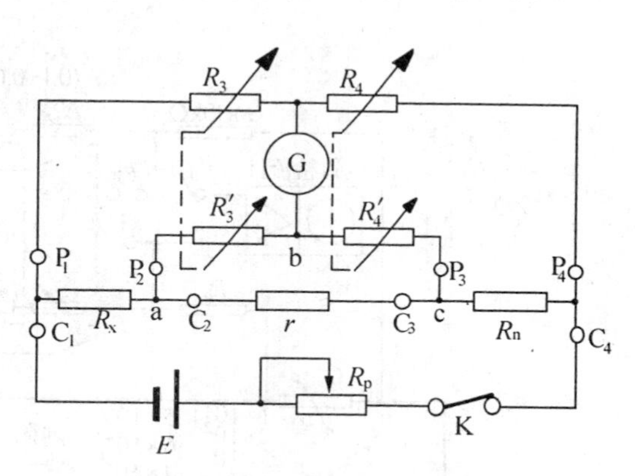

图3-73 双电桥原理电路图

转换后的电桥等效电路是一个单电桥电路，当电桥平衡时，根据式(3-57)可得：

$$(R_X + R_a)R_4 = R_3(R_n + R_C)$$

把式(3-59)代入上式，经变换得

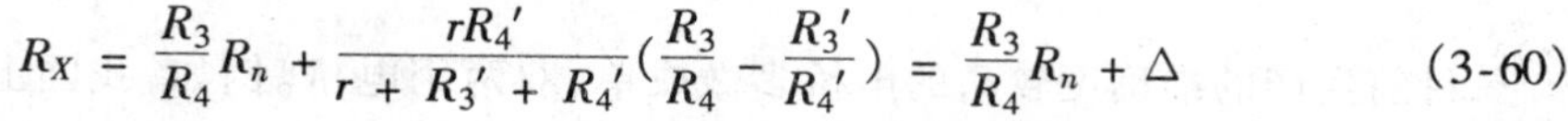

$$R_X = \frac{R_3}{R_4}R_n + \frac{rR_4'}{r + R_3' + R_4'}\left(\frac{R_3}{R_4} - \frac{R_3'}{R_4'}\right) = \frac{R_3}{R_4}R_n + \Delta \tag{3-60}$$

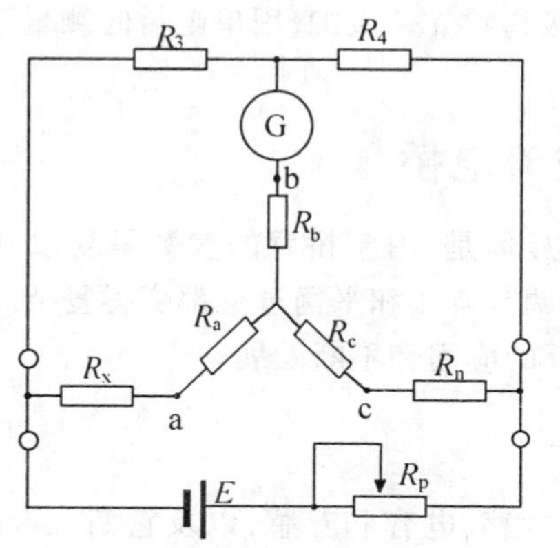

图3-74 双臂电桥等效电路

式中 Δ 为更正项或误差项，双电桥和单电桥相比，测量结果的表达式中多了一项Δ。若 $\Delta = 0$，则双电桥测量结果的表达式为

$$R_X = \frac{R_3}{R_4}R_n$$

在形式上和单电桥相同。

为了减小Δ项的影响，使Δ项尽量小，应保证

$$\frac{R_3}{R_4} = \frac{R_3'}{R_4'} \tag{3-61}$$

为了满足式(3-61)所示的条件，双电桥在结构上通常采用 R_3 与 R_3'、R_4 与 R_4' 相联动的调节法，并始终保持 $R_3 = R'_3$、$R_4 = R'_4$，以保证式(3-61)成立。但是，由于制造上的原因，式(3-61)所要求的条件不能完全满足，所以Δ不能为零。为了进一步减小Δ值，要求跨线电阻 r 的值尽量的小。一般，r 是一条很粗的铜线，跨接在 R_X 和 R_n 之间。采取上述两项措施后，Δ项引起的误差可以小到 10^{-4} 以下。在一般的测量中可以忽略掉Δ的影响。

五、双电桥举例

图 3-75 是上海电工仪器厂生产的 QJ 57 型双电桥的具体电路，它是一台便携型双电桥，测量范围是 0.01 $\mu\Omega$ 到 1111.1 Ω，分 7 个量限，基本量限（$10^3 \sim 10^{-2}\Omega$）的准确度等级指数 $a = 0.05$。图中 $R_A(R_a)$ 是可调的比较臂，最小进步是 0.00 001 Ω，R_S 和 $R_B(R_b)$ 组成比例臂，改变 $R_{S'}$ 值把电桥的比例由 10^3 变到 10^{-3}；R_S' 和 R_S 联动，是限流电阻，用以限制流过 R_S 中的电流，避免其过热而产生测量误差。

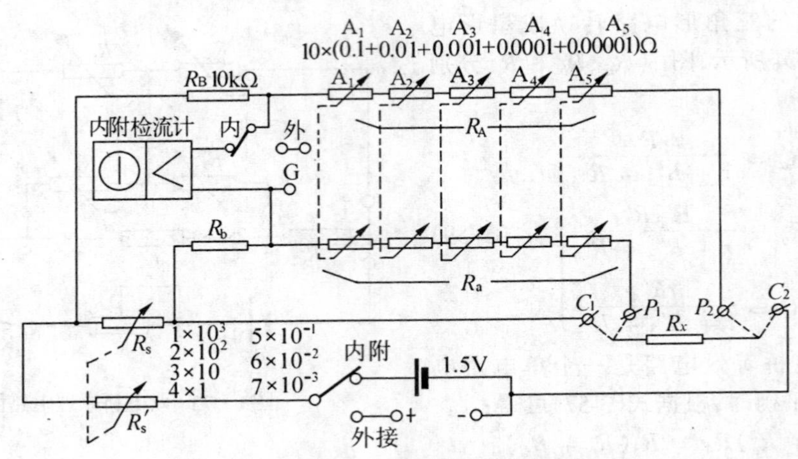

图3-75 QJ57型双电桥电路图

目前生产的准确度较高的电桥多做成单、双两用电桥。例如，我国上海电表厂生产的 QJ—36 型电桥就是单、双两用电桥，准确度等级指数 $a = 0.02$，用单电桥时测量范围是 $10^2 \sim 10^6\ \Omega$。用双电桥时测量范围是 $10^{-6} \sim 10^2\Omega$。

3-11　交流电桥

交流电桥与直流电桥平衡的基本原理相似。但是，由于桥臂的参数是复数，检流计支路中的不平衡电压也是复数，使得交流电桥的调节方法和平衡过程都变得复杂。也正因为这样，使交流电桥线路变化多端，并获得了广泛的应用和不断发展。

一、交流电路参数

在交流电路中，电路参数除了电阻外还有电感、电容和互感，以及它们三者的组合即阻抗。由于受分布参数的影响，在交流电路中没有纯电阻、纯电容和纯电感。因此，在讨论交流电桥的电路前，有必要首先讨论交流电路参数受分布参数的影响情况及其表示方法。

电阻本没有交流和直流之分，在交流和直流电路中都可以用。在仪器中常用的精密电阻常常用电阻丝绕制而成。在交流下使用时，线绕电阻的匝间电容和绕线电感都起作用，使这个电阻不再是纯电阻了。所以，把交流电路中使用的电阻称“交流电阻”。

线绕电阻的匝间电容和绕线电感都是分布参数，为了分析问题方便，以集中参数代替它的影响。在音频范围内，交流电阻的等效电路如图 3-76(a)所示。图中 r 是直流下的电阻，le 和 Ce 分别是绕线电感和匝间电容，都是分布参数，通常也称“残余分量”。显然，这时的“电阻”已经是一个阻抗了。A、B 两点之间的阻抗值为

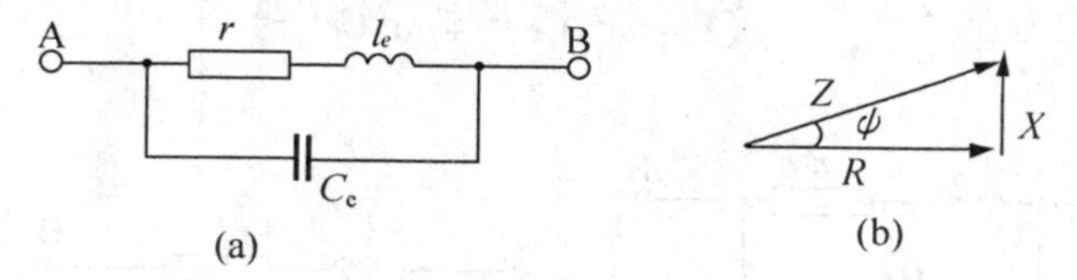

图3-76　交流电阻的等效电路及相量图

$$Z_{ab} = \frac{(r + j\omega le)\dfrac{1}{j\omega Ce}}{r + j\omega le + \dfrac{1}{j\omega Ce}}$$

$$= \frac{r}{(1 - \omega^2 leCe)^2 + \omega^2 Ce^2 r^2} + j\omega\frac{le - \omega^2 le^2 Ce - Ce\, r^2}{(1 - \omega^2 leCe)^2 + \omega^2 Ce^2 r^2} = R + jX \quad (3\text{-}62)$$

在交流下的电阻不但含有有功分量 R，还含有无功分量 jX，阻抗三角形如图 3-76(b) 所示。从式(3-62) 可见，交流电阻的有功分量不等于直流电阻 r，其数值与寄生参量 Ce 和 le 有关。同样，其无功分量也是直流电阻 r 的函数。图 3-76(a) 所示的等效电路的自振角频率 ω_0 等于

$$\omega_0 = \frac{1}{\sqrt{Cele}}$$

若电阻工作在频率不太高的电路中，例如工作频率 $f \leqslant 100\text{Hz} \sim 200\text{kHz}$ 时，ω^2/ω_0^2 足够小，此时图 3-76(b)中的阻抗角可表示为

$$\text{tg}\varphi = \frac{X}{R} \approx \omega\left(\frac{le - Ce\, r^2}{r}\right) = \omega\left(\frac{le}{r} - Ce\, r\right) = \omega\tau \quad (3\text{-}63)$$

式中 $\tau = \left(\dfrac{le}{r} - Ce\, r\right)$，它有时间的量纲，称为交流电阻的时间常数。时间常数 τ 表征了交流电阻器受分布参数影响的程度。不采用特殊绕法的电阻当阻值较小时(例小于 100 Ω)，残余电容的影响较小，使电阻呈感性，其时间常数值为

$$\tau \approx \frac{le}{r}$$

当电阻值较大时(大于 100 Ω)，匝间电容值迅速增大，使电阻呈容性，其时间常数为

$$\tau \approx - Ce\, r$$

引入时间常数后，交流电阻的等效阻抗为

$$Z \approx R(1 + j\omega\tau) \quad (3\text{-}64)$$

时间常数是交流电阻的重要参数。在一定频率下，时间常数 τ 越大，说明电阻受残余分量的影响越大，式(3-62) 中的等效电阻 R 与直流电阻 r 之间的误差也越大，τ 值越小误差越小。一定的时间常数对应了一定的误差值。若保证误差一定，则时间常数限制了电阻应用的频率范围。

应用在交流下的电阻，在测量其电阻时也应该测量它的时间常数 τ。当时间常数值远小于按误差要求所允许的时间常数时，该电阻器才能认为是理想的电阻器而忽略时间常数对电阻器的影响。

一个电感线圈除了它的电感值 l 而外，还有它的导线电阻 r_e 和分布电容 Ce。考虑到寄生参数 Ce 和 r_e 的影响，电感线圈的等效电路如图 3-77(a) 所示。电感线圈 A、B 两端的等效

阻抗值为

$$Z_{\mathrm{ab}} = \frac{r_e + j\omega l(1 - \omega^2 lCe) - 3\omega Ce\, r_e^2}{(1 - \omega^2 lCe)^2 + \omega^2 Ce^2\, r_e^2}$$

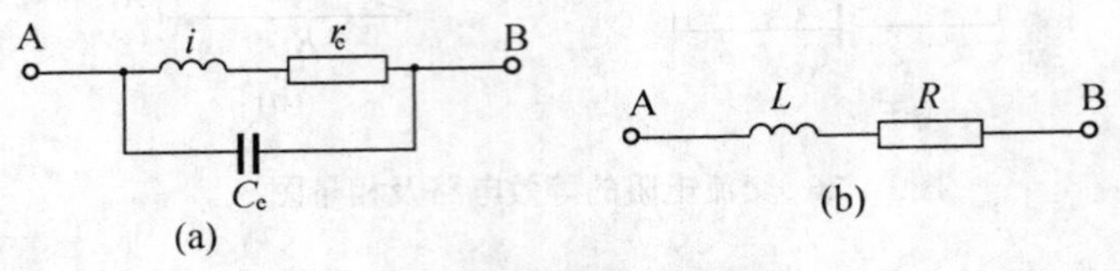

图3-77 电感线圈的等效电路

若电阻 r_e 和分布电容 Ce 的值足够小,且使用的角频率远小于网络的自振角频率 ω_0(例如 $\omega^2/\omega_0^2 \leqslant 0.01$)时,电感线圈的等效阻抗近似等于

$$Z_{\mathrm{ab}} \approx \frac{r_e + j\omega L(1 - \omega^2 lCe)}{1 - \omega^2 lCe} \approx r_e(1 + 2\omega^2 lCe) + j\omega l(1 + \omega^2 lCe) = R + j\omega L \tag{3-65}$$

等效电路如图 3-77(b) 所示。表征电感线圈受 Ce 和 r_e 影响的参数是线圈的品货因数 Q,Q 值可用下式计算

$$Q = \frac{\omega L}{R} \tag{3-66}$$

一个实际的电容器两极板间有绝缘材料,绝缘材料的电阻不是无限大而构成了电容器极板间的漏电电阻。电容器极板与接线端的引线之间存在着电感,一般情况下引线很短,电感值很小而可以忽略。考虑到漏电电阻的影响,电容器的等效电路如图 3-78(a) 所示。A、B 两点间的阻抗值可以用下式计算

$$Z_{\mathrm{ab}} = \frac{r_e \dfrac{1}{j\omega C_S}}{r_e + \dfrac{1}{j\omega C_S}} = \frac{r_e}{1 + \omega^2 C_S^2 r_e^2} - j\omega \frac{C_S\, r_e^2}{1 + \omega^2 C_S^2 r_e^2} = R + jX \tag{3-67}$$

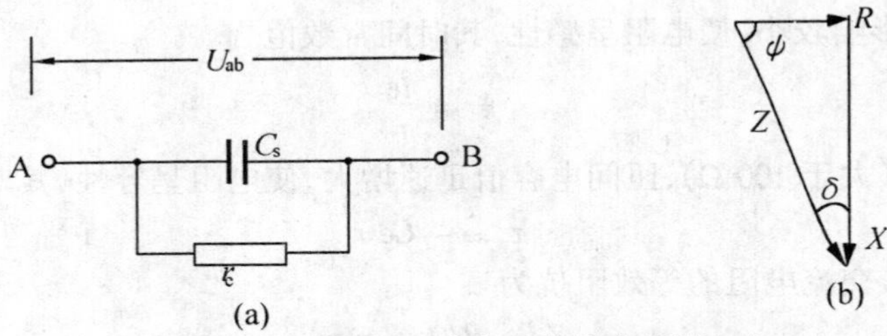

图3-78 电容器的并联等效电路

阻抗三角形如图 3-78(b)所示。阻抗角的正切值为

$$\mathrm{tg}\varphi = \frac{-\,\omega C_S\, r_e^2}{r_e} = -\,\omega C_S^2\, r_e \tag{3-68}$$

损耗角正切值为

$$\mathrm{tg}\delta = \frac{R}{X} = \frac{1}{\omega C_S\, r_e} \tag{3-69}$$

图 3-78 所示的是并联等效电路,还可以采用串联等效电路。串联等效电路如图 3-79(a) 所示,其阻抗三角形如图 3-79(b)所示。A、B 两点间的阻抗值可以用下式计算

$$Z_{ab} = r_e' + \frac{1}{j\omega C_p} = r_e' - jX_0 \tag{3-70}$$

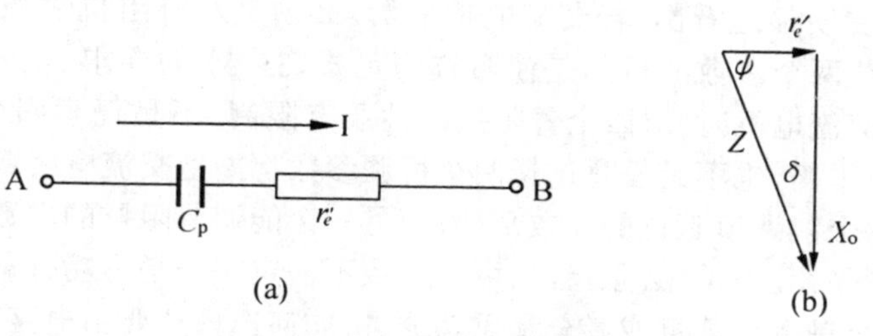

图3－79 电容器的串联等效电路

损耗角正切值

$$\mathrm{tg}\delta = \omega r_e' C_P \tag{3-71}$$

该值也称“损耗因数”，测量电容器的电容值时需同时测出它的值。有损耗的电容可以用串联等效电路，也可以用并联等效电路。大电容常用串联等效电路。

二、交流电桥工作原理

常用的四臂交流电桥电路如图 3-80 所示。四个桥臂均用阻抗组成而不是电阻。c、d 之间接入的是交流指零仪，交流指零仪可以是电子示波器、耳机、振动式检流计或放大器等。

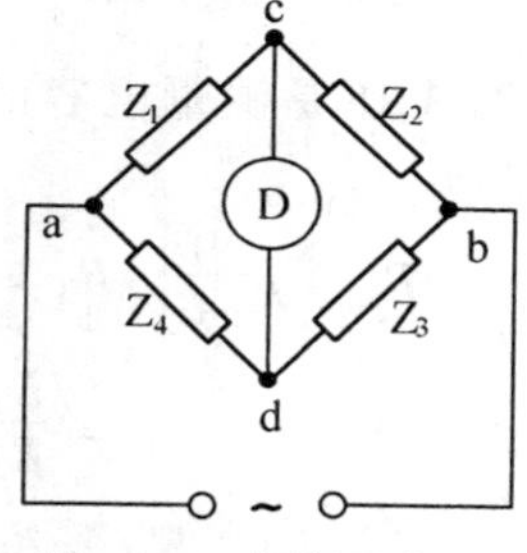

图3－80 交流四臂电桥

与直流电桥相似，当指零仪指零时，电桥相对臂的阻抗之积相等，得

$$Z_1 Z_3 = Z_2 Z_4 \tag{3-72}$$

若第一臂为被测阻抗，则得

$$Z_1 = Z_X = \frac{Z_2}{Z_3} Z_4 \tag{3-73}$$

若用复数表示，即

$$Z_i = R_i + jX_i$$

代入(3-72)式，则有

$$(R_1 + jX_1)(R_3 + jX_3) = (R_2 + jX_2)(R_4 + jX_4)$$

实数和虚数相等，得

$$\left.\begin{aligned} R_1R_3 - X_1X_3 &= R_2R_4 - X_3X_4 \\ R_1X_3 + R_3X_1 &= R_2X_4 + R_4X_2 \end{aligned}\right\} \tag{3-74}$$

也可以用指数形式表示，即

$$Z_i = z_i e^{j\varphi_i}$$

式中 z_i—— 阻抗的模；

φ_i—— 阻抗的相位角。

代入式(3-72)得

$$\left.\begin{aligned} z_1 z_3 &= z_2 z_4 \\ \varphi_1 + \varphi_3 &= \varphi_2 + \varphi_4 \end{aligned}\right\} \tag{3-75}$$

可见，由于交流电桥的桥臂是复数，使它的平衡条件是一个二元一次联立方程组，从式(3-74)可见，方程组中有两个未知数 R_1 和 X_1，要想把交流电桥调节平衡，必须调节两个参数。从式(3-75)更明显地看出，若交流电桥平衡，必须是对臂阻抗之积相等，对臂阻抗相角之和相等。调节两个参数的目的是使阻抗满足式(3-75)的要求。从式(3-75)还可以看出，若组成四臂交流电桥时，对四个臂阻抗的性质有限制，不是任意四个阻抗构成的交流电桥均可以调节平衡，也不是任意选择两个可调参数都能把交流电桥调节平衡。这两个可调参数必须是一个能调节阻抗的实数部分；而另一个能调节阻抗的虚数部分，这样才能把交流电桥调节到平衡。但是，必须指出，可调参数不一定一个是有功分量，另一个是无功分量，两者可以完全是有功分量或者全是无功分量，如何选择这要由电路来决定。

交流电桥理论还指出，在交流电桥平衡过程中，必须反复、交替调节两个可调参数才能使交流电桥平衡。选择不同组合的可调参数、调节交流电桥达到平衡状态所需的时间长、短(或反复、交替调节次数的多少)也不一样。表征调节交流电桥达到平衡点所需时间的长、短(或反复、交替调节次数的多少)的指标称为“交流电桥的收敛性”。收敛性好的交流电桥调到平衡时需要的时间短。

三、交流电桥举例

图 3-81 是测量电容的交流电桥，若电桥平衡时，可得

$$\left(R_X - j\frac{1}{\omega C_X}\right)R_3 = \left(R_4 - j\frac{1}{\omega C_4}\right)R_2$$

$$\left.\begin{aligned} C_X &= \frac{R_3}{R_2}C_4 \\ R_X &= \frac{R_2}{R_3}R_4 \\ \mathrm{tg}\delta_X &= \omega C_4 R_4 \end{aligned}\right\} \qquad (3\text{-}76)$$

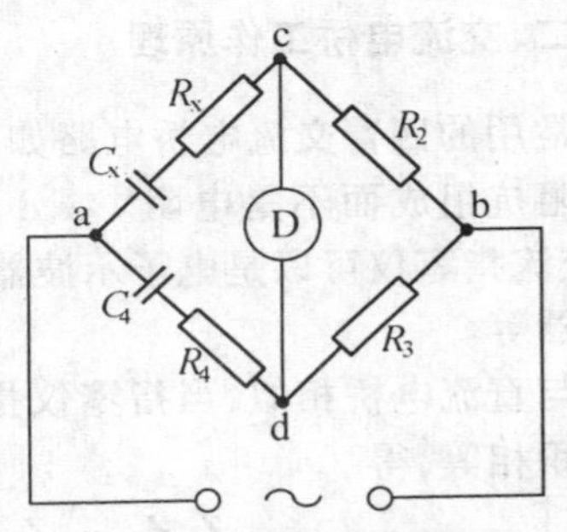

图3-81 交流电容电桥

如果选择 C_4 和 R_4 做可调参数，则 C_X 和 C_4 有关，R_X 与 R_4 有关，可以从 C_4 和 R_4 的值直接读取 C_X 和 R_X 的值。被测量只和一个可调参数有关的交流电桥称为“可以分别读数的交流电桥”，分别读数是交流电桥的主要指标之一。如果以 R_2、C_4 或者以 R_3、R_4 为可调参数，电桥也可以调节平衡，但是，被测量 C_X 和 R_X 都可能与两个可调参数有关，不能直读被测量，给测量带来诸多不便，这是不希望的。此外，从式(3-76)还可以看出，C_X 和 R_X 的表达式中没有频率的因子，只是 $\mathrm{tg}\delta_X$ 与频率有关。读数和频率无关是选择交流电桥桥臂参数组合的另一原则。如果选择不当，C_4 和 R_X 的表达式中将出现和频率有关的项，这也给测量带来不便。所以，若以 C_X 和 R_X 为被测量，选择 C_4 和 R_4 做可调参数电桥可以分别读数。若以 C_X 和 $\mathrm{tg}\delta_X'$ 为被测量，则必须选择 R_3 和 R_4 或者 R_2 和 R_4 做可调参数测量结果才能直读。至于 $\mathrm{tg}\delta_X$ 和频率有关这是自然的。因为 δ_X 本身就是频率的函数。

我国上海沪光仪器厂生产的 QS18A 型万用交流电桥是一台携带方便、使用简单的交流电桥。仪器内部附有作为电桥电源的 1kHz 振荡器，还有选频放大器和交流指零仪。该电桥可以用来测量电容、电感和电阻。测量不同对象时电桥采用的测量电路（即各桥臂的组合）也不相同，以便得到最佳的测量效果。该电桥的电容量限为 1pF ~ 110 μF，误差是(±2 ~ ±1)%；电感量限为 10 μH ~ 11 H，误差是(±5 ~ ±1)%；电阻量限为 10 mΩ ~ 1.1M Ω，误差是(±5 ~ ±1)%。

四、感应分压器及变压器电桥

如果把交流电桥的平衡方程式(3-73)改写一下,变成

$$Z_1 = Z_X = \frac{Z_2}{Z_3}Z_4 = \frac{Z_4}{Z_3}Z_2$$

参看图 3-80 可以发现,Z_4/Z_3 实际上是把电源电压分割成一定的电压比,即

$$\frac{Z_4}{Z_3} = \frac{U_{ad}}{U_{db}}$$

Z_4 和 Z_3 组成了一个分压器。显然,这个分压比是否准确将直接影响测量结果的准确度。在一般的交流电桥中,Z_4、Z_3 都由阻抗充当,提供的分压比在交流的情况下误差很难做到小于 10^{-4},这就是一般交流电桥的准确度难以提高的原因之一。

近几十年来,铁心电感分压器(即感应分压器)获得了很快的发展和广泛的应用。在结构上它分为两类,分别如图 3-82(a)和图 3-82(b)所示。其中,图(a)称为"自耦式感应分压器",图(b)称为"隔离式感应分压器",感应分压器最大的特点是电压比等于匝数比,即

$$\frac{U_1}{U_2} = \frac{N_1}{N_2} \tag{3-77}$$

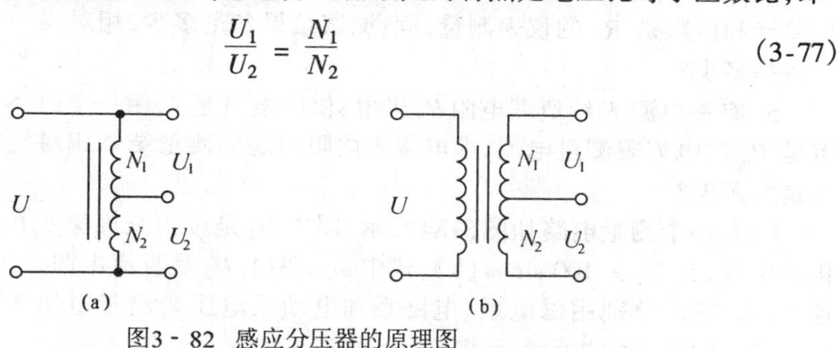

图3-82 感应分压器的原理图

匝数比稳定、可靠、准确,所以提供的电压比也非常准确,很容易做到 10^{-6}的准确度。用感应分压器做比例臂的交流电桥称"变压器电桥"。变压器电桥的原理性电路如图 3-83 所示。其中图(a)是用自耦式感应分压器做比例臂;图(b)是用隔离式感应分压器做比例臂。当指零仪 D 指零时,$I_1 = I_2$,可得

$$\frac{U_1}{U_2} = \frac{I_1 Z_1}{I_2 Z_2} = \frac{Z_1}{Z_2} = \frac{N_1}{N_2}$$

得

$$Z_1 = Z_X = \frac{N_1}{N_2}Z_2 \tag{3-78}$$

可以用匝数比提供的比例把 Z_2 与 Z_1 相比较,求出被测的阻抗 $Z_X(Z_1)$值来。

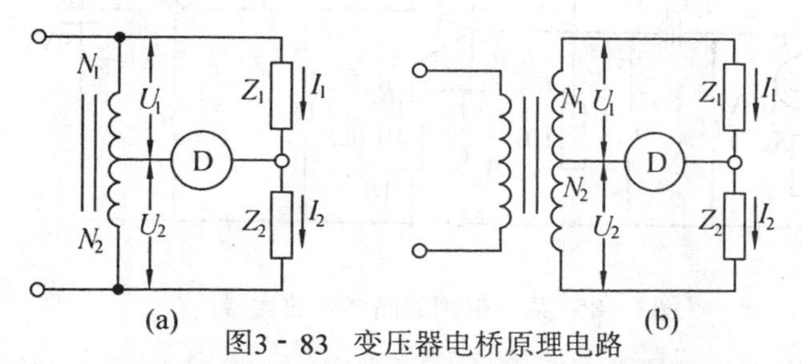

图3-83 变压器电桥原理电路

变压器电桥是 20 世纪 60 年代才得到迅速发展的交流电桥,但是,由于它有准确度较

高，稳定性好，抗干扰能力强等特点，目前已得到广泛的应用。

习题及答案

1. 某电压表的量限为 100 V，准确度等级指数 a = 1.0，用该表测量一个 50 V 的电压，求测量结果的绝对误差、相对误差及基准误差（引用误差）。

2. 有三台电压表，量限和准确度等级指数分别为 500 V、0.2 级；200 V、0.5 级；50V、1.5 级，分别用三块表测量 50 V 的电压，求用每块电压表测量的绝对误差、相对误差、引用误差各是多少？哪块表的质量好，用哪块表测得的测量结果的误差最小，为什么。

3. 有一个微安表，量限为 100 μA，内阻是 500 Ω，问：

(1)用该表组成一个电压表时，若电压表的量限分别为 10 V 和 100 V 时，求该电压表的测量电路及附加电阻的阻值。

(2)用该表组成一个量限为 100、10 和 1 mA 的电流表该用什么样的电路？电路的电阻各是多少？

4. 有一个电势为 E 的直流电源，内阻是 R_i，分别用直流电位差计和内阻是 R_V 的仪表测量，问：测试结果各是多少，相对误差各是多少？

5. 有一电源 E 给负载电阻 R_h 供电，供电电流是 I，用一个内阻是 R_a 的电流表测量电流，求电流表内阻引起的测量结果相对误差是多少？

6. 有一个测量电路如图 3-84 所示，图中 U_1 是按正弦规律变化的电源，且 $U_1 = 100\sin\omega t$(V)，式中 $\omega = 314$，U_2 是直流电源，且 $U_2 = 35$V，分别用磁电系、电磁系和电动系电压表测量电压 $U_1 + U_2$，问仪表的指示各是多少。

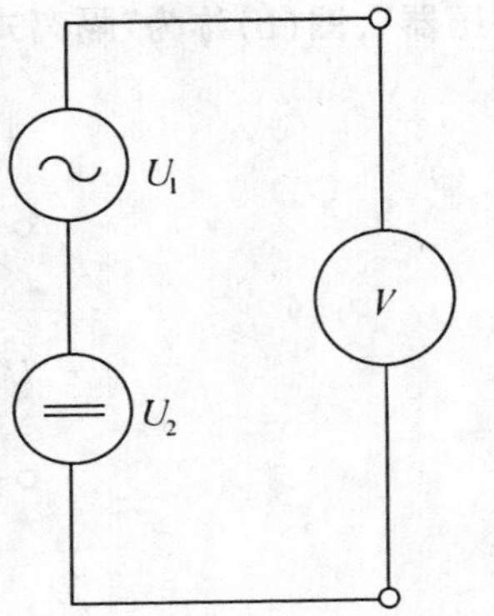

图3-84 测量电压的电路

7. 某个晶体管放大电路其电路图如图 3-85 所示。已知晶体管的 $R_{ce} = 50$ kΩ，$R_{be} = 2$ kΩ，晶体管的电流放大倍数 $\beta = 100$，电路的其它参数如图所示，给定的仪表有：磁电系电压表，其内阻 $R_V = 100$ kΩ；电磁系电压表，其内阻 $R_V = 10$ kΩ 数字式交流电压表，其输入阻抗（内阻）$R_i = 500$ kΩ，若电容 C_1、C_0 足够大，试求：

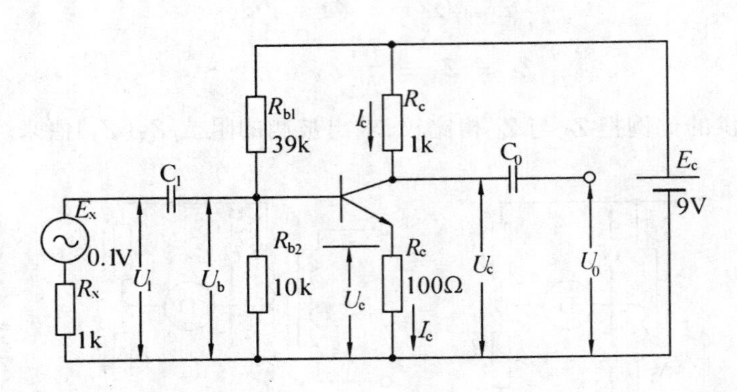

图3-85 某一被则的晶体管放大器

(1) 用计算的方法求出 U_1、U_0 值，求出放大器直流工作点 U_b、U_c 和 U_e 的数值。

(2) 用电磁系电压表测量 U_1、U_0 时，仪表指示各是多少，仪表内阻引起的误差有多大？

(3) 用数字式电压表测量 U_1、U_0 时仪表的指示各是多少，仪表内阻引起的相对误差有多大。

(4) 用磁电系电压表测量 U_b、U_c 和 U_e 时仪表的指示值各是多少，仪表内阻引起的误差有多大。

(5) 如何测量 I_c 和 I_e。

8. 有一个电动系功率表，满刻度有 150 格，电流量限为 0 ~ 0.5 A 和 0 ~ 1 A 两种；电压量限为 37.5 V、75 V、150 V 和 300 V 四种，额定功率因数 $\cos\varphi = 1$，若用该表测量直流电路和交流电路的功率，问：

(1) 测量不同的被测量时，仪表选用哪一组量限组合最合适；

(2) 选用合适的量限时仪表常数是多少，测量时仪表指示多少格；

(3) 对 $\cos\varphi = 0.1$ 的一组测量，选用 $\cos\varphi = 1$ 的功率表测量时是否合理，为什么，若改用 $\cos\varphi = 0.1$ 的功率表测量，而功率表的 U_h 和 I_h 不变时，仪表的常数是多少，仪表的读数应该是多少格，把选择和计算的结果列入表 3-6 中。

表 3-6　功率表的参数的正确选择

被测参数组合				选用仪表的最佳参数				
	U_X(V)	I_X(A)	$\cos\varphi_X$	U_h	I_h	$\cos\varphi_h$	仪表常数	读数格数
直流	30	0.8						
交流	70	0.8	0.8					
交流	120	0.4	0.6					
交流	220	1.0	0.7					
交流	220	0.7	0.1					
交流	220	0.7	0.1					

9. 阻值为 3 235 Ω、576 000 Ω、186.7 Ω、680.6 Ω、33.22 Ω、1 207 000 Ω 的电阻，用 QJ 23a 型电桥测量，求 $R_4 = ?$ $R_2/R_3 = ?$(QJ23a 型电桥参看图 3-72)。

10. 若直流电桥的桥臂电阻为 $R_2 = 1\,000\ \Omega$、$\Delta R_2 = 1\ \Omega$；$R_3 = 10\,000\ \Omega$、$\Delta R_3 = -3\ \Omega$；$R_4 = 5\,477\ \Omega$、$\Delta R_4 = 2\ \Omega$，求 R_X 及其相对误差。

11. 用伏安法测量电阻，$R_X = \dfrac{U_X}{I_X}$，若电压表的读数 $U_X = 8$V，电压表的量限是 10V、0.5 级；电流表的读数是 $I_X = 2$A，电流表的量限是 5A、0.5 级，求被测电阻的阻值及相对、绝对系统不确定度。

12. 有一交流电桥如图 3-86 所示，试问：

(1) 该电桥能否平衡，为什么？如果能平衡，写出其平衡方程式。

(2) 若调节 R_2 和 R_4，电桥能否平衡？为什么？

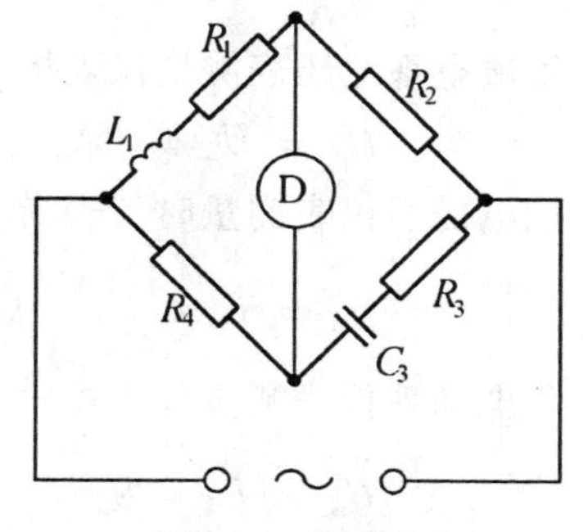

图3-86　交流电桥

（答案）

1. 绝对误差 $\Delta = 1\% \times 100 = \pm 1(\mathrm{V})$

相对误差 $\gamma = \dfrac{\Delta}{50} = \pm 2\%$

引用误差 $\gamma_n = \pm 1\%$

2. 用第一块表测：$\Delta = \pm 1\mathrm{V}$；$\gamma = \pm 2\%$；$\gamma_n = \pm 0.2\%$

用第二块表测：$\Delta = \pm 1\mathrm{V}$；$\gamma = \pm 2\%$；$\gamma_n = \pm 0.5\%$

用第三块表测：$\Delta = \pm 0.75\mathrm{V}$；$\gamma = \pm 1.5\%$；$\gamma_n = \pm 1.5\%$

第一块表的质量好；用第三块表测量的误差最小，因为用第三块表量限选择的最合适。

3. (1) 电压表的线路及阻值如图 3-87 所示。

(2) 电流表的线路及其阻值如图 3-88 所示。

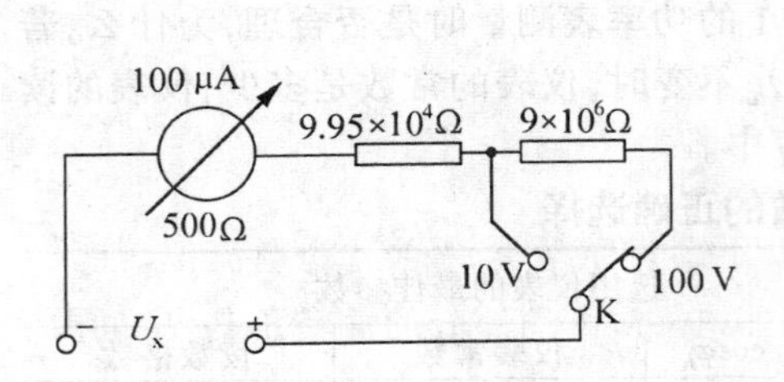

图3－87 组装的电压表线路

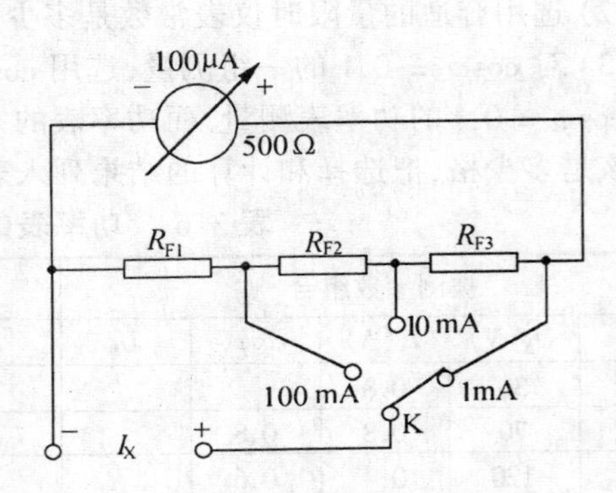

图3－88 组装的电流表线路

4. 用电位差计测量时，电位差计指示 $U_X = E$，内阻引起的相对误差 $\gamma = 0$。

用电压表测量时，电压表的读数 $U_X = \dfrac{R_V E}{(R_V + R_i)}$，内阻 R_V 引起的相对误差

$$\gamma = -\frac{R_i}{R_V + R_i} \times 100\%。$$

5. $\gamma = -\dfrac{R_a}{R_h + R_a} \times 100\%$

6. 用磁电系电压表测量仪表指示

$$U_X = U_2 = 35\mathrm{V}$$

用电磁系仪表测量时仪表指示

$$U_X = U_1 + U_2 = (35 + \frac{100}{\sqrt{2}})\mathrm{V}$$

用电动系仪表测量仪表指示

$$U_X = U_1 + U_2 = (35 + \frac{100}{\sqrt{2}})\mathrm{V}$$

7. (1) 放大器输入端的交流等效电路如图 3-89 所示，用计算求出

$$R_b = \frac{1}{\frac{1}{39} + \frac{1}{10} + \frac{1}{12}} = 4.8(\text{k}\Omega)$$

$$U_i = \frac{R_b}{R_b + R_X} E_X \approx 0.083(\text{V})$$

$$U_0 \approx \frac{R_{Ce}}{R_0} U_i = 0.83(\text{V})$$

直流工作点：$U_b = 1.10\text{V}$；$U_C = 5\text{V}$；$U_e = 0.4\text{V}$

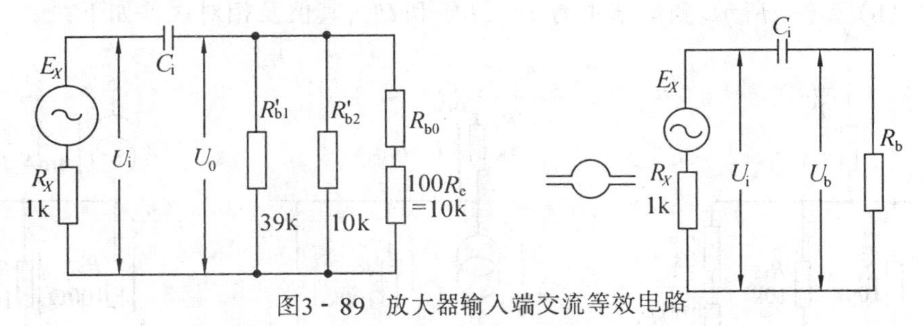

图3-89　放大器输入端交流等效电路

(2) 用电磁系电压表测量 U_i 和 U_0 的等效电路分别如图 3-90(a) 和(b) 所示。测量结果为 U'_i 和 U'_0，其值及相对误差为

$$U'_i = \frac{\frac{R_b + R_V}{R_b + R_V}}{R_X + \frac{R_b R_V}{R_b + R_V}} E_X = 0.076(\text{V})$$

$$U'_0 \approx \frac{R_V}{R_C + R_V} U_0 = \frac{10}{10 + 1} U_0 = 0.75(\text{V})$$

$$\gamma'_i = \frac{U'_i - U_i}{U_i} = -8.4\%$$

$$\gamma'_0 = \frac{U'_0 - U_0}{U_0} = -9.6\%$$

(3) 用数字式电压表测量 U_i 和 U_0 的等效电路与图 3-90 相同，图中 $R_V = 500\ \text{K}\Omega$，测量结果为 U''_i 和 U''_0，其数值和相对误差为

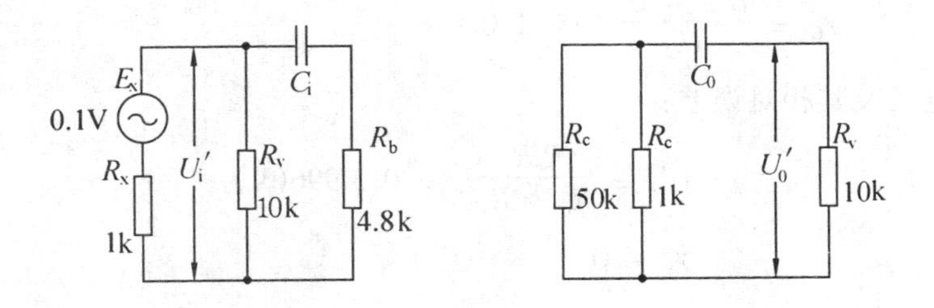

图3-90　用电磁系电压表测量 U_i 和 U_0 等效电路

$$U''_i = \frac{\frac{R_b R_V}{R_b + R_V}}{R_X + \frac{R_b R_V}{R_b + R_V}} E_X = 0.08(\text{V})$$

$$U''_0 \cong \frac{R_V}{R_C + R_V} U_0 = 0.83(\text{V})$$

$$\gamma''_i = \frac{U''_i - U_i}{U_i} = 0$$

$$\gamma''_0 = \frac{U''_0 - U_0}{U_0} = 0$$

(4) 用磁电系电压表测量直流工作点参数 U_b、U_C 和 U_e 的等效电路分别如图 3-91(a)、(b) 和(c) 所示。测量结果为 U'_b、U'_c 和 U'_e，其值及相对误差如下：

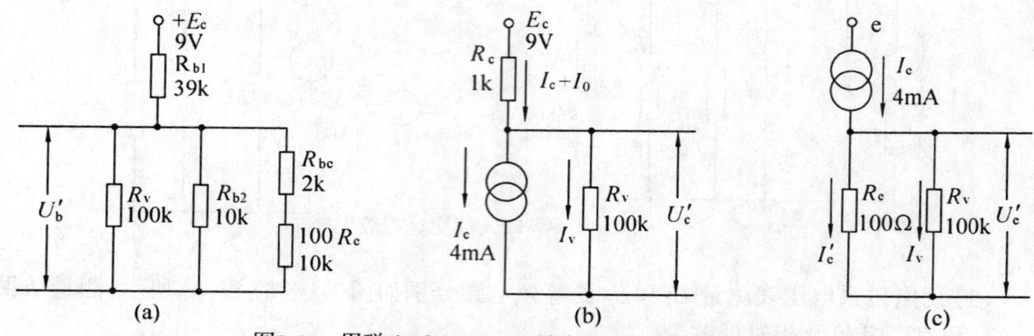

图3-91 用磁电系电压表测量直流工作点的等效电路

测量基极电压及其误差：

$$U'_b = \frac{\dfrac{1}{R_V} + \dfrac{1}{R_{b2}} + \dfrac{1}{R_{be} + 100R_e}}{R_{b1} + \dfrac{1}{R_V} + \dfrac{1}{R_{b2}} + \dfrac{1}{R_{be} + 100R_e}} E_C = 1.5(\text{V})$$

$$\gamma_b = \frac{U'_b - U_b}{U_b} = -4.5\%$$

测量集电极电压及其相对误差：

$$I_V = \frac{E_C - R_C(I_C + I_V)}{R_V} = \frac{E_C - R_C I_C}{R_V} \approx 0.05(\text{mA})$$

$$U_C = E_C - R_C(I_C + I_V) = 9 - 4.05 = 4.95(\text{V})$$

$$\gamma_C = \frac{U_C' - U_C}{U_C} = -1.0\%$$

测量发射极电压及其相对误差：

$$U'_e = \frac{R_e R_V}{R_e + R_V} I_e = 0.3\,996(\text{V})$$

$$\gamma_e \approx 0$$

(5) 由于 $I_C \approx I_e$，用磁电系电压表测出 U_e，用计算法 $I_e = \dfrac{U_e}{R_e}$，求出 I_e 较准确，因为这时电压表内阻的影响最小。

8. 选择结果如表 3-7 所示。

表 3-7 正确的选择结果

	被测量参数				选择仪表的最佳参数			
	U_X(V)	I_X(A)	$\cos\varphi_X$	U_h(V)	I_h(A)	$\cos\varphi_h$	仪表常数(瓦/格)	读数(格)
直流	30	0.8	–	37.5	1	–	0.25	96
交流	70	0.8	0.8	75	1	1.0	0.5	89.6
交流	120	0.4	0.6	150	0.5	1.0	0.5	57.6
交流	220	1.0	0.7	300	1	1.0	2	77
交流	220	0.7	0.1	300	1	1.0	2	7.7
交流	220	0.7	0.1	300	1	0.1	0.2	77

9. $R_X = 3\ 235\ \Omega$, $R_4 = 3\ 235\ \Omega$, $R_2/R_3 = 1$;
$R_X = 576\ 000\ \Omega$, $R_4 = 5\ 760\ \Omega$, $R_2/R_3 = 10^2$;
$R_X = 186.7\ \Omega$, $R_4 = 1\ 867\ \Omega$, $R_2/R_3 = 10^{-1}$;
$R_X = 680.6\ \Omega$, $R_4 = 6\ 806\ \Omega$, $R_2/R_3 = 10^{-1}$;
$R_X = 33.22\ \Omega$, $R_4 = 3\ 322\ \Omega$, $R_2/R_3 = 10^{-2}$;
$R_X = 1\ 207\ 000\ \Omega$, $R_4 = 1\ 207\ \Omega$, $R_2/R_3 = 10^3$。

10. $R_X = \frac{R_2}{R_3}R_4 = \frac{1\ 000}{10\ 000}5\ 477 = 547.7\ (\Omega)$

$$\Delta R_X = \frac{R_2}{R_3}\Delta R_4 + \frac{R_4}{R_3}\Delta R_2 - \frac{R_2 R_4}{R_3^2}\Delta R_3 = 0.9(\Omega)$$

$$\gamma_X = \frac{0.9}{547.7} \times 100\% = 0.16\%$$

或者 $$\gamma_X = \gamma_2 + \gamma_4 + \gamma_3 = \frac{1}{1\ 000} + \frac{2}{5\ 477} + \frac{3}{10\ 000} = 0.16\%$$

11. $U_X = 8(\text{V})$ $\Delta U_X = 10 \times (\pm 0.5\%) = \pm 0.05(\text{V})$
$I_X = 2(\text{A})$ $\Delta I_X = 5 \times (\pm 0.5\%) = \pm 0.025(\text{A})$

相对系统不确定度 $$\gamma_X = \pm(\gamma_u + \gamma_2) = \pm(\frac{0.05}{8} + \frac{0.025}{2}) = \pm 1.9\%$$

绝对系统不确定度 $$\Delta R_X = \pm(\frac{\Delta U_X}{I} + \frac{U}{I^2}\Delta I_X) = \pm(\frac{0.05}{2} + 4\frac{0.025}{2}) = \pm 0.075(\Omega)$$

12. (1)该电桥可以平衡,因为 $\varphi_1 + \varphi_3$ 可以调到零。平衡方程式为

$$(R_1 + j\omega L_1)(R_3 + \frac{1}{j\omega C_3}) = R_2 R_4$$

(2)电桥平衡方程式也可以写成

$$\left.\begin{aligned} R_1 R_3 + \frac{L_1}{C_3} &= R_2 R_4 \\ R_3 \omega L_1 &= \frac{R_1}{\omega C_3} \end{aligned}\right\}$$

可见,只调节 R_2、R_4 不能满足该方程组,所以调节 R_2、R_4 电桥不能平衡。

第四章 数字化测量技术

4-1 概 述

一、数字化测量技术的发展概况

测量是获取信息的重要手段。在高速发展的自动化信息化社会中,对测量技术提出了许多新的要求,如要求测量的精度高、速度快,要求实现测量自动化。同时,被测对象范围也不断扩大,由单一物理量扩展为多个物理量,由静态量扩展为动态量。对于这样的测量任务,传统的模拟指针式仪表是无法完成的。数字化测量技术正是适应这一需要而发展起来的。

数字化测量是将被测的连续物理量转化为相应的量子化的离散的物理量,以数字的形式进行编码、传输、存储、数据处理和显示的测量方法。数字化测量原理、方法及仪器结构等方面完全不同于传统的指针式仪表。它具有测量速度快、精确度高、操作方便等优点。数字化测量将被测量转换成数字量后,可直接送到计算机中进行数据处理或实时控制。因此,数字化测量技术广泛应用于数字仪表、非电量测量、数据采集系统、自动控制等各个领域。

数字化测量技术的发展与电子技术、计算机的发展密切相关,特别是半导体技术的发展不断提供各种优良的元器件,大大促进了数字化测量技术的进步。自 1952 年世界上第一台数字电压表问世以来,数字仪表所用的器件经历了由电子管、晶体管、集成电路到大规模集成电路、专用集成电路的演变历程。70 年代由于微处理器和微型计算机的出现,使仪器仪表发生了革命性的变化。微处理器或微计算机装在仪器中,参与测量控制和数据处理,大大改变了仪器的面貌,扩展了仪器的功能,提高了各项性能指标。这就是近年来发展起来的微机化仪器,或称之为智能仪器。

数字化测量技术大大提高了整个测量技术的水平。它广泛应用于工业生产和科学研究的各个部门。数字化测量技术还将随着电子技术、测量技术的发展而发展,它将为实现测量的高精度、高速度,为实现测量技术的自动化和智能化起着不可估量的作用。

二、数字仪表的特点

(1)准确度高。如现代数字电压表测量直流的准确度可以达到满度的 0.001%甚至更高。数字式频率的准确度可以达到 1×10^{-9}。

(2)输入阻抗高,吸收被测量功率很少。如在现代的数字电压表中,基本量限的输入阻抗高达 25 000 MΩ。输入阻抗高于 1 000 MΩ 的数字电压表是常见的。

(3)由于测量结果直接以数字形式给出,所以示数读出方便,没有读数误差。

(4)测量速度快。数字电压表的最高测量速度可达每秒钟几万到几十万次。

(5)灵敏度高。现代积分式数字电压表的分辨率可达 0.01μV。

(6)数字仪表操作简单，测量过程自动化，可以自动地判断极性、切换量限。目前，带有微机处理器的数字仪表具有自动校零、自动校准、补偿非线性和提供自动打印及数码输出等功能。

(7)可以方便地与计算机配合。数字仪表可以通过输出接口把测量结果直接送给计算机，以便进一步计算和控制。

三、连续量的不连续表示方法

自然界中各种物质的量一般是连续的。所谓连续，是指一个量 $X(t)$在某一时段 T 的无穷多个时刻上具有无穷多个值，这些无穷多个值不超出某一个已知的范围。自然界中也有以不连续形式出现的物理量，特别是在微观世界中更是多见，但在日常生活、生产和科研活动中较少遇到。因此有必要讨论一下连续量转化为数字量的方法。

根据上述连续量的定义，一个连续量 $X(t)$可以用图 4-1 表示。它在时段 T 和范围 A 内是连续的。

如果不是在无穷多个时刻上，而是在相隔 ΔT 和若干有限个数的时刻上去测量并确定 $X(t)$，则可以得到相应各时刻的 $X_1, X_2, \cdots, X_n$，它们将以自己的群体来代替 $X(t)$。于是，我们得到的已不是真正的连续量 $X(t)$，而是在时间上的不连续量 $X(t)$。这样的量称为离散化的量，时间间隔 ΔT 称为“步距”。由图 4-2 可见，在平面坐标上，被离散化了的连续量变成一系列的断续的点而不再是一条曲线。显然，步距相等的相邻两个离散量之间的差值不一定相等。

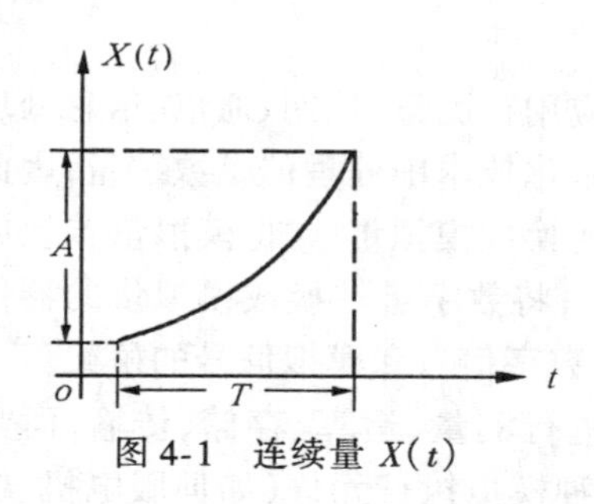

图 4-1　连续量 $X(t)$

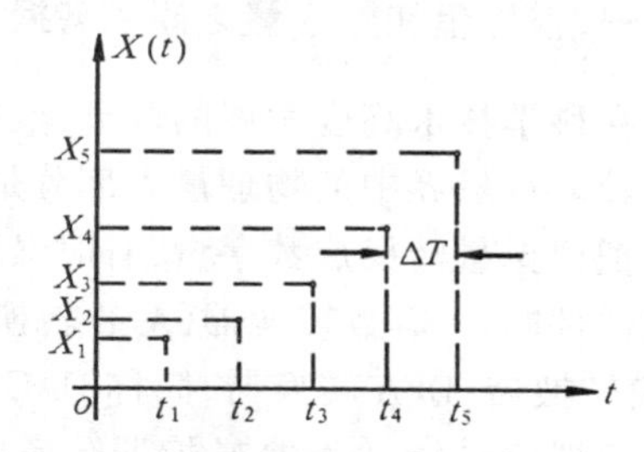

图 4-2　连续量 $X(t)$的离散化

任何测量仪器的分辨率不可能小到等于零。仪器只能对大于其分辨力的被测量增量 ΔX 作出响应。因此，若将仪器的测量结果看作是若干个数目的分辨力的累加，即虽然对被测量在时间上是连续地观测，而测量结果却是呈阶梯形变化。如图 4-3 所示的那样，这种幅值按 ΔX 增减变化的量称为量子化的量。两个阶梯的差距 ΔX 称为“级距”。在数字化仪器中，测量结果的显示完全量子化了。数字仪表的量子值一般为读数最后一位的一个单位值。

从图 4-2 和图 4-3 可见，离散化或量子化后的量已经不能完全反映连续量 $X(t)$的真实情况，丢去了 $X(t)$的若干信息。在数字化测量仪器中，一个连续的被测量每隔一定时间间隔 ΔT 被采样或被测量一次，实际上是把被测量离散化了。同时又以数字或数码的形式显示测量结果，是把连续量量子化了。因此，在数字化测量仪器中，离散化过程和量子化过程是同时存在的，图 4-4 说明这个问题。

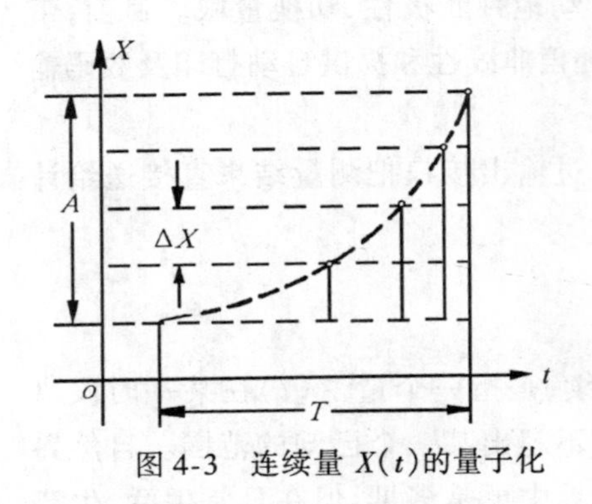

图 4-3 连续量 $X(t)$ 的量子化

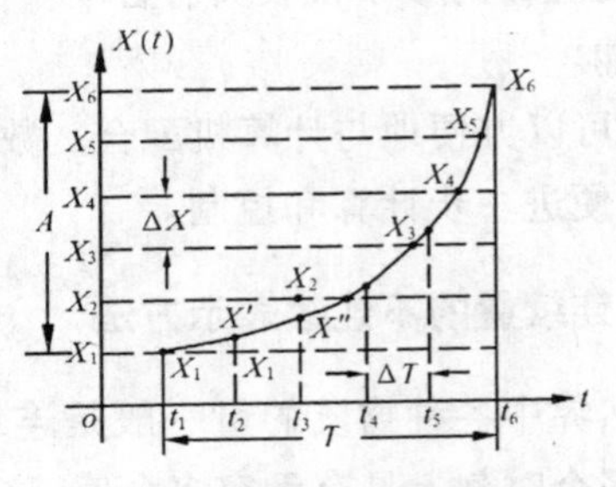

图 4-4 离散化和量子化的连续量

从图 4-4 可见，$t = t_1$ 时，$X = X_1$；$t = t_2$ 时，因为连续量 X' 与 X_1 之间的差距 $X' - X_1 < (1/2)\Delta X$，即小于量子化一个级距的 1/2，由于分辨力的限制，仪表只能显示 X_1。同样道理，当 $t = t_3$ 时，连续量 X'' 与 X_1 之间的差距 $X'' - X_1 < \Delta X$，但是 $X'' - X_1 > (1/2)\Delta X$，仪表同样由于分辨力的限制而只能显示 $X_2 = X_1 + \Delta X$，不能显示 X''。显然，由于离散化和量子化同时存在，损失信息更多。与非数字化仪表相比，这是新增加的误差源。但是，由于近代微电子技术的高度发展，数字集成电路的采样频率和分辨率可以作得非常高，使离散化与量子化误差可以降低到忽略不计的程度。

4-2 数-模转换器

一、模拟量和数字量之间的转换

在科学技术高度发展的今天，数字化技术广泛应用在测量、控制、通讯、信息处理等各个领域。自然界中的物理量大部分是模拟量，而数字化技术中处理的是数字量，因此有时需要把模拟量转换成数字量，有时又需要把数字量转换成模拟量 。将模拟量转换成数字量的器件叫作模-数转换器(A/D 转换器，简称 ADC)；将数字量转换成模拟量的器件叫作数-模转换器(D/A 转换器，简称 DAC)。它们是联接数字信号和模拟信号的桥梁。

模拟信号经过 A/D 转换器转换成数字信号后进行测量、运算、存储、传输；而数字信号需要用 D/A 转换器转换成模拟信号，才能驱动各种模拟执行元件(如伺服电机、模拟式仪表、锁相环路的压控振荡器等)，或输入到其它仪器或系统(如示波器、X-Y 绘图仪等)中。此外，数-模转换器还作为某些模-数转换器中的部件使用。现在，数-模转换器和模-数转换器已制成各种集成电路芯片，它们作为数字信号和模拟信号之间的转换器件，广泛应用在国民经济建设、国防和科研各个部门。

二、D/A 转换器的结构框图

数-模转换器的工作原理可用图 4-5 所示的结构框图来说明。

数-模转换器中包含由电阻(或电容)和开关组成的网络。模拟参考电压加在网络的输入端。被转换的数字信号控制网络中开关的闭合，改变网络的参数，从而使网络输出与数字量相对应的模拟电流或电压。这样就实现了数-模转换。DAC 的种类很多，绝大多数 DAC 都为电流输出，有的兼有电流和电压输出；输出模拟量和输入数字量之间的函数关系既有线性的，也有非线性的；数字信号输入方式有并行的，也有串行的；多数 D/A 转换器既可对普通二进制数码进行单极性转换，又可以通过改变外部接线，对补码、反码、偏移二进制码或符号-数值码进行双极性转换。实际产品的结构不一定包括图中所有部分，但虚线中的部分则应是必备的。D/A 转换器的种类很多，本章只介绍权电阻型 D/A 转换器和 T 型电阻网络 D/A 转换器。

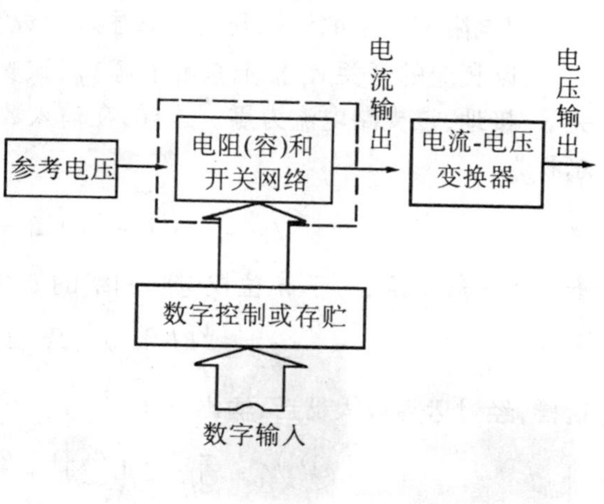

图 4-5　数-模转换器原理框图

三、技术特性

数-模转换器的主要技术特性可以归纳为静态特性和动态特性两个方面。

(1)转换准确度　是指输入端加上给定的数字代码时所测得的模拟输出值与理想输出值之间的差值，这个静态的转换误差是增益误差、零点误差、线性误差的综合。

(2)分辨力　是指转换器的最低位对应的电压值与满度电压值之比。例如，10 位 D/A 转换器的分辨力为 $1/(2^{10}-1)$，近似表示为 0.001，或者简单地用转换器的位数来表示。如 12 位 D/A 转换器的分辨力为 12 位，或近似表示为 $1/2^{12}$。

(3)线性度　通常用非线性误差来表征转换器的线性度。它是指转换器实测的输入-输出特性曲线与一条理想直线的偏离程度，这条理想直线是校准后的转换器的两个端点的连线，如图 4-6 所示。

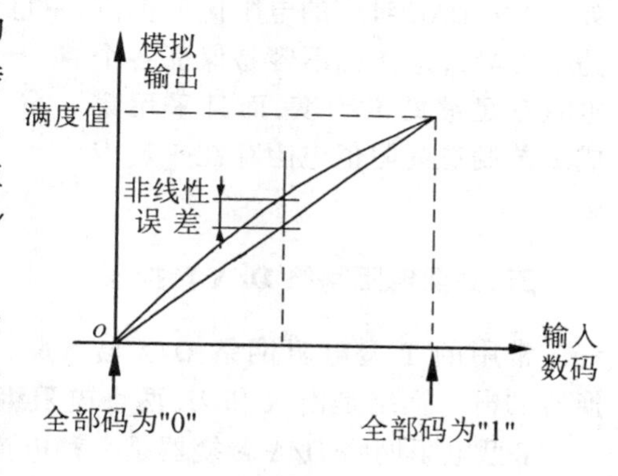

图 4-6　数-模转换器的非线性误差

(4)稳定时间(建立时间)　是指输入数字代码产生满度值的变化时，其模拟输出达到稳态值 LSB(最低有效位)所需的时间。

(5)温度系数　在规定的范围内，以温度每升高一度引起输 出模拟电压变化的百分数定义温度系数，它包括增益温度系数和零点温度系数。它们是按整个温度范围内的平均偏差定义的。

四、权电阻型 D/A 转换器

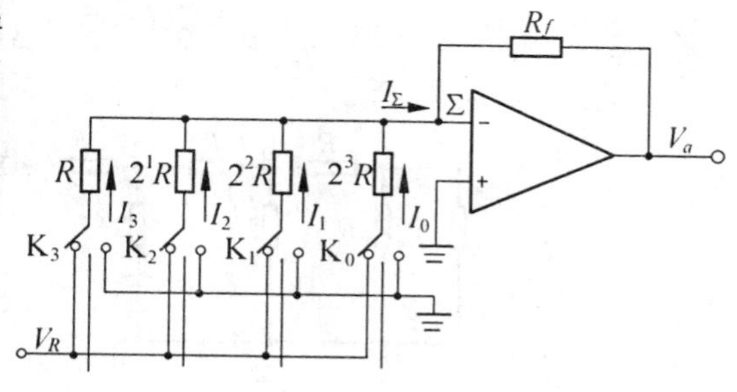

图 4-7　权电阻网络 D/A 转换器的原理电路

权电阻型 D/A 转换器由权电阻网络、模拟切换开关、基准电源和运算放大器组成，其原理电路如图 4-7 所示。它是实现二进制数字-电压转换的最简单的一种网络结构。在权电阻网络结构中，各位电阻按 2 的倍数逐次加权，因而输出信号也按二进制变化。

权电阻网络中的模拟开关是靠输入的数字量来控制的。若数码 $a_i=1$（图中 $i=0,1,2,3$），则相应的开关 K_i 接上基准电源 V_R，该支路电流为 $I_i=V_R/(2^{3-i}R)$；若数码 $a_i=0$，开关 K_i 接地，该支路电流为零。这样，在输入数码的作用下，各支路流向放大器$\sum$点的电流总和为

$$I_{\Sigma}=I_3+I_2+I_1+I_0=\frac{V_R}{R}\left(\frac{a_3}{2^0}+\frac{a_2}{2^1}+\frac{a_1}{2^2}+\frac{a_0}{2^3}\right) \tag{4-1}$$

推广到一般情况，对于 n 位权电阻网络的 D/A 转换器则有

$$I_{\Sigma}=\frac{V_R}{R}\left(\frac{a_{n-1}}{2^0}+\frac{a_{n-2}}{2^1}+\cdots+\frac{a_0}{2^{n-1}}\right) \tag{4-2}$$

这样，经过运算放大器后，输出电压

$$V_0=\frac{-V_R}{R}R_f\left(\frac{a_{n-1}}{2^0}+\frac{a_{n-2}}{2^1}+\cdots+\frac{a_0}{2^{n-1}}\right) \tag{4-3}$$

在权电阻网络中，各位电阻的阻值均不相同，当输入数码位数较多时，最高位和最低位阻值相差很大。例如，10 位 DAC 对应的电阻比值范围为 1 024∶1，这样就不容易保证各个电阻有足够的准确度，而且采用集成工艺制造高阻值电阻存在一定困难。

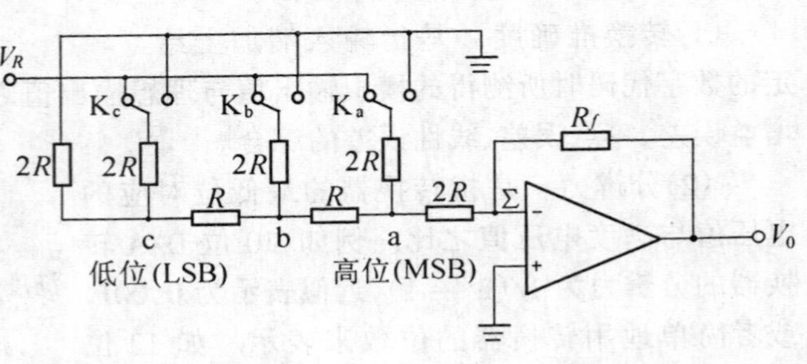

图 4-8　*T* 型电阻网络 *D/A* 转换器

五、T 型电阻网络 D/A 转换器

常用的 T 型电阻网络 D/A 转换器的电阻网络是由 R 和 2R 两种电阻组成的，便于集成化，其原理框图如图 4-8 所示。

T 型电阻网络 D/A 转换器是一种电流求和电路，它是由二进制数码控制。当二进制码 $a_i=1$ 时，相应的开关与基准源 V_R 接通；当 $a_i=0$ 时，相应开关接地。当开关 K_a 与基准电源接通，而开关 K_c、K_b 接地时，电阻网络的等效电路如图 4-9(a)，可以看出，节点 c，b 对地的等效电阻均为 R。这样可进一步简化成图 4-9(b)，此时，流入相加点$\sum$的电流为

$$I'_{\Sigma}=\frac{1}{2}I=\frac{1}{2^1}\times\frac{V_R}{3R} \tag{4-4}$$

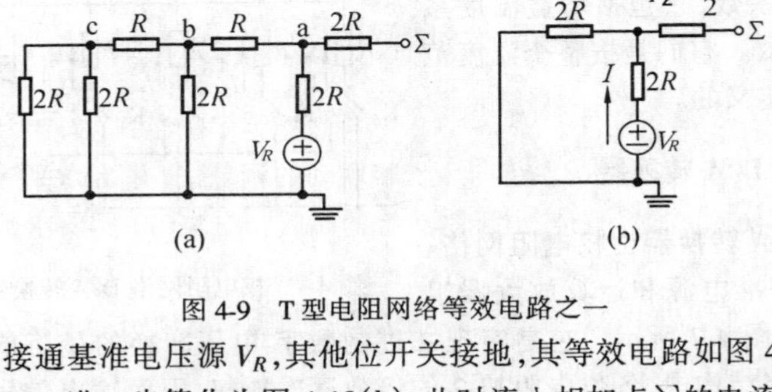

(a)　　(b)

图 4-9　T 型电阻网络等效电路之一

若开关 K_b 接通基准电压源 V_R，其他位开关接地，其等效电路如图 4-10(a)，节点 b 左侧的等效电阻为 2R，进一步简化为图 4-10(b)，此时流入相加点$\sum$的电流为：

$$I''_{\Sigma} = \frac{1}{4}I = \frac{1}{2^2} \times \frac{V_R}{3R} \tag{4-5}$$

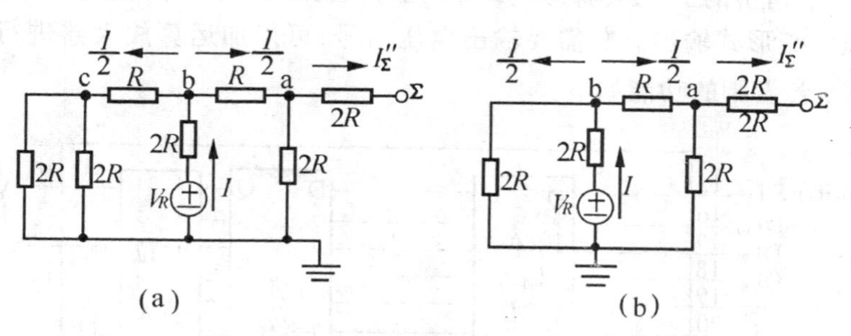

图 4-10　T 型电阻网络等效电路之二

同理,开关 K_c 接通 V_R,其余开关接地时,流入相加点电流为:

$$I'''_{\Sigma} = \frac{1}{8}I = \frac{1}{2^3} \times \frac{V_R}{3R} \tag{4-6}$$

根据叠加原理,当三个开关都与基准源接通时,流过相加点的电流为:

$$I_{\Sigma} = I'_{\Sigma} + I''_{\Sigma} + I'''_{\Sigma} = \left(\frac{1}{2^1} + \frac{1}{2^2} + \frac{1}{2^3}\right)\frac{V_R}{3R} \tag{4-7}$$

式(4-7)括号内各项是二进制数的权系数,它们分别对应着数字量的 $2^0, 2^1, 2^2$。将上式推广于 n 位二进制的转换可得到一般表达式:

$$I_{\Sigma} = \frac{V_R}{6R}\left(\frac{A_{n-1}}{2^0} + \frac{A_{n-2}}{2^1} + \frac{A_{n-3}}{2^2} + \cdots + \frac{A_0}{2^{n-1}}\right) \tag{4-8}$$

式(4-8)中 A_i 为"1"或"0"。与式(4-8)相对应,图 4-10 中经运放后的输出电压表达式为

$$V_0 = \frac{-V_R}{6R}R_f\left(\frac{A_{n-1}}{2^0} + \frac{A_{n-2}}{2^1} + \cdots + \frac{A_0}{2^{n-1}}\right) \tag{4-9}$$

式中,R_f 为反馈电阻。

由式(4-9)可知,DAC 的输出电压不仅与二进制数码有关,而且与运算放大器的反馈电阻 R_f、基准源电压 V_R 有关。当调整 D/A 电路的满刻度及输出范围时,往往要调整这两个参量。

六、集成 D/A 转换器

现在利用半导体技术制成了各种集成 D/A 转换器,给使用者提供广阔的选择余地。D/A 转换器按位数分类有 8、10、12、14、16 位,位数越多,分辨率越高。数字输入有并行和串行两种形式。输出方式有电流输出和电压输出,电压输出还分为单极性输出和双极性输出。随着半导体技术的发展,现已制成各种用途的 D/A 转换器,如将两个或四个 D/A 转换器制作在一个芯片上,有的可以直接输出 4 – 20 mA 电流,可以方便地与电动单元组合仪表相连。

DAC 1208 系列(DAC 1208、DAC 1209、DAC 1210)是常用的 12 位并行 D/A 转换器,可以与许多微处理器直接相连而不需附加接口电路。DAC 1208 的主要参数如下:①分辨率 12 位 ②电流建立时间 1μs ③线性误差 0.012% ④使用温度范围 – 40 ~ + 85℃ ⑤低功耗 20 mW。

图 4-11 是 ADC 1208 的内部结构框图。它有输入锁存器(一个 8 位,一个 4 位)和 12

位寄存器。内部的双缓冲器结构可以避免数字信号连续两次输入时产生毛刺。12 位 D/A 转换器由一个精密的 R－2R 梯形网络和 12 个 CMOS 电流开关组成。转换结果由管脚 I_{out1} 和 I_{out2} 以电流形式输出。若需要输出电压信号,可外加运算放大器进行电流-电压转换。ADC 1208 各管脚的功能如下:

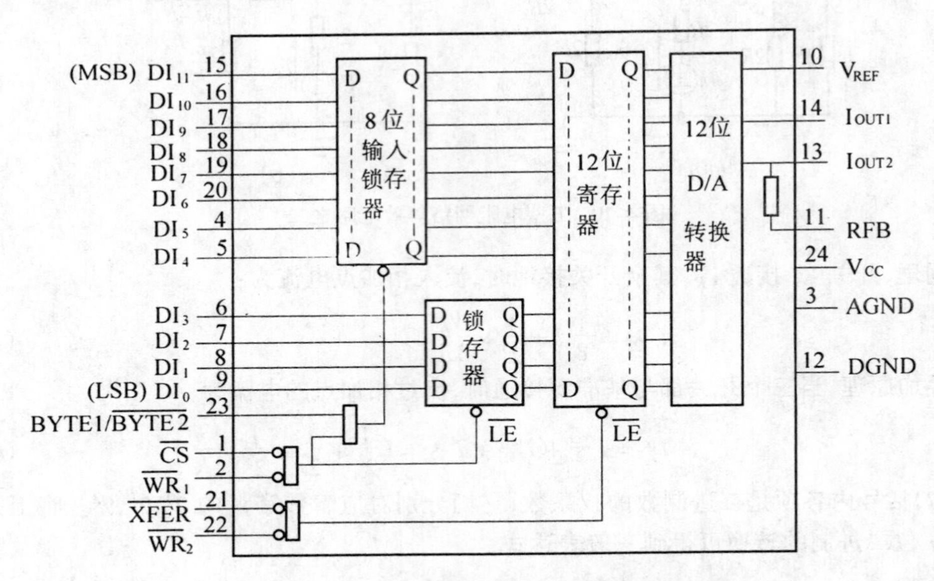

图 4-11　DAC 1208 的内部结构框图

$\overline{CS}$:片选信号线,低电平有效;

$\overline{WR_1}$:写信号,低电平有效,用于将数字输入量装入锁存器。当 $\overline{WR_1}=1$ 时,输入被锁存。

$BYTE_1/\overline{BYTE_2}$:字节顺序控制信号,用于选择输入锁存器。

$\overline{WR_2}$:辅助写,低电平有效。该信号与 $\overline{XFER}$ 配合使用,当 $\overline{XFER}$ 与 $\overline{WR_2}$ 同时为低电平时,把锁存器中的数据打入寄存器;当 $\overline{WR_2}$ 为高电平时,寄存器中的数据被锁存起来。

$\overline{XFER}$:传送控制信号,低电平有效。与 $\overline{WR_2}$ 配合使用。

DI_0-DI_{11}:12 位数据输入。

I_{out1}: 电流输出 1,当寄存器为全"1"时,输出电流最大;为全"0"时,输出为 0。

I_{out2}:电流输出 2,$I_{out1}+I_{out2}=$ 常数。

R_{FB}:反馈电阻。

V_{REF}:参考电压。

DGND、AGND:数字地和模拟地。

4-3　模-数转换器

一、A/D 转换器的分类

A/D 转换器的种类很多,可以按各种不同的方法进行分类。一般按 A/D 转换器的位数、精度、速度、工作原理等进行分类。按工作原理可分为比较式和积分式两大类,这种分类方法最能说明 A/D 转换器的本质和特性。

比较式 A/D 转换器的工作原理实质上是将被转换的模拟量与转换器内部产生的基准电压进行比较，从而将模拟量转换成数字量。由于基准电压的产生及比较方法不同，比较式 A/D 转换器中又分为若干种。其中斜坡比较式属于开环比较式，结构简单，转换的是被测量的瞬时值，但抗干扰能力差，准确度低。逐次逼近式属于闭环比较式，速度快，准确度高，应用广泛。此外还有计数比较式、跟踪比较式等。

积分式 A/D 转换器通过对被测量进行积分，将被测量转换成中间量(时间或频率)，然后再将中间量转换成数字量。积分式 A/D 转换器测量的是被测量的平均值，它的抗干扰能力强，准确度高，但速度较慢。积分式 A/D 转换器可分为电压-时间(V-T)转换式和电压-频率(V-F)转换式，每一种根据转换的特点又分为若干类。

本教材仅介绍其中常用的逐次逼近式、V-F 转换式和双积分式 A/D 转换器。

二、A/D 转换器的主要技术特性

评价 A/D 转换器的指标很多，其中最主要技术指标是准确度和速度。准确度通常用误差大小来表示，速度用转换时间表示。

(1)分辨率　能够分辨最小的量化信号的能力，或者说转换器满量程输入模拟量能够被分离的级数(输出单位数码变化所对应的模拟量的变化)。一般简单地以 A/D 转换器的位数 N 来表示它的分辨率。

(2)最大线性误差　是指实际 A/D 转换器与理想数学模型两者都接入同一个 V_i 时，两者输出数码值的差异，即 A/D 转换器实际传输曲线与理想传输曲线之间的最大偏差。通常用满量程的百分数(%FS)或最低有效位(LSB)来表示。

(3)失调误差(零点误差)　它是指实际 A/D 转换器在零输入时的输出数码值。

(4)增益误差　当偏移误差为零时，实际 A/D 转换器的输入-输出特性曲线与理想特性曲线之间的偏差，在数值上以满度时的偏差表示。

(5)转换时间　是指完成一次转换所需要的时间，它是从对输入信号采样瞬时开始，直到获得有效的数字输出代码为止的时间。

(6)转换速率　定义为单位时间内完成转换的次数，以 s^{-1} 为单位。在分时系统中，转换速率的倒数必须大于转换时间，转换装置才能工作，因为转换速率不仅与 ADC 转换时间有关，而且还与其恢复时间(ADC 相邻的两次转换之间的休止时间)有关。

三、逐次逼近式 A/D 转换器

逐次逼近式 A/D 转换器具有转换速度快、准确度高、成本低等优点，是使用最广泛的一种 A/D 转换器。

1. 逐次逼近式 A/D 转换器原理

为了更好地理解这种转换器的工作原理，我们先举一个用天平称物体质量的例子作为类比。如图 4-12 所示，假设被测物体的质量为 10g，把 8，4，2，1g(正好是 8421 的关系)的标准砝码从大到小地依次加到平盘上。

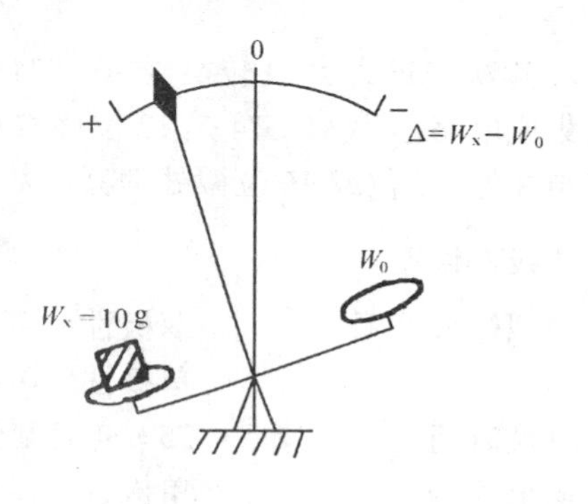

图 4-12　用天平测量质量的示意图

当砝码质量小于物体质量，即 $\Delta = W_x - W_0 > 0$ 时，则保留该砝码；当 $\Delta < 0$ 时，则取下该砝码，直到 $\Delta = 0$ 时，就称得该物体质量为 1(8g 砝码)、0(4g 砝码)、1(2g 砝码)、0(1g 砝码)，即 1010g(二进制表示)。

逐次逼近式 A/D 转换器就是根据上述思想设计的。它利用一种"二进制搜索"技术来确定对被测电压 V_x 的最佳逼近值，其原理框图如图 4-13 所示。

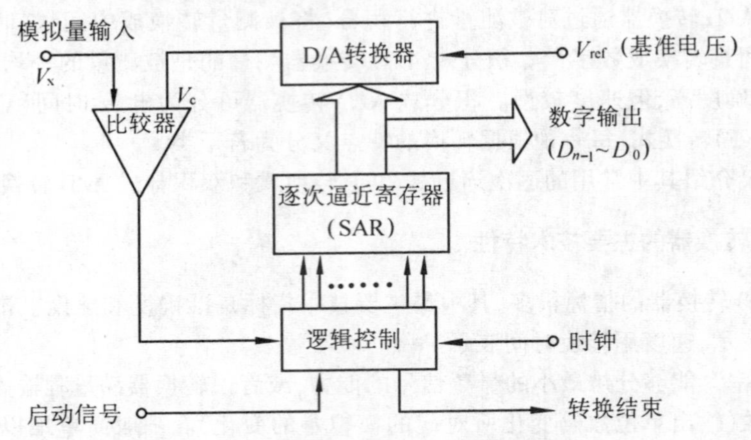

图 4-13 逐次逼近式 A/D 转换器原理图

这种 A/D 转换器由 D/A 转换器、比较器、控制逻辑及时钟等构成，其转换过程如下：当向 A/D 转换器发出一启动脉冲后，在时钟作用下，控制逻辑首先将 n 位逐次逼近寄存器最高位 D_{n-1} 置高电平"1"，经 D/A 转换器转换成模拟量 V_c 后，与输入的模拟信号 V_x 在比较器中进行比较，由比较器给出比较结果。当 $V_x \geq V_c$ 时，则保留这一位，否则该位置零。然后，再使 $D_{n-2} = 1$ 与上一位 D_{n-1} 一起进入 D/A 转换器，经 D/A 转换后的模拟量 V_c，再与模拟量 V_x 比较，如此下去，直到最后一位 D_0 比较完毕为止。此时，n 位寄存器中的数字量即为模拟量 V_x 所对应的数字量。当 A/D 转换结束后，由控制逻辑发出一个转换结束信号，表明本次 A/D 转换结束，可以读出数据。

这种转换器的特点是测量速度快，每秒可达数千次；但对混入被测电压中的串模干扰抑制能力较差。目前，很多 A/D 转换器都采用这种原理，如 8 位的 ADC 0801、ADC 0804、ADC 0808、ADC 0809；10 位的 AD 570、AD 573、AD 575、AD 579；12 位的 AD 574、AD 578、AD 7582 等。

2. 逐次逼近式 A/D 转换器 AD 574

集成电路芯片 AD 574 是 12 位逐次逼近式 A/D 转换器，它具有三态输出缓冲器，可以直接与 8 位、12 位或 16 位微处理器的数据总线相连。其主要技术指标如下：

非线性误差	$\pm \frac{1}{2}$ LSB(最低有效位)
模拟输入范围	双极性　－5～＋5 V；－10～＋10 V
	单极性　0～＋10 V；0～20 V
转换时间	25 μS(典型值)
输出编码	单极性　二进制码
	双极性　偏移二进制码
功耗	450 mW(典型值)

图 4-14 是 AD 574 结构框图，它主要由 D/A 转换器(12 位)、逐次逼近寄存器 SAR、比

较器、时钟、控制逻辑、基准电压和三态输出缓冲器七部分构成。

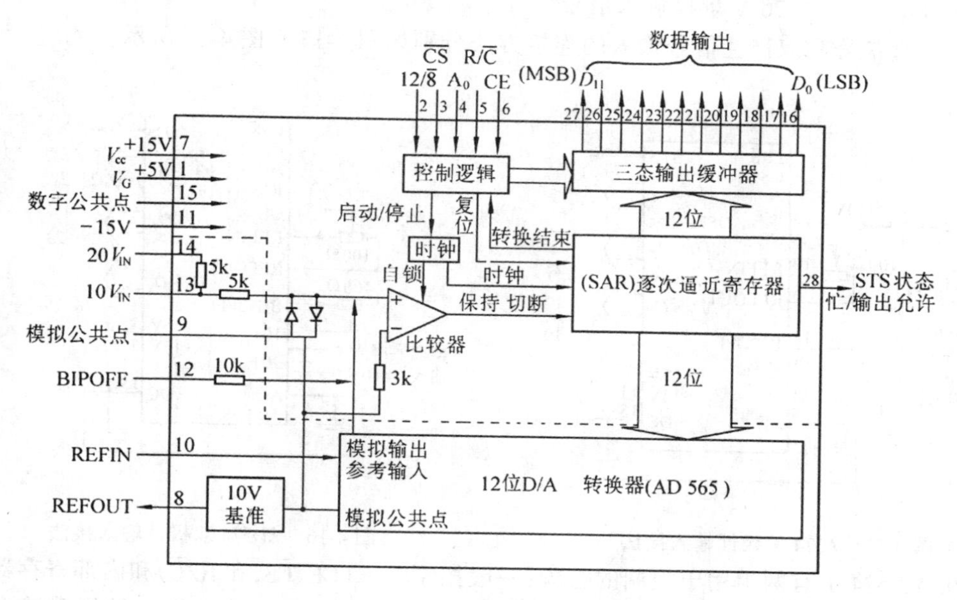

图 4-14 AD574 结构框图

当接到转换命令后，时钟使 SAR 逐次改变输出状态，12 位 D/A 转换器受 SAR 控制，从最高有效位(MSB)到最低有效位(LSB)依次改变输出的权电流，高精度、低漂移比较器将对这个权电流与输入的电流信号进行比较，判断哪一个大，从而决定 SAR 的对应位上的“1”是保留还是清除。当从高位到低位全部比较完毕，逐次逼近寄存器 SAR 输出 12 位转换结果到三态输出缓冲器。

AD 574 各管脚的功能如下：

D_0-D_{11}　12 位数据输出线。

$12/\overline{8}$(数据模式选择)　此信号(输入)为“1”时，12 条输出线均有效；此信号为“0”时，12 位输出线分成高 8 位和低 4 位两次输出。

A_0(字节地址/短周期)　在 $12/\overline{8}$ 信号规定 V_x 双字节输出时，作为字节地址用。当 A_0 = “0”时，则输出高 8 位；当 = “1”时，输出低 4 位，并禁止高 8 位输出。A_0 的另一个功能是控制转换周期。当 A_0 = “0”时，12 位转换周期为 25 μs；当 A_0 = “1”时，8 位转换周期为 16 μs。

$\overline{CS}$(芯片选择)　当$\overline{CS}$ = “0”时，芯片被选中。

$R/\overline{C}$(读/转换)　当 $R/\overline{C}$ 为“1”时，允许读取 A/D 转换结果；当 $R/\overline{C}$ 为“0”时，允许 A/D 转换。

CE(芯片允许)　CE = “1”时，允许转换或读 A/D 结果，从此端输入启动脉冲。

STS(状态信号)　STS = “1”表示正在 A/D 转换；STS = “0”表示转换结束。

以上 5 个输入控制信号($12/\overline{8}$, $\overline{CS}$, A_0, $R/\overline{C}$, CE)和一个输出信号 STS 是 AD 574 与微处理器连接时的主要接口信号。此外的管脚功能如下：

REFIN　　基准电压输入。

REFOUT　　+10V 基准电压输出。

BIPOFF　　双极性补偿。

$10\ V_{IN}$　　10 V 量程输入信号。

$20\ V_{IN}$　　20 V 量程输入信号。

单极性信号和双极性信号输入的连接方法分别如图 4-15 和图 4-16 所示。

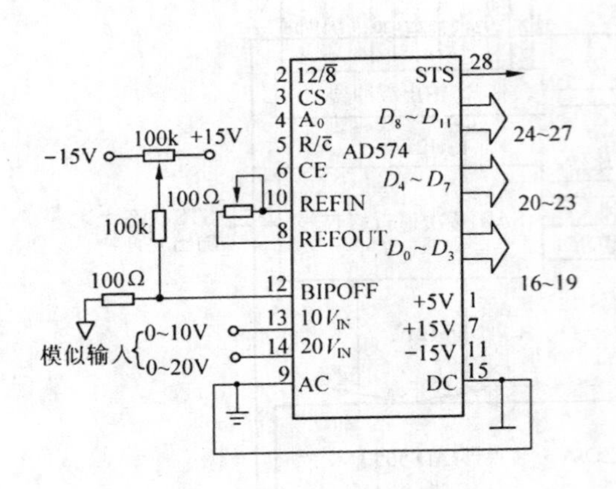

图 4-15　A574 单极性输入接法

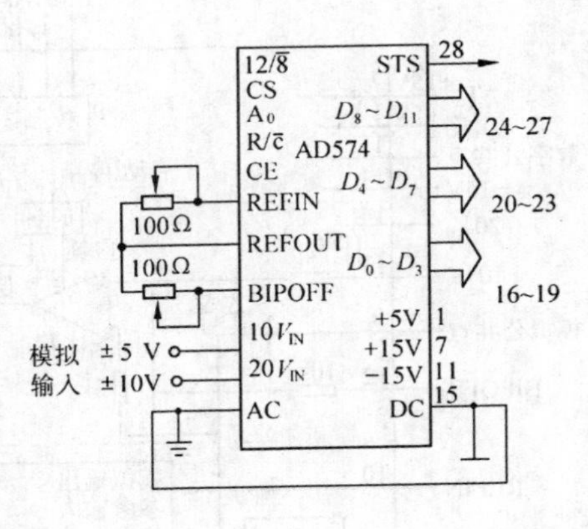

图 4-16　AD574 双极性输入接法

在 AD 574 上有两组用于控制的管脚：一般控制输入(CE、$\overline{CS}$,和 R/$\overline{C}$)和内部寄存器控制输入(12/$\overline{8}$, A_0)。它们用来选择输出数据格式和转换周期的长度。启动转换和读允许是由 CE、$\overline{CS}$、R/$\overline{C}$ 和来控制的。启动转换时要求 CE = "1"、$\overline{CS}$ = "0"、R/$\overline{C}$ = "0"；读允许时 CE = "1"，$\overline{CS}$ = "0"、R/$\overline{C}$ = "1"。它们控制的先后次序无关紧要。一般先将 R/$\overline{C}$ 置"0"，用 $\overline{CS}$ = "0"来寻址芯片，然后再提供一个正启动脉冲加到 CE 上；而读操作除 R/$\overline{C}$ = "1"外，与此类似。对于非常简单的单独运行方式，CE 要连接成高电平；$\overline{CS}$接为低电平，用 R/$\overline{C}$ 触发，使转换开始。其应用电路如图 4-17 所示。图中，74 LS 374 为 8 通道锁存缓冲器。

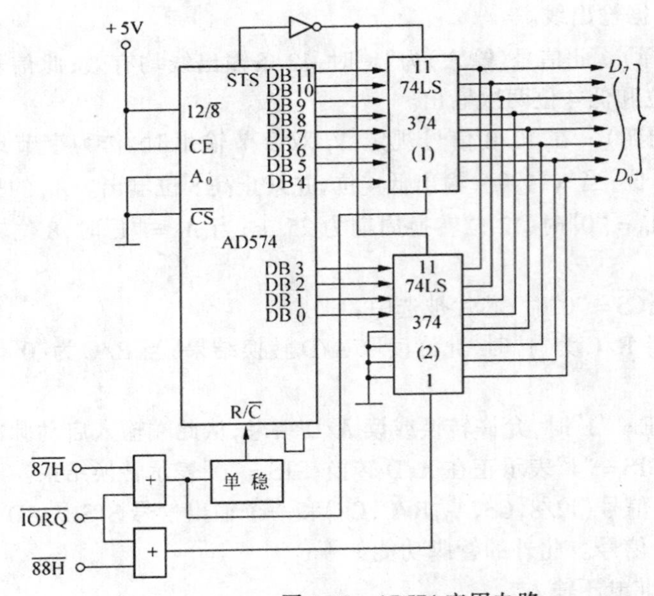

图 4-17　AD574 应用电路

利用状态信号 STS 将 A/D 转换后的数据锁存在 74 LS 374 中，然后，用两个口地址信号来选通高 8 位或低 4 位，将数据读入 CPU，读高 8 位的口地址信号又作为 A/D 的启动信号。

四、V-F 型 A/D 转换器

V-F 型 A/D 转换器是积分 A/D 转换器的一种，它将被测直流电压直接转换成频率正比于输入电压的脉冲信号，然后用计数器测量。由于频率信号输入灵活，与计算机接口方便，便于远距离传输，而且 V-F 型 A/D 转换器的转换精度较高，抗干扰能力强，因此应用很广泛。实现 V-F 转换的方法很多，下面仅介绍定电荷复原型 V-F 转换器。

1. 定电荷复原型 V-F 转换器的原理

定电荷复原型 V-F 转换器的基本原理框图如图 4-18 所示，它由积分器、比较器和复位电路组成。复位电路受比较器的控制，它又包括定时电路、模拟开关 S 和恒流源 I_j。假设输入电压 V_i 为正，积分器输出负斜坡电压 V_{01}。当 $V_{01} \leq E_K$（比较器参考电压）时，比较器输出一个负脉冲，启动定时电路产生宽度为 T_K 的负脉冲，该信号使开关 S 闭合，将恒流源与积分器的相加点接通。因为设计上保证恒定电流大于输入电流，即 $|I_j| \gg |I_i|$，且两者极性相反，所以开关 S 闭合期间积分器输出的 V_{01} 回扫，经过 T_K 时间，$V_{01}=0$ 时，开关 S 断开，积分器又在 I_i 的作用下重新输出负斜坡电压。上述过程周而复始，于是在比较器输出端可以得到一个负脉冲序列。根据电荷平衡原理可以求出脉冲频率和输入信号幅值的关系。设 I_i 单独作用的时间为 T_x，在此期间注入积分器的电荷为 θ_i，I_i 和 I_j 共同作用的时间为 T_K，流出相加点的电荷为 θ_2，由此可以列出两个方程

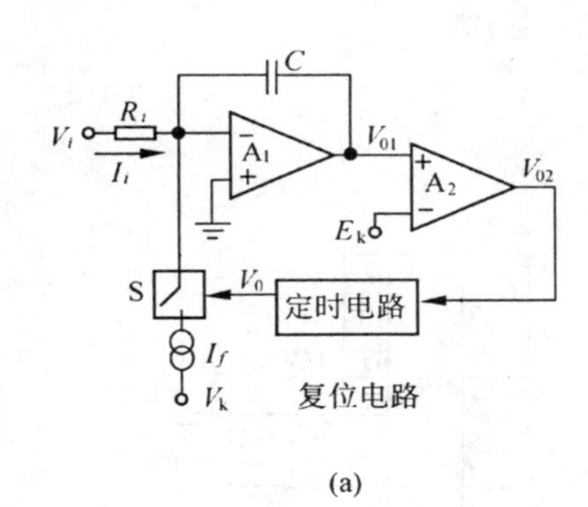

(a)

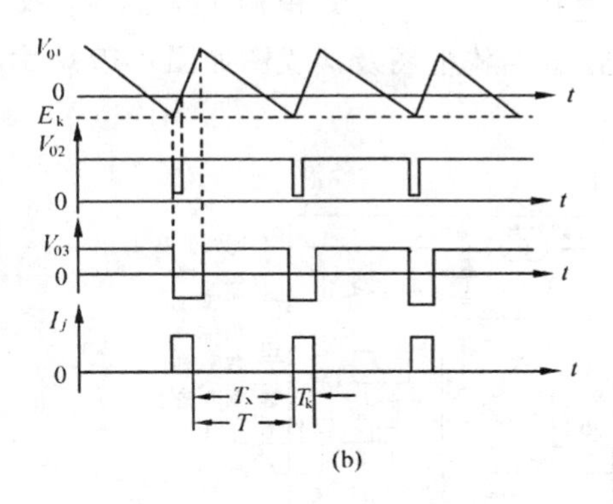

(b)

图 4-18　定电荷复原型 V-F 转换器

$$\theta_1 = \int_0^{T_x} I_i \mathrm{d}t$$

$$\theta_2 = -\int_0^{T_x} (I_j - I_i) \mathrm{d}t \ ,$$

因为 $\theta_1 = -\theta_2$，$T = T_x + T_k$

所以　$\int_0^{T_x} \frac{V_i}{R} \mathrm{d}t = \int_0^{T_k} (I_j - \frac{V_i}{R}) \mathrm{d}t$，即 $\frac{1}{R}\int_0^{T} V_i \mathrm{d}t = \int_0^{T_k} I_j \mathrm{d}t$

设 V_i 在时间 T 内的平均值为 $\bar{V}_i$，则有 $\bar{V}_i = \frac{1}{T}\int_0^{T} V_i \mathrm{d}t$ 由此可得 $\frac{T\bar{V}_i}{R} = I_j T_k$

$$f = \frac{1}{T} = \frac{\bar{V}_i}{I_j R T_k} \tag{4-10}$$

式中　R——积分器输入电阻；

I_j——恒流源输出电流；

T_k——定时时间。

它们均为常数，可见输出脉冲的频率与输入电压之间有线性关系。这种定电荷复原型 V-F 转换器精度高，非线性误差小于 0.005%。它的性能指标优于其它类型的 V-F 转换器（如定时间复原型、交替积分型、电压反馈型等），因此得到广泛的应用。

2. 集成 V-F 转换器

现在市场上流行的 V-F 转换器种类很多，如 VFC 32、LM 131、LM 231、LM 331，AD 651、AD 652、AD 654、FDC 9201 等。用户可以根据自己的需要进行选择。

AD 651 是美国模拟器件公司研制的一种多功能同步 V-F 转换器，采用定电荷复原原理进行 V-F 转换。它的最大满度频率达 2 MHz，分辨率高，误差小、漂移小。AD 651 采用外部时钟驱动，使用时需要外接积分电容。它除了进行 V-F 转换之外，还能实现 F-V 转换。

AD 651 的主要参数如下：

外接时钟	4 MHz（最高 5 MHz）
最高工作频率	2 MHz
非线性误差	对 100 kHz，非线性小于 0.002%；对 2 MHz，小于 0.05%
增益误差	≤1.5%
漂移误差	<75 ppm/℃
电源电压	单电源 12 – 36 V，双电源 ±6 ~ ±18V

AD651 的结构框图及接线图如图 4-19 所示。

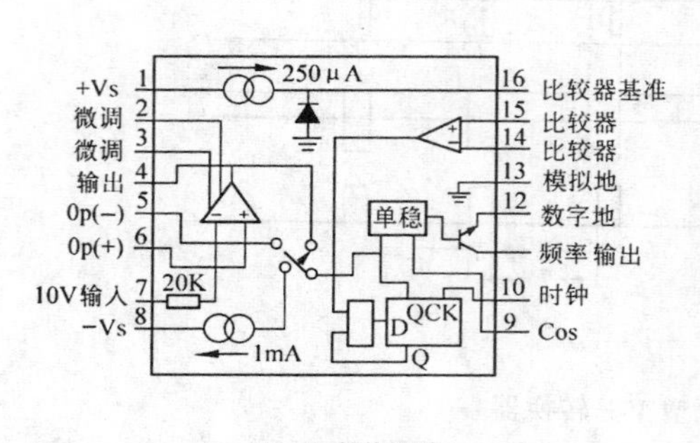

(a) AD 651 结构框图

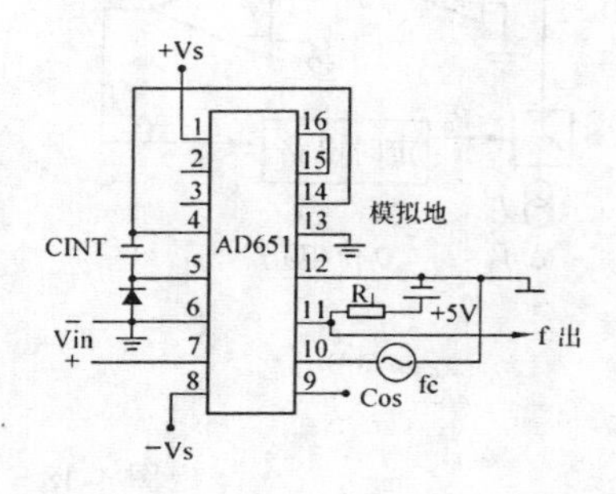

(b) AD 651 双电源正负信的接法

图 4-19　AD 651 的结构框图及接线图

五、双积分 V-T 型 A/D 转换器

1. 双积分 V-T 型 A/D 转换器的工作原理

双积分 V-T 型 A/D 转换器的基本工作原理是先对被测电压 V_x 在一定的时间内进行积分，然后用同一个积分器对相反极性的基准电压 V_k 进行反向积分，一直到积分器的输出返回零电平为止。这段反向积分的时间间隔与被测电压 V_x 有关。再利用电子计数器对此时间间隔进行数字编码，便可得出被测直流电压 V_x 的数字值。

因为这类转换器是在一个测量周期中用同一个积分器进行两次积分(一次是对被测电压的定时积分,另一次是对基准电压的定值积分),所以称为双积分或双斜式;又因它的变换方式是将被测电压 V_x 变换成与之成比例的时间间隔,所以称为双积分 V-T 型 A/D 转换器。它的工作原理如图 4-20(a)所示。其工作过程可分为预备、采样、比较测量和结束四个阶段,其转换波形图如图 4-20(b)所示。

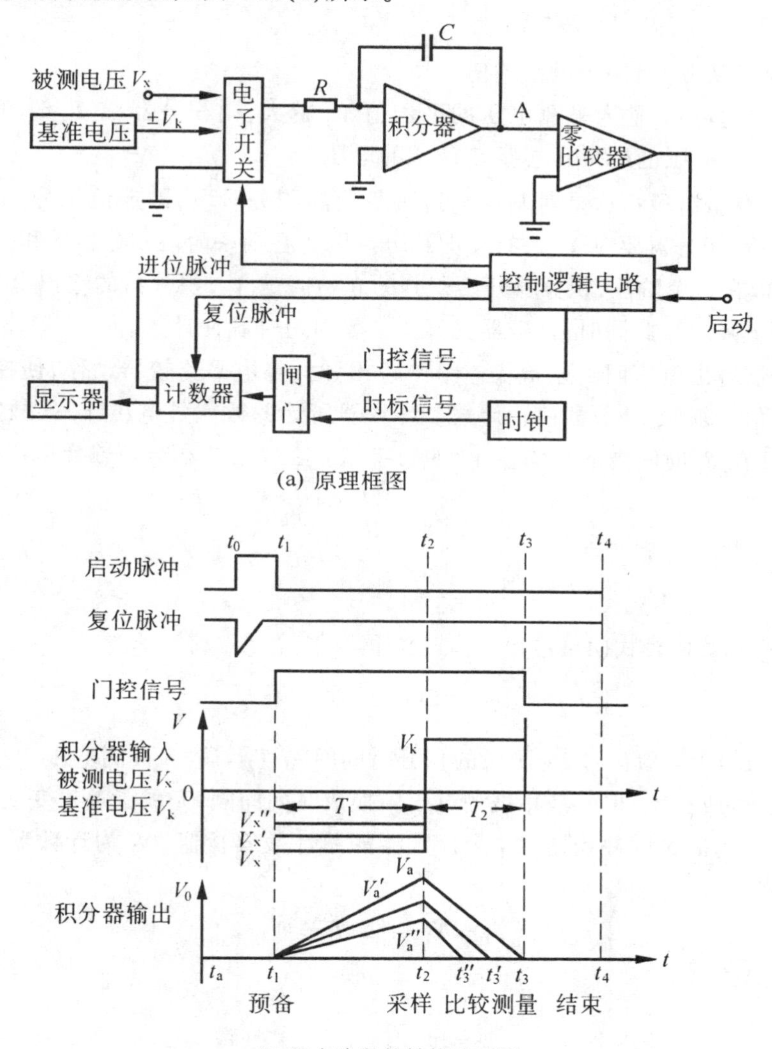

(a) 原理框图

(b) 四个阶段的转换波形图

图 4-20 双积分 V-T 型 A/D 转换器

(1)预备阶段 从 t_0 时刻开始(见图 4-20b),由手动或微处理器通过接口发出控制信号,使计数器复位,然后开始采样阶段。

(2)采样阶段 从 t_1 开始进入采样阶段,这是对被测电压进行定时积分阶段,积分时间由计数器控制。首先,控制逻辑电路控制电子开关将被测电压 V_x 接到积分器的输入端,对它进行固定时间的积分;同时发出门控信号,打开闸门,使计数器从零开始对时钟脉冲计数。当计数器到满量程时,经历的时间 $T_1 = t_2 - t_1$ 是一个固定不变的常数。此时,计数器要发出一个进位脉冲,并恢复到零状态。该进位脉冲使控制逻辑电路将电子开关接到与被测信号 V_x 极性相反的基准电压 V_k 上,第二阶段到此结束。

在这个阶段中,积分器从原始状态(0 V 输出)开始积分。当 $V_x<0$ 时,积分器输出电压随时间直线增加;当积分时间为 T_1(计数器计数至满量限)时,积分器输出电压为

$$V_a=-\frac{1}{RC}\int_{t_1}^{t_2}V_x\mathrm{d}t=-\frac{T_1}{RC}\bar{V}_x \tag{4-11}$$

式中 $\bar{V}_x$ 为 V_x 在 T_1 时间内的平均值。

由式(4-11)可知,输入被测电压的平均值 $\bar{V}_x$ 越大,则积分器在 T_1 时刻的输出电压 V_a 也越大,这个电压也是积分电容 C 两端的电压。

(3)比较测量阶段　这是对基准电压进行反向积分阶段,即定值积分。基准电压 V_k 接入积分器后,积分器要对 V_k 进行反向积分。因为在前一阶段积分器的积分电容上已经有了 V_a,所以在这个阶段,积分器开始积分的起始值是 V_a,积分器的输出电压由 V_a 开始随时间直线下降。与此同时,计数器又开始从零对时钟脉冲计数。

当积分器输出电压回到原始状态(0 V 输出)时,零电平比较器动作,使控制逻辑电路输出的门控信号复原,计数器停止计数。计数器所计的数就是电压 V_a 的数字值,它表示被测电压 V_x 在 T_1 时间内的平均值 $\bar{V}_x$ 的数字值。在 T_1 中,积分器输出电压为:

$$0=V_a-\frac{1}{RC}\int_{t_2}^{t_3}V_k\mathrm{d}t$$

即

$$V_a=\frac{T_2}{RC}V_k \tag{4-12}$$

式中,$T_2=t_3-t_2$,比较式(4-11)和式(4-12)得

$$T_2=\frac{T_1}{V_k}\bar{V}_x \tag{4-13}$$

由式(4-13)可以看出:这个阶段的积分时间间隔 T_2 与输入被测电压 V_x 在 T_1 时间间隔的平均值 $\bar{V}_x$ 成正比,也就是将被测电压转换成时间间隔,完成了 V-T 变换。

如果取 τ 为时钟脉冲周期,N_1 为计数器的总计数容量值,N_2 为计数器在 T_2 时间内的计数值,则

$$T_1=N_1\tau \qquad T_2=N_2\tau$$

代入式(4-13)得

$$N_2=\frac{N_1}{V_k}\bar{V}_x \tag{4-14}$$

即计数器的最终计数值 N_2 正比于 V_x 的平均值。

(4)结束阶段　控制逻辑电路发出控制信号使电子开关接地,积分器不再工作并输出为零,准备自动进入第二个测量循环。

2. 双积分 A/D 转换器的特点:

(1)抗干扰能力强。由于在比较测量阶段开始时的 V_a 值与 V_x 在 T_1 时间内的平均值 $\bar{V}_x$ 成正比,所以对于幅值对称的交流串模干扰信号有很强的抑制能力。如果取定时积分时间 T_1 为工频周期的整数倍时,则对称的工频干扰信号可以完全被消除,此外,如果串模干扰的幅值比 V_x 还大,致使积分器输入端电压变成反相,这种干扰称"过零干扰"。双斜

转换对这种干扰也有很强的抑制能力，其条件是过零干扰的幅值不应超过放大器或积分器的线性工作区。

(2)对积分元件、时标信号的稳定性和准确度要求大为降低。因为在采样和比较测量两个阶段内使用的是同一积分器和时钟，其影响可以相互抵销，对它们只要求有一定的短期稳定性即可。

(3)测量灵敏度高。由于有效地解决了干扰和高频噪声问题，而且积分放大器的动态增益为 $A = T_1/RC$，即动态增益与积分常数 RC 和 T_1 有关，只要适当选择参数，就能达到很高的增益，能对微小的输入信号进行积分，以获得很高的测量灵敏度。

(4)测量速度慢是其主要缺点。为了解决抗干扰问题，其采样时间取为工频周期整数倍，一般取 $T_1 = 20 \sim 100$ mS，这必然使完成一次测量的时间拖长，最快为 30 次/秒左右。

3. 集成双积分式 A/D 转换器

双积分式 A/D 转换器的集成电路有很多种，如 MC 14433、ICL 7106/7107 、ICL 7126/7127 等。

MC 14433 是 $3\frac{1}{2}$ 位(BCD)码双积分式 A/D 转换器芯片，其分辨率相当于二进制 11 位，转换速率为 3 - 10 次/秒，转换误差为 ± 1 LSB，输入阻抗大于 100 MΩ。该芯片的模拟电压的输入范围是 0 ~ ± 1.999 V 或 0 ~ ± 1.999 mV。使用时需要外接电阻和积分电容，基准电压由芯片外电路提供。图 4-21 是 MC 14433 与 8031 单片机的接线图。

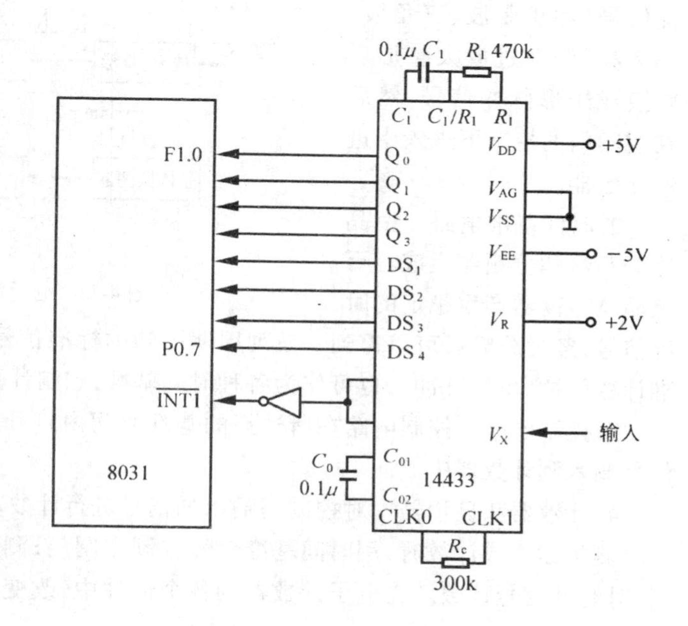

图 4-21 MC14433 与 8031 单片机的接口电路图

在双积分式 ADC 的基础上，发展了几种多斜式 ADC，从各方面改进了双积分式 ADC 的性能，这里就不再一一介绍了。

A/D 转换器的种类并不限于上述的几种类型，其它 A/D 转换器还有脉冲宽度调制式、复合型等。其中复合型 A/D 转换器是目前最新型的、准确度及灵敏度最高的转换器。它将几种 A/D 转换器，如逐次逼近型和各种积分型 A/D 转换器结合起来相辅相成，充分发挥各自的长处，克服其缺点，较好地解决了抗干扰性能与测量速度之间的矛盾。

4-4　频率、周期的数字化测量

频率、周期的数字化测量可以由电子计数器实现。电子计数器是一种通用电子仪器，它的功能很全，应用很广泛。

一、电子计数器的原理

电子计数器也称为数字频率计，可以用来记录脉冲个数、测量频率、频率比、周期、时间间隔等参数。

图 4-22 是电子计数器的原理框图，它由四大部分组成。

1.输入通道　输入通道包括放大、整形电路，各种被测信号(如正弦波、三角波、锯齿波等)经过放大整形后转换成矩形脉冲信号，然后在主闸门的控制下进入十进制计数器。

2.时间基准电路　由晶体振荡器和分频器组成。石英晶体振荡器产生稳定的时钟信号，经过分频后可以得到一系列周期已知的标准信号。这些信号可作为计数器的标准计数脉冲(填充脉冲)，也可作为各种时间基准，控制计数器的门电路。

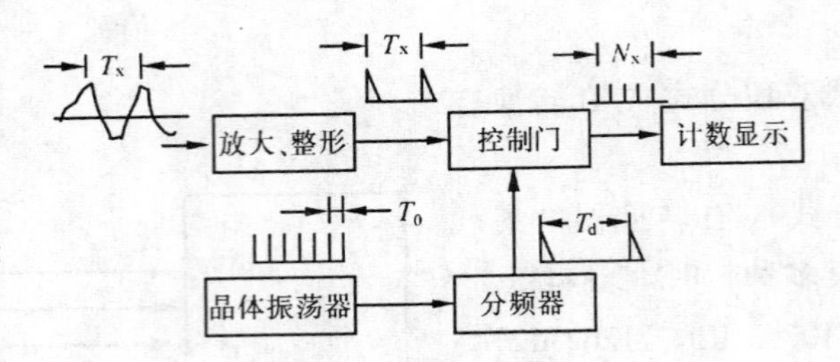

图 4-22　电子计数器原理框图

3.控制电路　控制电路在所选择的基准时间内打开主闸门，允许整形后的被测脉冲信号输入到计数器中。

4.计数器和显示器　对控制门输出的信号进行计数，并显示计数值。

测量频率或计数时，用时间基准信号控制主闸门；测量周期时，用被测信号控制主闸门，对时基信号计数。在电子计数器的各个部件中，改变被测信号和时基信号的流向，就可以实现不同的功能。

二、用电子计数器测量频率

用电子计数器测量频率的方法如图 4-22 所示。石英晶体振荡器产生的标准时钟信号经过分频后，得到周期为 T_d 的脉冲信号，用来控制计数器的门电路的开启。如果被测信号的周期为 T_x，在 T_d 这段时间内进入计数器的脉冲个数 N_x 为

$$N_x = \frac{T_d}{T_x} = T_d f_x = k f_x \tag{4-15}$$

若 $T_d = 1s$，则 $N_x = f_x$；

若 $T_d = 10s$，则 $N_x = 10f_x, f_x = 0.1N_x$；

若 $T_d = 0.1s$，则 $N_x = 0.1f_x, f_x = 10N_x$；

可见，可以通过改变开门时间 T_d 的方法来改变频率计的量限。测量频率的波形图如图 4-23 所示。

显然,计数器测量和显示的是在 T_d 这段时间内被测信号频率的平均值。

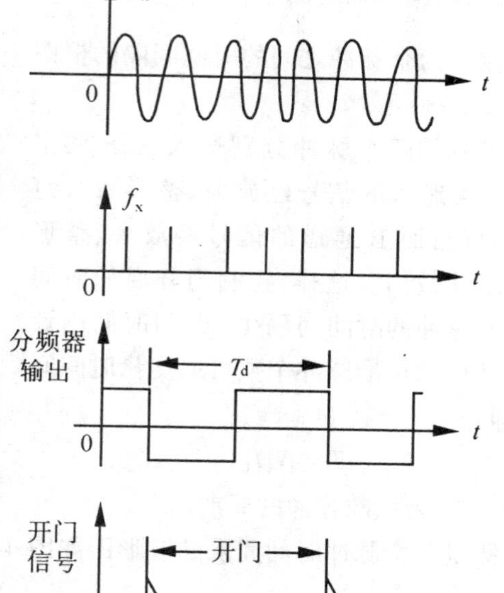

图 4-23 测量频率的波形图

三、用电子计数器测量周期

当被测信号频率较低时,用计数器测量频率得到的读数 N_d 的位数较少,这样使测量误差增大。为此,采用测量周期的方法来增加读数的位数,降低测量误差。用电子计数器测量信号周期的框图如图 4-24 所示。

测量周期时,被测信号经过放大、整形、分频(或者不分频)后,去开启控制门。通过控制门进入计数器的是晶体振荡器产生的、周期为 T_0 的脉冲,亦称填充脉冲。假设计数器计得的数为 N_x,被测周期为 T_x,若未经分频直接用 T_x 开启控制门,则进入计数器的脉冲的个数为

$$N_x = \frac{T_x}{T_0} = f_0 T_x$$

即

$$T_x = N_x T_0 \tag{4-16}$$

式中 f_0 是标准频率,所以计数器的读数和被测量的周期成正比。

若改变填充脉冲的频率 f_0,可以改变被测周期的量限。当被测周期较小时,为了增加读数位数,提高测量准确度,可以把被测周期分频,也就是延长开门时间,这样也可以扩展测量周期的量限。若 $T'_x = 10T_x$,用 T'_x 控制计数器的开启,则计数器计得的数 N_x 为

$$N_x = T'_x f_0 = 10 T_x f_0$$

即

$$T_x = \frac{N_x}{10} T_0 \tag{4-17}$$

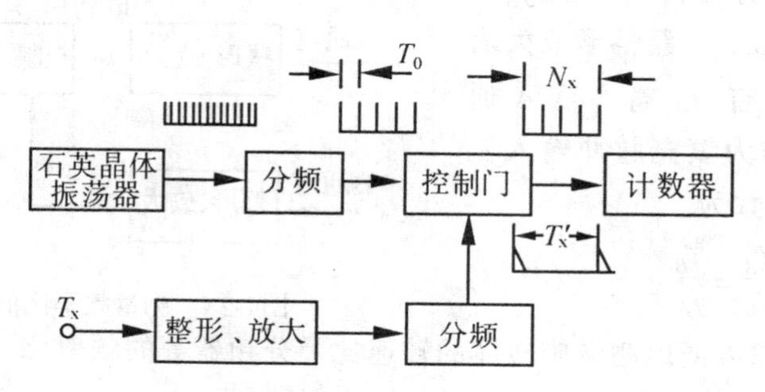

图 4-24 测量周期的原理框图

式中 T_0 为填充脉冲的周期。

测量周期的波形图如图 4-25 所示。

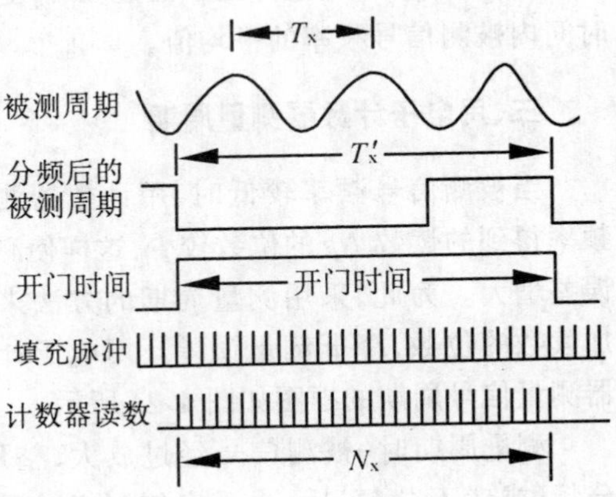

四、时间间隔的测量

测量两个脉冲之间的时间间隔的框图如图 4-26 所示。

被测的两个脉冲分别送入 A、B 两个通道。A 通道的信号经放大、整形后去打开计数门；而 B 通道的信号经放大、整形后关闭计数门。这样，控制门开启的时间即为两脉冲的时间间隔 T。开门时间内计数器计得的标准脉冲个数可以度量时间间隔，即

$$T = N_x T_0$$

式中　T_0 为标准脉冲的周期。

图 4-25　测量周期的波形图

测量两个脉冲时间间隔的波形图如图 4-27 所示。

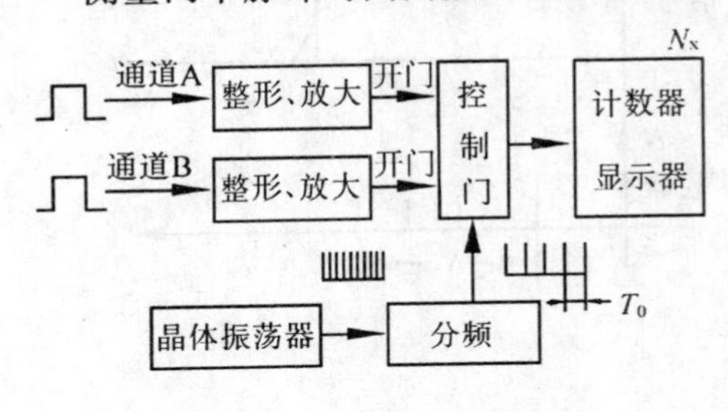

图 4-26　测量时间间隔的电路框图

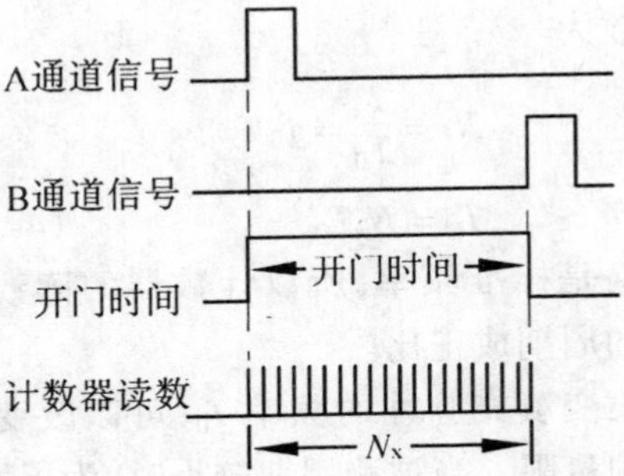

图 4-27　测量时间间隔的波形图

五、测量频率比

用电子计数器可以测量两个信号的频率之比，其框图如图 4-28 所示。

若两个频率分别为 f_A 和 f_B 且 $f_A <$ f_B，则其周期 $T_A > T_B$。f_A 经整形放大后去控制计数门的开启，f_B 输入至 A 通道，经放大整形后作为填充脉冲输入至计数器，计数器的读数为

$$N_x = \frac{T_A}{T_B} = \frac{f_B}{f_A} \qquad (4\text{-}18)$$

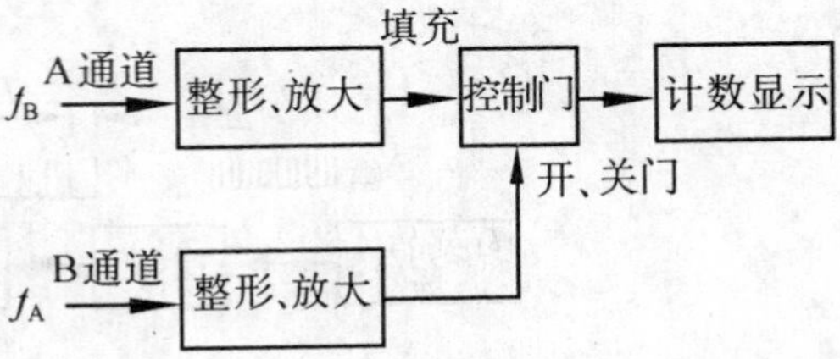

图4-28　测量频率比的原理框图

用这种方法可以方便地测量旋转体的转速比及分频器等的频率比。

六、电子计数器的误差

1. 测量频率的误差

测量频率时，被测频率 f 由主闸门的开启时间 T_d 和这段时间内计数器的计数值 N_x

所决定,其关系为

$$f_x = \frac{N_x}{T_d}$$

将上式两边取对数并求微分,可得测量频率时的相对误差为

$$\gamma_f = \frac{\mathrm{d}f_x}{f_x} = \frac{\mathrm{d}N_x}{N_x} + \frac{\mathrm{d}T_d}{T_d} = |\gamma_N| + |\gamma_{T_d}| \tag{4-19}$$

其中 γ_f,为计数器计数时产生的相对误差。在测量频率时,主闸门开启的时刻相对于被测信号是随机的,二者之间没有同步关系,因此在相同的主闸门开启时间内,计数器所计的脉冲个数可能不一样。如图 4-29(a)、(b)所示,若开门时间为 T_d,被测频率为 f_x,两次开门的计数值分别为 $N_x = 10$ 和 $N_x = 9$。可见,计数器的计数误差 $dN_x = \pm 1$。这是电子计数器所固有的原理性误差,称为量子化误差。

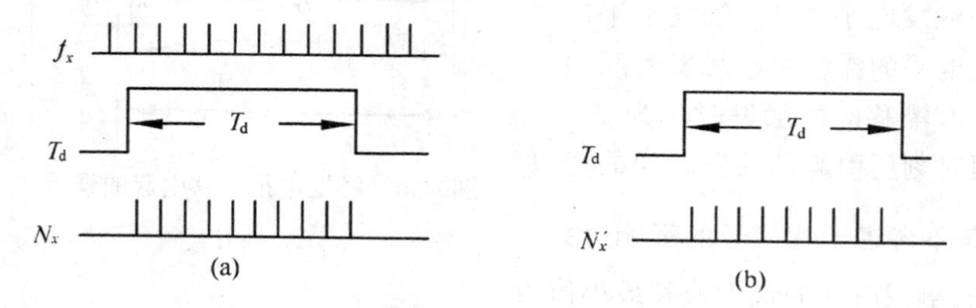

图4-29　电子计数器的量子化误差

显然,计数器计得的数 N_x 越大,该项误差就越小。因为 $N_x = f_x T_d$,所以

$$\gamma_N = \pm \frac{\mathrm{d}N_x}{N_x} = \pm \frac{1}{f_x T_d} \tag{4-20}$$

可见,一般电子计数器在测量低频时误差较大,所以测量低频信号的频率时改为测量该信号的周期,然后由周期计算频率。

开门时间引起的误差 γ_{T_d} 是由晶体振荡器的频率误差所引起的,它与晶体振荡器的准确度和稳定性有关。石英晶体稳定性的典型数据为 2×10^{-7}/月或者 5×10^{-10}/天,也就是说,晶体校准一次后,每天变化 5×10^{-10} 或每月变化 2×10^{-7}。晶体一般放在恒温槽中。不同仪器使用的晶体不同,其稳定性也不一样。表示测量频率误差的 (4-19)式可写成

$$\gamma_f = \text{晶体的时基误差} \pm \frac{1}{f_x T_d} \tag{4-21}$$

2. 测量周期的误差

根据式(4-17)可得用电子计数器测量周期的相对误差表达式为

$$\gamma_T = \pm \frac{\mathrm{d}N_x}{N_x} \pm \frac{\mathrm{d}T_0}{T_0} = \pm \gamma_N \pm \gamma_{T_0} \tag{4-22}$$

显然,计数 N_x 越大,相对误差越小。为此,可以尽量减小填充脉冲的周期,即增大计数脉冲的频率。另外可以将被测周期通过分频器展宽,用拉长 T_x 的办法把 N_x 增加 10 至 10^4 倍。若用 k 表示展宽的倍数,则 $N_x = KT/T_0$, $dN_x = \pm 1$,因此

$$\gamma_N = \frac{\mathrm{d}N_x}{N_x} = \pm \frac{1}{\frac{KT_x}{T_0}} = \pm \frac{T_0}{KT_x} \tag{4-23}$$

而 $\gamma_{T_0}=\dfrac{\mathrm{d}T_0}{T_0}$ 也是由晶体的误差决定的，所以，式(4-22)所表示的测量周期的误差公式可以写成

$$\gamma_T = \pm \text{晶体的时基误差} \pm \frac{T_0}{KT_x} \tag{4-24}$$

上式所表达的测量周期的误差是在被测信号的波形为方波和没有干扰的情况下得到的。如果被测信号中有干扰噪声，而整形电路的触发电平漂移时，又会产生触发误差。触发误差产生的原理如图 4-30 所示，图中 V_s 为被测信号的幅值，上面迭加有峰-峰值为 ΔV_s 的干扰。整形电路的触发电平为 V_0，触发电平的漂移为 ΔV_0。触发电平的漂移引起触发时间的改变。触发电平没有漂移时的触发时间为 T_x，ΔV_0 在开门和关门时刻所引起的触发时间的变化各为 $\pm\dfrac{1}{2}\Delta T$。若不考虑干扰信号的影响，由于触发电平的影响，触发时间的最大值和最小值为

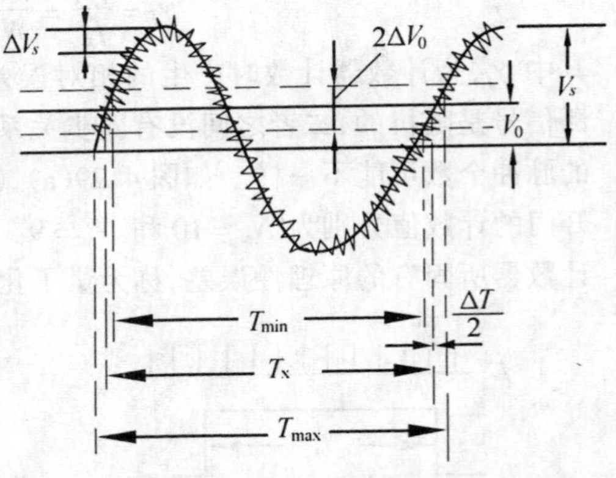

图4-30　触发电平漂移引起的误差

$$T_{\min} = T_x - \Delta T$$

$$T_{\max} = T_x + \Delta T$$

显然，由于计数器的开门时间发生变化，产生测量误差。同理，被测信号上的干扰噪声也会使触发电平漂移，产生误差。可以用增加被测信号幅值的方法来减少触发电平漂移所产生的误差。

4-5　相位的数字化测量

相位是交流信号的重要参数。相位测量不仅广泛应用在电力、通讯等领域，而且有些非电量通过传感器变换成相位信号进行测量。随着科学技术的发展，对相位测量的精度要求越来越高。相位的数字化测量具有精度高，速度快，频带宽等特点。用数字相位表可以方便地测量相位。

一、相位测量的基本原理

相位的数字化测量主要采用过零鉴相法，图 4-31、图 4-32 是原理框图和波形图。具有相位差为 φ_x 的两个同频率正弦信号 E1 和 E2，经过放大、整形后变成方波，其前后沿分别对应正弦波的正向过零点和负向过零点。可以用两信号波形过零的时间差表示两信号相位差的大小。

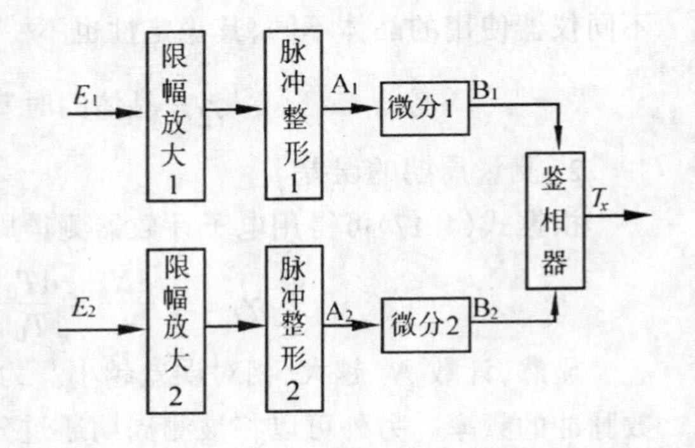

图4-31　过零鉴相法测量相位的原理框图

设两个同频率信号的周期为 T，相位差为 φ_x，两信号波形过零点的时间差为 T_x，则存在下列关系式

$$\frac{T}{360^\circ}=\frac{T_x}{\varphi_x}$$

$$\varphi_x=\frac{T_x}{T}360^\circ \tag{4-25}$$

显然，测出 T 及 T_x，即可求出相位差 φ_x。

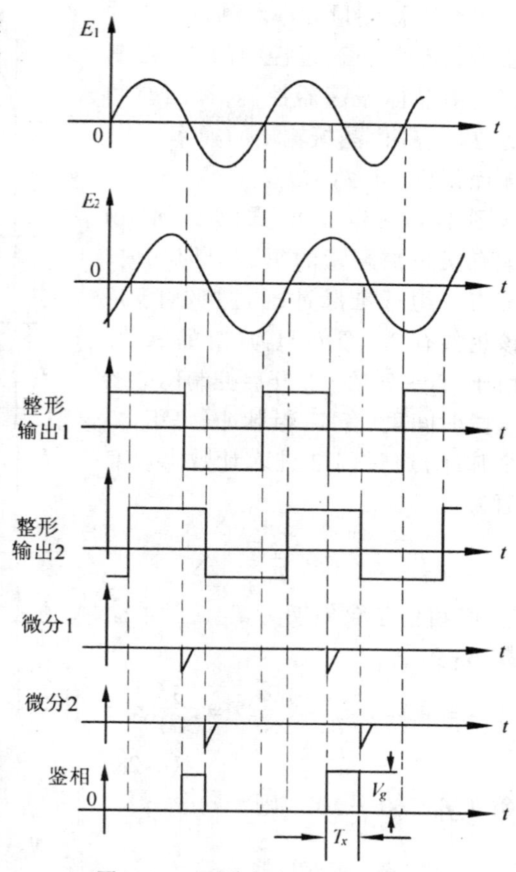

图4-32　过零鉴相法测量相位的波形图

利用过零鉴相法检出过零时间差 T_x 后，可以用不同的方法求相位差 φ_x，从而构成不同原理的相位计。相位-电压式相位计是将鉴相器输出的方波 T_x 进行滤波，得到电压信号，然后通过测量电压求出相位差。相位-频率式相位计是用计数器测量时间间隔。下面介绍相位-时间式数字相位计。

二、相位-时间式数字相位计

相位-时间式数字相位计的原理框图及波形如图 4-33，图 4-34 所示。相位差为 φ_x 的两信号 E_1，E_2，经过整形、放大后形成尖脉冲 V_1 和 V_2。V_1 打开控制门 1，V_2 关闭控制门 2。控制门开启的时间为 T_x，T_x 正比于相位差 φ_x。在控制门 1 打开期间，由晶体振荡器产生的标准脉冲通过控制门 1。设标准脉冲的周期为 T_0，则在 T_x 这段时间内通过门 1 的标准脉冲数 N_0 为

$$N_0=\frac{T_x}{T_0}=f_0T_x \tag{4-26}$$

设信号 E_1 和 E_2 的周期为 T，则有

$$\frac{T_x}{T}=\frac{\varphi_x}{360^\circ};T_x=\frac{\varphi_x}{360^\circ}T$$

将 T_x 代入(4-26)式中，得

$$N_0=\frac{f_0\varphi_x}{360^\circ}T \tag{4-27}$$

可见，控制门 1 输出的脉冲数 N_0 和被测的相位差 φ_x 成正比。但是，该表达式中含有被测量的周期 T，不能直接得到测量结果。

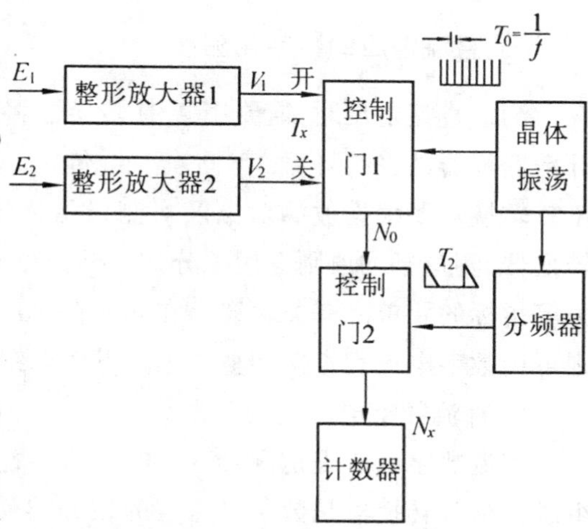

图4-33　相位-时间式相位计框图

为了消除被测量频率对测量结果的影响，使 N_0 再通过控制门 2。控制门 2 由晶体振荡器控制，开门时间为 T_2。T_2 由晶振输出的频率 f_0 分频而得到，且 $T_2 \gg T_0$。

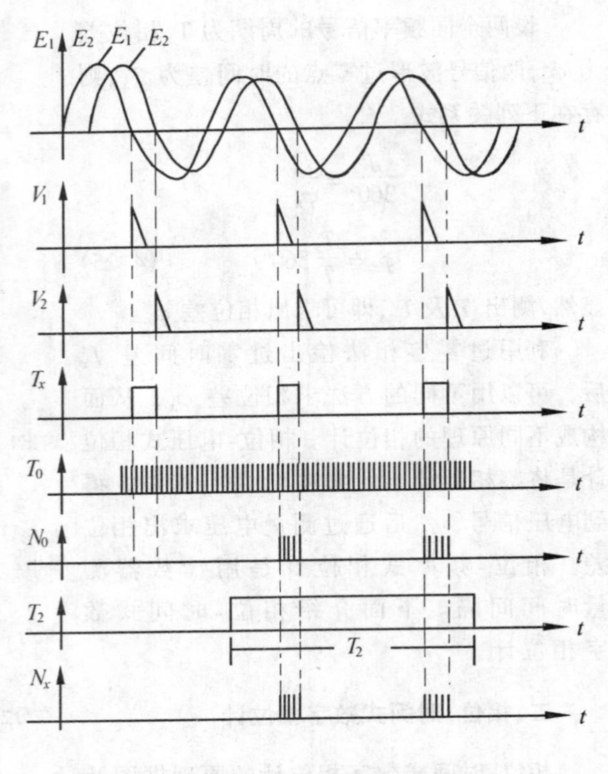

图4-34　相位-时间式相位计波形图

从图 4-33 可以看出，式(4-27)的物理意义是被测量的每一个周期内，都有一组标准脉冲通过控制门 1，该组共有 N_0 个周期为 T_0 的脉冲。由于 $T_2 \gg T$，在 T_2 开启控制门 2 的这段时间里，有 W 组脉冲(每组 N_0 个脉冲)通过门 2 进入计数器。W 值为

$$W = \frac{T_2}{T}$$

这 W 组中包含周期为 T_0 的脉冲个数 N_2 为

$$N_2 = WN_0 = \frac{T_2}{T} \times \frac{f_0 \varphi_x}{360°} T = \frac{T_2 f_0}{360°} \varphi_x \tag{4-28}$$

令 $T_2 f_0 / 360° = 10^n$，则

$$N_2 = 10^n \varphi_x$$

改变 T_2 的值可以改变指数 n，从而改变相位计的量限。这样，计数器计得的数 N_2 和被测相位成正比，而且与被测量的频率无关。

4-6　电压的数字化测量

一、直流电压的数字化测量

测量直流电压时，需要用 A/D 转换器将模拟量转换成数字量或某一中间量，然后用计数器等器件进行计数、存储、显示、传输。测量过程中 A/D 转换器起关键作用。选择 A/D 转换器要根据被测对象及对测量指标的要求。如测量瞬时值选用逐次逼近式 A/D 转换器，测量平均值则选用积分式。要充分考虑到对测量速度、准确度、分辨率、抗干扰能力等指标的要求。有关内容已在 4-3 节中介绍过。如果不是组建测试系统或设计仪器，则可用数字电压表直接测量电压。下面介绍一下数字电压表。

1. 直流数字电压表的基本结构

直流数字电压表是测量直流电压的装置，主要由 A/D 转换器和电子计数器两大部分组成。A/D 转换器是数字电压表的核心器件，由于采用的 A/D 转换器不同，数字电压表的原理、结构和性能也有很大差别。尽管如此，各种数字电压表的结构大体相同，基本包括以下一些主要部件：衰减器、量程切换开关、前置放大器、基准电源、A/D 转换器、时标发

生器、计数器、译码器、显示器及逻辑控制电路等。图4-35表示数字电压表的基本结构。

2. 数字电压表的分类

数字电压表的种类很多，有几种不同的分类方法：按准确度可分为有高准确度型和普及型；按显示位数分类，有四位、四位半、五位等；按测量速度可分为低速（每次几秒至每秒几次）、中速（每秒几次至几百次）、高速（每秒几百次至几万次）和超高速（每秒几万次）等；按体积分类，有台式、便携式和袖珍式。但较为普遍的是根据A/D转换器的工作原理进行分类。

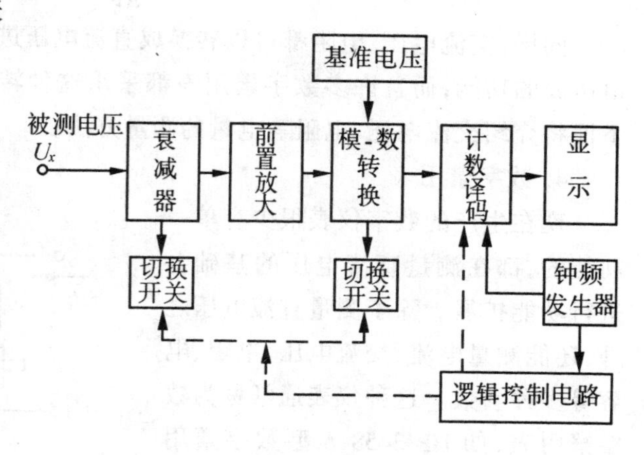

图4-35　数字电压表基本结构框图

就直流数字电压表而言，按其工作原理可分为比较式、积分式、复合式。比较式中包括斜坡比较式、逐次逼近式、剩余再循环式、跟随比较式等；积分式中包括V/F转换式、双积分式、三次积分式、脉冲调宽式等；复合式包括积分内插式、积分电位差计式、动态扩展标尺式、积分斜坡式等。

逐次逼近式数字电压表是一种常用仪表，它是一个具有反馈回路的闭环测量系统，它采用逐次逼近式A/D转换器，测量原理是根据电位差计逐次补偿的原理发展起来的。它的测量速度与A/D转换器及比较器有关，而测量准确度主要由内部基准电压决定，分辨率取决于比较器及A/D转换器的分辨率。逐次比较式数字电压表测量的是被测电压的瞬时值，测量速度快，准确度高。

双积分式数字电压表属于积分型电压-时间型变换式仪表，采用双积分式A/D转换器。每次测量时，先进入采样阶段，对被测电压进行定时积分；然后进入比较阶段，对基准电压进行定量积分。积分电容上的电压随时间作线性变化，比较阶段的积分时间长短与被测电压的大小成正比。这样就完成了被测量的电压-时间转换，通过测量时间得到被测电压值。双积分式数字电压表测的是被测电压的平均值。它的采样时间为工频信号周期的整数倍，因此可以有效地抑止工频干扰。它的测量速度慢，一般为每秒几次到几十次。

复合式数字电压表的A/D转换方法比较复杂，它的测量准确度、分辨率、抗干扰能力等指标有明显提高。

3. 直流数字电压表功能的扩展

直流数字电压表不但可以测量直流电压，其它的电量也可以转换成直流电压后，用直流数字电压表进行测量，即可以扩展直流数字电压表的功能。

图4-36是用直流数字电压表测量电流的电路图。让被测电流 I_x 通过标准电阻 R_F，测出电阻上的电压 V_F，即可由式(4-29)求出被测电流。用开关接通不同的分流电阻，可以改变测量电流的量限。

$$I_x = \frac{V_F}{R_F} \tag{4-29}$$

同样,交流电压、电阻都可以转换成直流电压进行测量。这种方法不仅用来扩展数字电压表的功能,而且许多数字繁用表都采用这种转换成直流电压的方法测量各种电量。下面将介绍交流电压、电阻等电量的测量方法。

4. 数字繁用表

现在生产的数字仪表很少有单一功能的,都在测量直流电压的基础上进行功能扩展。除了测量直流电压之外,还能测量电流、交流电压、电阻、电容等多种参数。这种仪表通常称为数字繁用表,如 HP 3458 A 型数字繁用表可以测量直流电压、电流、交流电压、电流、频率、周期、电阻(2 线接法和 4 线接法)。另外,还有大量使用的袖珍式数字繁用表,也称数字万用表,可以测量电压、电流、电阻、电容等参数。这种万用表精度不高,但使用、携带非常方便。图 4-37 是某个数字万用表的原理框图。

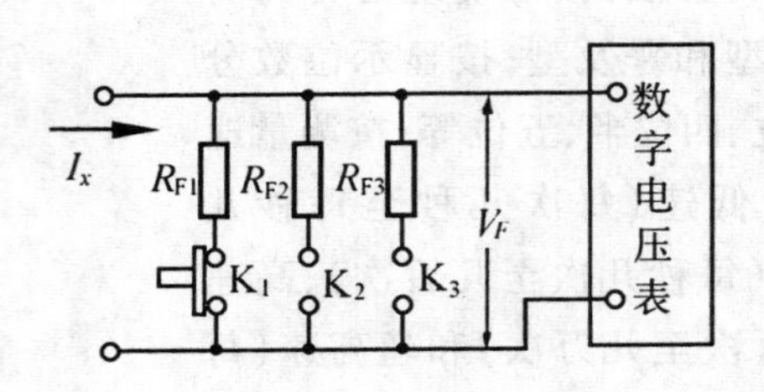

图4-36　用数字电压表测量直流电流

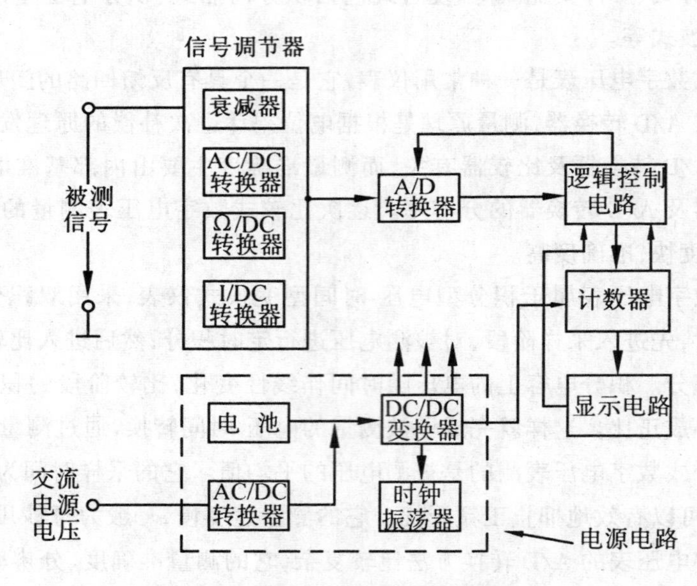

图 4-37　数字万用表原理框图

由于半导体技术的发展,现已制成数字万用表的专用芯片,ICM 7226 就是其中一种,芯片上包括双积分 A/D 转换器、时钟电路、基准电路、计数器、译码器、液晶显示驱动器等。外接一些电阻电容和显示器等器件,就可以组成万用表。

二、交流电压的数字化测量

测量交流电压时首先需要进行交直流(AC－DC)转换,然后用测量直流电压的方法进行数字化测量。下面介绍交流电压转换直流电压的几种方法。

1. 平均值检波器

将交流电压半周期内的平均值或全周期内的平均值转换成直流电压，称为整流或检波。通过测量直流电压，即可间接地测量出交流电压的大小。

用二极管接成桥式整流电路或全波、半波整流电路，都可以把交流电压转换成直流电压。但是，由于二极管的非线性很严重，这类简单的整流电路不能在数字仪表中使用。数字仪表要求检波器的转换准确度高、线性好、频率范围宽、动态响应快。因此在数字电压表中使用的是由运算放大器和二极管组成的线性检波器。半波线性检波器的原理电路如图 4-38 所示。

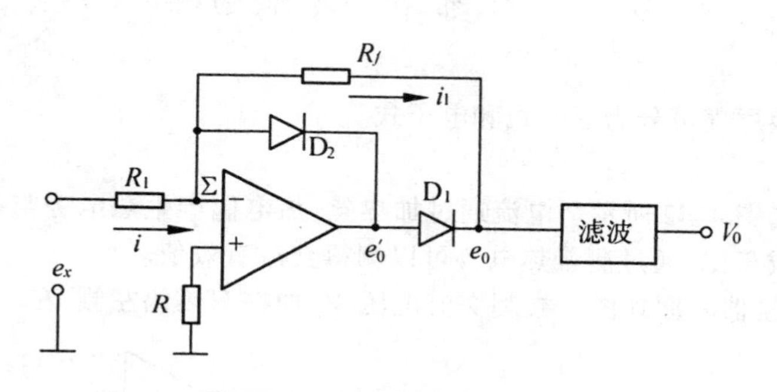

图4-38　半波线性检波器

当输入的交流电压 $e_x>0$ 时，$e_0<0$，二极管 D_2 导通，电路闭环。由于相加点处是虚地点，其电压 $V_\Sigma \approx 0$，因此二极管 D_1 反偏而截止，检波器的输出电压 $e_0 \approx V_\Sigma \approx 0$。反之，在 $e_x<0$ 的半周期内，D_2 截止，D_1 导通，检波器的输出电压为

$$e_0 = -i_1 R_f = -iR_f = -\frac{R_f}{R_1} e_x \qquad (4\text{-}30)$$

上式表明，e_0 正比于 e_x，实现了线性检波。在输出端接滤波器，可以把半波脉动电压变成与其平均值成正比的直流 V_0，其波形如图 4-39 所示。

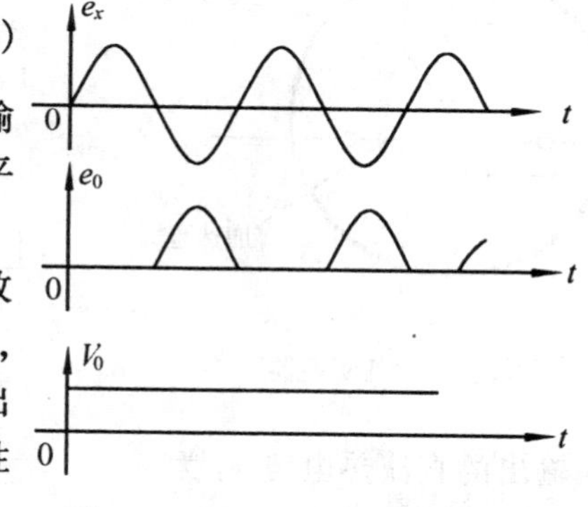

图4-39　半波线性检波器的波形图

图 4-40 是全波线性检波电路。图中运算放大器 A_2 除了充当加法器完成全波线性检波外，在反馈支路中并联大电容 C 构成滤波器，使输出电压正比于输入电压全波的平均值。全波线性检波的波形图如图 4-41 所示。

若输入电压是理想的正弦波，将其平均值乘以波形因数 1.11 后就得到有效值。实际电路中，检波器的后面接入相当大的滤波电容，使得输出的直流电压 V_0 等于输入电压的峰值。若将测得的 V_0 除以 1.414 也可以得到交流有效值。这样，数字电压表可以根据平均值或峰值给出有效值的读数。但是，如果被测电压中含有高次谐波，就会给测量带来很大误差。所以，用平均值检波、有效值刻度的数字电压表对输入电压的波形失真有较严格的限制，因此限制了这种数字电压表准确度的提高和使用范围。

2. 有效值交直流转换器

输出的直流电压正比于输入交流电压有效值的转换器，称为有效值交直流转换器。这种有效值转换器在原理上不存在波形误差，能直接测量出任意波形电压的有效值。利用有效值交直流转换器测量交流电压的电压表，称为真有效值电压表。

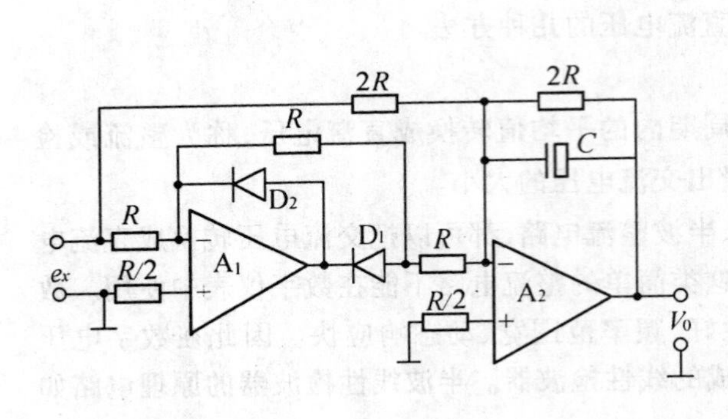

图4-40　全波线性检波电路

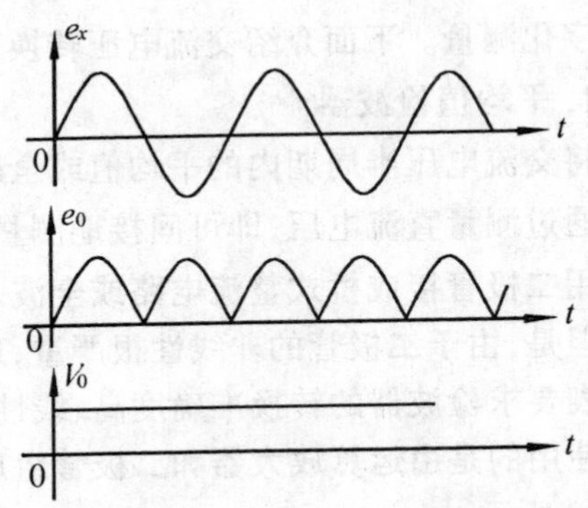

图4-41　全波检波波形图

有效值交直流转换器根据转换原理可分为热电式和电子式。

(1)热电式交直流转换器

热电式交直流转换器的结构如图 4-42 所示。电流通过加热丝,热电偶产生热电势与加热丝中交流电流有效值的平方成正比,通过测量热电势可以测得交流有效值。

图 4-43 是双热偶式交直流转换器的原理图。被测交流电压 V_x 加在双热偶左侧,左

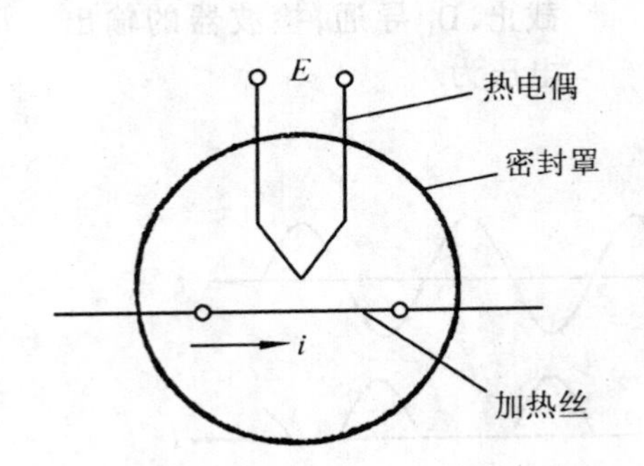

图4-42　热电变换器

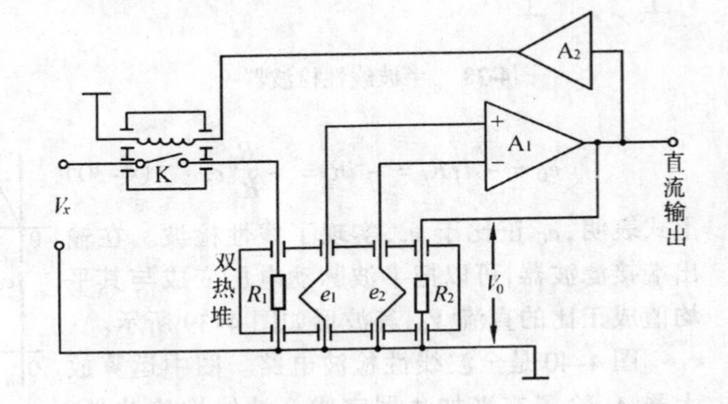

图4-43　双热堆式交-直流转换器原理图

侧热偶输出的直流热电势 e_1 为

$$e_1 = K_1(\frac{U_x}{R_1})^2 \tag{4-31}$$

热电势 e_1 加在放大器 A_1 的同相输入端。放大器输出的直流电压 V_0 用来加热双热偶的右侧,右侧热偶输出的直流热电势 e_2

$$e_2 = K_2(\frac{V_0}{R_2})^2 \tag{4-32}$$

热电势 e_2 加在放大器 A_1 的反相输入端。若放大器的开环放大倍数足够大,可以认为 $e_1 = e_2$;如果两个热偶做得对称,$R_1 = R_2$, $K_1 = K_1$,则 $V_x = V_0$。显然,V_x 是交流的有效值。用直流电压表测出 V_0,即测出交流电压 V_x 的有效值。

热电偶的过载性能较差,为了保护热偶,输出电压 V_0 经放大器 A_2 放大后控制开关。当输入电压过载时,输出电压 V_0 可将开关切断,以保护热偶不受损坏。这种交直流转换器频带为 2 Hz-100 MHz,成本较高。

(2)电子式交直流转换

电子式交直流转换是根据交流有效值的数学定义,利用运算放大器、乘法器、除法器等器件进行运算,将输入的交流电压转换成相应的有效值。国外高精度电压表采用分立元件组成真有效值转换器,最高精度达 0.04%。现在已制造出真有效值集成电路,如美国 AD 公司研制的 AD 637 集成真有效值转换器,转换精度优于 0.1%。这种电路使用方便,在精密交流测量中得到广泛应用。

三、峰值电压的数字化测量

在非电量测量中常常需要测量可变信号的峰值,如测量冲击力的大小,位移的最大值等。传感器把非电量转换成电信号后,用峰值检波电路检出并保持其峰值,再进行数字化测量。

图 4-44 是一个简单的峰值检波-保持电路。工作前,将电容 C 的电荷放尽,V_0 等于零。在放大器的同相端输入正向电压信号 V_x,使二极管 D_1 导通,给电容 C 充电,电路形成全反馈。若放大器的开环增益足够大,则 $V_x = V_0$。电容器上的电压 V_0 随着输入电压 V_x 的增大而增大。当 V_x 达到最大值后开始下降时,二极管 D_1 立即反偏而截止,放大器处于开环状态,使放大器输出端 V_0 变负,D_1 可靠截止,而 V_0 保持不变。二极管 D_2 用于防止 D_1 截止时放大器深度饱和,同时也减少 D_1 的反向电压。

上述电路是正峰值检波器。如果将图 4-44 电路中的二极管 D_1、D_2 极性颠倒,即可构成负峰值检波器。用正、负峰值检波器可以组成峰-峰值检波保持电路(图 4-45),放大器 A 的输出电压为

$$V_0 = -(V_{01} + V_{02}) \tag{4-33}$$

用数字电压表可以测出峰值电压 V_0。

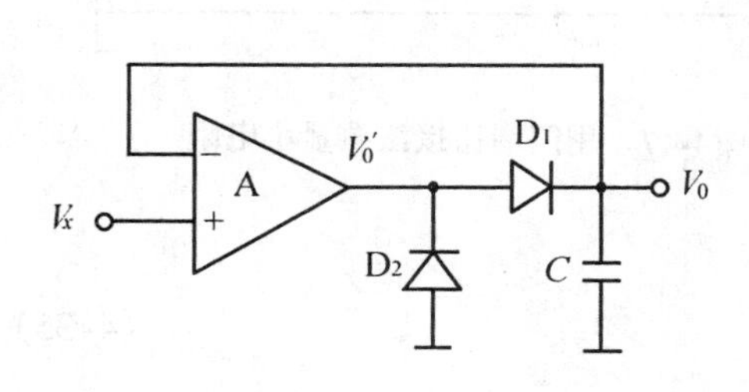

图4-44 峰值检波-保持电路

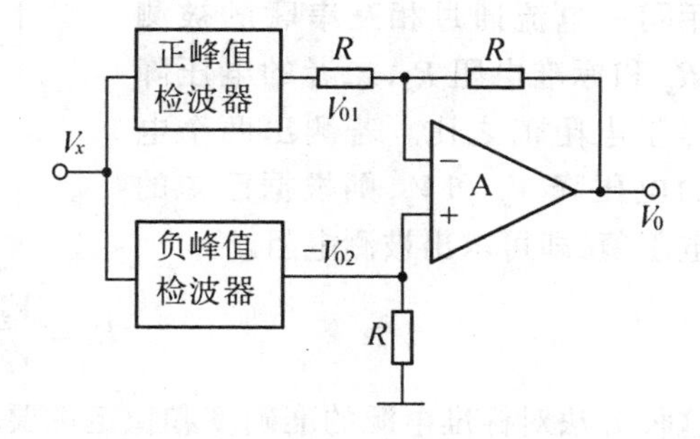

图4-45 峰-峰值检波器

4-7 电阻、电容的数字化测量

电阻、电容是电工、电子领域中最常用的元件,它们的参数值对各种电路和系统具有举足轻重的作用。另外,许多非电量往往通过传感器转换成电阻、电容后进行测量,因此,电阻、电容的数字化测量是生产和科研中经常遇到的课题。

一、电阻的数字化测量

电阻的数字化测量方法很多,可以将电阻转换成电压、电流、时间、频率等物理量后,

再进行数字化测量。下面介绍常用的两种转换成电压的测量方法。

1. 比例运算法

图4-46是比例运算法的原理图。被测电阻 R_x 接入运算放大器的反馈回路，标准电阻 R_s 接入放大器的反相输入端。若忽略标准电源 E_s 的内阻，放大器的输出电压 V_0 为

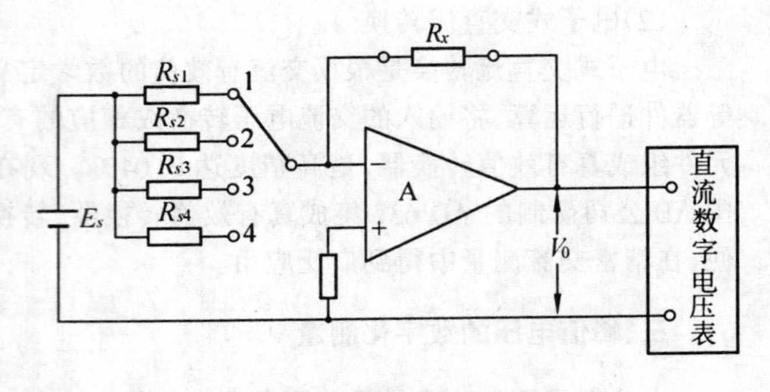

图4-46　用比例运算法测量电阻

$$V_0 = -\frac{R_x}{R_s}E_s$$

则有
$$R_x = -\frac{R_s}{E_s}V_0 \tag{4-34}$$

测量出 V_0 值，即可测出 R_x 的大小。如果选择 $R_s/E_s = 10^n$（n 为整数），则可直接用 V_0 值表示 R_x。用开关K接通不同的电阻 R_s，即可改变量限。

为了提高测量的准确度，减少误差，应该选择高增益、低漂移、高输入阻抗的运算放大器；同时要保证基准电源 E_s 和标准电阻 R_s 的准确度和稳定性。

如果测量的电阻很小，为了减少误差，可采用图4-47中的四端钮接法。

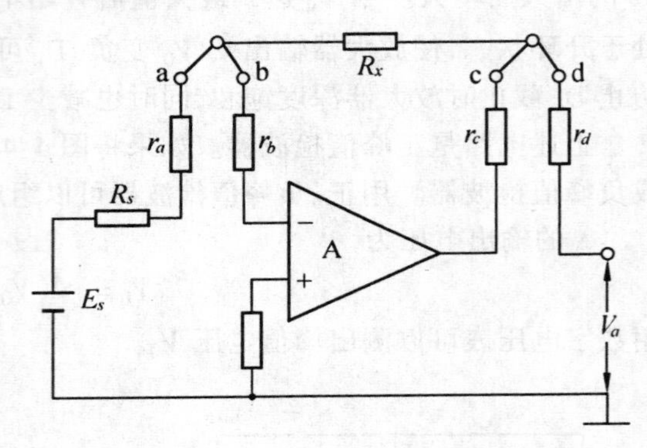

图4-47　用四端钮接法测量小电阻

2. 比率法

用同一电流通过相互串联的被测电阻 R_x 和标准电阻 R_s，二者的电压降之比等于电阻值之比。若测出两个电阻上的电压降 V_x 和 V_s，则根据已知的标准电阻值，即可求出被测电阻。

$$R_x = \frac{V_x}{V_s}R_s \tag{4-35}$$

这种方法对标准电源的准确度和稳定性要求不高，只要在测量电压 V_s，V_x 期间，工作电流不变，就不会产生大的测量误差。

现在，一些便携式数字万用表就是采用这个原理测量电阻。电流流过相互串联的被测电阻 R_x 和标准电阻 R_s，对电阻上的压降用双积分式A/D转换原理进行测量。先对被测电阻上的电压 V_x 进行定时积分（积分时间为 T_1），然后以标准电阻上的压降 V_s 作为基准，进行定值积分（积分时间为 T_2），根据双积分A/D转换器的原理，由式(4-13)可得

$$T_2 = \frac{V_x}{V_s}T_1 \tag{4-36}$$

将式(4-35)整理后代入式(4-36)中得

$$T_2 = \frac{R_x}{R_s}T_1 \tag{4-37}$$

T_2 的数值将正比于被测电阻 R_x。若 N_1 为在定时积分阶段 T_1 的计数值(已知常量),N_2 为在定值积分阶段 T_2 的计数值,则有

$$N_2 = \frac{N_1}{R_s} R_x \tag{4-38}$$

可见,被测电阻值可由计数器的读数 N_2 得到。因为两个电压的测量使用同一个芯片,且在一次 A/D 转换中完成,所以电阻测量的准确度较高。

二、电容的数字化测量

电容的测量方法很多,可以用各种方法将电容转换成其它量(如频率、脉冲宽度、电压、时间等)进行测量。

1. 容抗法

容抗法的原理是通过测量电容容抗求出电容量,图 4-48 表示测量原理。

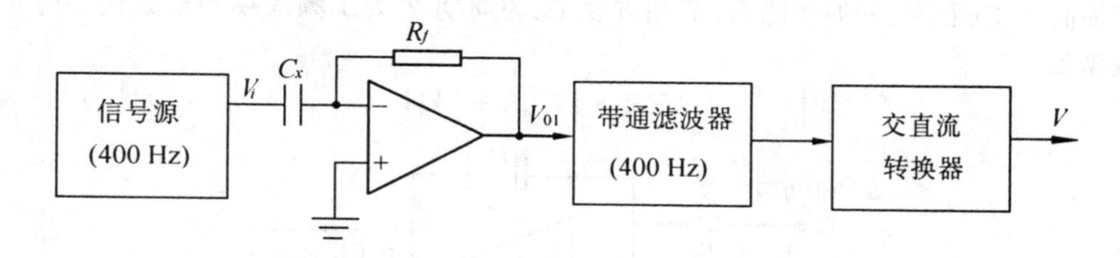

图4-48 容抗法测量电容的原理框图

被测电容 C_x 接入运算放大器的反相输入端,其容抗 X_c 为运算放大器的输入电阻。反馈电阻 R_f 的阻值根据电容的量程而定。正弦波发生器产生 400 Hz 的正弦信号 V_i,输入到放大器中。运算放大器的输出 V_{01} 为

$$V_{01} = -\frac{R_f}{X_c} V_i \tag{4-39}$$

由电容器的容抗 $X_c = \frac{1}{2\pi f C_x}$ 可得

$$V_{01} = 2\pi f R_f V_i C_x = K_1 C_x \tag{4-40}$$

其中 $K_1 = 2\pi f R_f V_i$,R_f、V_i 为已知。

为了消除其它频率的杂波干扰,让 V_{01} 通过 400Hz 的带通滤波器后,再经过交直流转换器转换成直流信号 V。设运算滤波器和交直流转换器的转换系数为 K_2,于是

$$V = K_2 V_{01} = K_1 K_2 C_x \tag{4-41}$$

可见,输出的直流电压和被测电容 C_x 成正比。只要合理设计并适当调节电路参数,即可由测得的 V 值直接读出被测电容值。

目前许多便携式数字万用表都采用这种原理测量电容,如 DT 890 C,DT 960 等。由于放大器工作在交流状态,不存在零点漂移,交直流转换器的漂移可以忽略不计,所以电容档不需要加手动调零电位器。

2. 脉宽调制法

脉宽调制法是利用被测电容器 Cx 的充放电过程,调制一定频率的脉冲波形,使其占空比与 Cx 成正比。然后经过滤波电路检出其直流电压,送到 A/D 转换器中。便携式数

字万用表 DT 890 A 的电容测试电路,就采用这种方案。这种方法的缺点是准确度不高,而且每次测量前需要调零,因此新型数字万用表普遍采用容抗法测量电容。

4-8 电功率的数字化测量

由电功率的表达式 $P(t)=U(t)I(t)$ 可知,测量功率需要求出电压和电流的乘积。如果将电压和电流输入到模拟乘法器中相乘,再将得到的与功率成正比的电压信号进行 A/D 转换,就可以用数字化方法测量功率。由于模拟乘法器的精度不高,现在普遍采用以下两种方法。

一、脉冲调宽式乘法器

首先介绍一下脉冲调宽式 A/D 转换器的原理。如图 4-49 所示,被测电压 V_x,节拍方波电压 E_c 和基准电压 $+V_k$(或 $-V_k$)同时输入到积分器中,对三个电压之和进行积分。为了提高对工频干扰的抑止能力,节拍方波 E_c 的周期 T 为工频周期的整数倍。E_c 的幅值应满足

$$E_c >> |V_{max}| + |V_k|$$

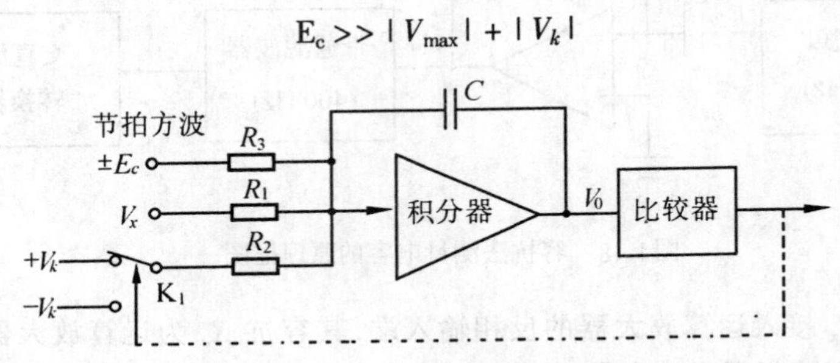

图4-49 脉冲调宽A/D转换器的简化方框图

积分器的输出电压 V_0 进入比较器,比较器的输出信号控制模拟开关 K_1。当 $V_0>0$ 时,模拟开关 K_1 将 $+V_k$ 接入积分器;当 $V_0<0$ 时,K_1 将 $-V_k$ 接入积分器。当积分器输出过零时,比较器翻转,改变接入的基准电压的极性,在一个节拍方波周期 T 内,$+V_k$ 接入积分器进行积分的时间为 T_1,对 $-V_k$ 进行积分的时间为 $T_2(T_1+T_2=T)$。$+V_k$ 和 $-V_k$ 在一个节拍周期 T 的平均直流电压恰好等于被转换的输入电压 V_x 的平均值。这样,V_x 转换成时间间隔 T_1 和 T_2 之差,即

$$\overline{V}_x=\frac{R_1}{TR_2}V_k(T_2-T_1)$$

$$T_2-T_1=\frac{R_2}{R_1}\frac{T}{V_k}\overline{V}_x \tag{4-42}$$

如果比较器在控制开关 K_1 的同时还控制另一个开关 K_2,则可构成乘法器。如图 4-50(a)所示,开关 K_2 控制两个幅值相等、极性相反的电压 $\pm V_y$。当积分器输出电压 $V_0>0$ 时,K_1 接通 $+V_k$,K_2 接通 V_y;当 $V<0$ 时,K_1 接通 $-V_k$,K_2 接通 $-V_y$。电压 V_y 经过滤波后输出的电压 E_0 在一个节拍方波 T 内的平均值为

$$E_0=\frac{V_yT_1}{(T_1+T_2)}+\frac{-V_yT_2}{(T_1+T_2)}=\frac{(T_1-T_2)V_y}{T}$$

将式(4-42)代入上式得

$$E_0 = \frac{R_2 V_x V_y}{R_1 V_k} = K_p V_x V_y \tag{4-43}$$

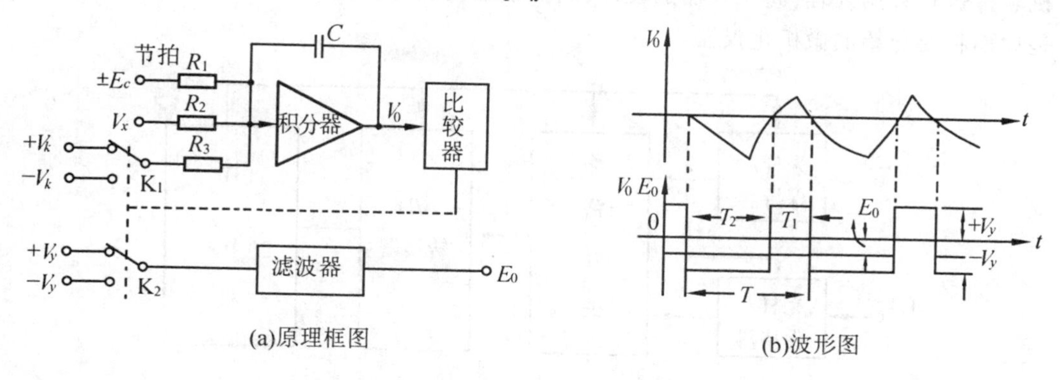

图4-50　采用时分割乘法器的数字功率表原理框图和波形图

上式中比例常数 $K_p = \dfrac{R_2}{R_1 V_k}$。如果 V_x 是负载两端的电压，V_y 和负载电流 I_x 成正比，即 $V_y = R_y I_x$，R_y 为采样电阻，代入上式得

$$E_0 = K_p V_x R_y I_x \tag{4-44}$$

可见，时分割乘法器实现了电流和电压相乘的运算，E_0 与负载上消耗的功率成正比，可以用来测量功率。图 4-50 就是利用时分割乘法器制成的数字功率表的原理框图。

二、采样测量法

采样计算法是随着计算机的发展而出现的测量方法。计算机控制电子电路对被测信号进行采样，将采样值存在存储器中，通过计算得到测量结果。根据采样定理，采样信号若不失真地恢复到原信号，采样频率 fs 必须不小于原信号频率 fc 的二倍，即 $f_s > 2f_c$。显然，提高采样频率可以减少测量误差。

有功功率的计算公式为

$$P = \frac{1}{T}\int_0^T V(t)\,i(t)\,\mathrm{d}t \tag{4-45}$$

其中 $v(t)$，$i(t)$ 是电压、电流的瞬时值。在一个整周期 T 内对信号均匀采样 N 次，则采样时间间隔 $h = T/N$，第 j 次采样时刻为

$$t_j = j(T/N) \qquad j = 0,1,2,\ldots,N-1$$

在满足采样定理的期前提下，根据采样值计算有功功率平均值的公式为

$$P = \frac{1}{N}\sum_{j=0}^{N-1} V(t_j)\,I(t_j) \tag{4-46}$$

图 4-51 是利用采样测量法测量交流功率的原理框图。为测量电网上的交流功率，用电压互感器和电流互感器获取电压和电流的瞬时值，用两个采样保持器采集同一时刻的电压和电流的瞬时值。模拟开关将两路采样保持器所保持的信号分别送到 A/D 转换器中变成数字量，经接口电路送到计算机的存储器中。计算机根据式(4-46)进行计算，求出有功功率。利用采样数据，根据相应的公式还可以求出电流、电压的有效值、无功功率、视

在功率、功率因数等参量。可见,采样计算法充分利用计算机的计算、存储功能,通过计算机软件进行数据处理,简化仪器的硬件,增强仪器的功能。这种带有微计算机的仪器这就是后面将要介绍的微机化仪器。

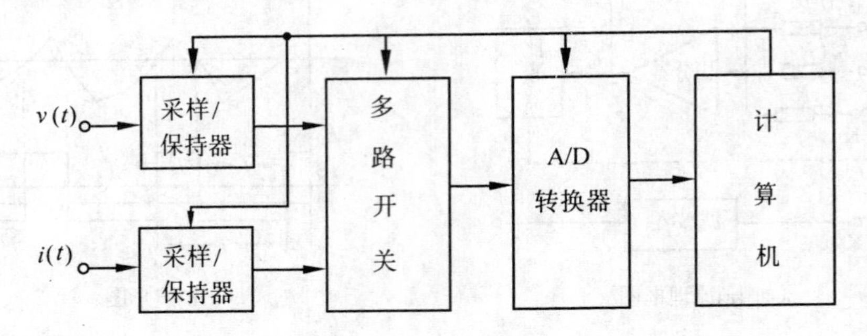

图 4-51　用采样计算法测量功率的原理框图

4-9　数字电压表的误差及抗干扰措施

数字电压表(包括数字万用表与一些数字化仪器和系统)是比较复杂的电子仪器,表征其特性的参数很多,使用方法与指针仪表也大不相同。如果不了解它技术性能和使用方法,就不会获得正确的测量结果。本节仅介绍数字电压表的误差和抗干扰问题。

一、关于数字电压表的误差

数字仪表在标准条件下的误差称为基本误差;当工作条件偏离基本条件时,以基本误差和附加误差之和来表示它的误差。数字仪表除标准工作条件外,还规定额定工作条件。所谓额定工作条件,主要是指引起仪表产生附加误差的各种条件的变化范围。在这些条件(例如温度、湿度、电源电压的波动等)的变化范围内,仪表还可以正常工作。

因为数字仪表特别是准确度较高的数字仪表对工作条件要求较高,在不同环境下准确度也不一样,所以准确度亦分为基准准确度和额定准确度。

所谓基准准确度是在校准周期内,在基准条件下预热和预调后的规定时间内仪器规定的误差极限。在该时间内,仪表不准做任何调整。

所谓额定准确度是指在校准周期内,在额定工作条件下预热、预调后的规定时间内仪器的误差极限。在该规定时间内,仪器不准做任何调整。额定准确度不准超过基准准确度的2倍。

基准准确度也称“固有误差”,它反映了仪表内在质量的优劣。

额定准确度亦称“工作误差”,它反映了仪表受环境条件影响的情况。

在国家标准中,规定直流数字式电压表显示出的数值与被测量真值之间的绝对误差用下列公式表示:

$$\Delta = \pm(a\% V_n + b\% V_m) \tag{4-47}$$

或者

$$\Delta = \pm(a\% V_n + \mathrm{d}) \tag{4-48}$$

式中　V_n——数字仪表的读数值;

V_m——数字仪表所使用量程满度值;

$a\%$——表示变换系数误差引起的测量误差与 V_n 的百分比；

$b\%$——表示除变换系数误差外的其它因素所引起的最大综合测量误差值与仪表满度 V_m 的百分比；

d——以绝对值表示的绝对误差。

仪表的准确度等级以$(a+b)$表示。

二、数字仪表中的抗干扰措施

随着数字电压表准确度和灵敏度的不断提高(例如测量误差小于 10^{-4}量级，分辨力优于 $1\sim0.1\ \mu$V)，微小的外界干扰信号都会给测量带来很大的误差，严重时会使测量无法进行。因此，在测量和选用仪表时应该发现干扰信号，掌握它的性质和特点，消除它的影响。

1. 串模干扰及其抑制

串模干扰也称常态干扰。它是由外界条件引起的、迭加在被测电压上的干扰信号，并通过测量仪器的输入端，与被测量一起进入测量仪器而产生测量误差。串模干扰信号有直流和交流两种。最严重的交流串模干扰是空间的工频磁场在输入回路中产生的工频感应电势，以及工频电场引起的漏电电流在输入回路的阻抗上产生的电压降。图 4-52 表示其原理。

如图 4-52 所示，e 是空间工频磁场 B 引起的感应电势；V_i 是工频电场引起的漏电电流 I_E 在被测信号的内阻 R_x 上产生的附加电压降，它们都是交流干扰信号。在输入回路中，接触电势和热电势 e_n 是直流串模干扰的主要来源。

数字电压表对串模干扰的抑制能力用串模抑制比来表示，串模抑制比可以写成 SMRR(英文缩写)。

$$\mathrm{SMRR} = 20\ \log\frac{E}{\Delta E}(\mathrm{dB}) \tag{4-49}$$

式中 E——串模干扰信号。在图 4-52 中，$E=e+e_n+V_i$；

ΔE——串模干扰信号 E 引起的绝对误差。

测量瞬时值的数字电压表(如跟踪比较式、逐次逼近式数字电压表)受串模干扰的影响最为严重。在这类仪表中，为了消除工频电磁场引起的串模干扰，往往在仪表的输入端加滤波器。一个无源的双 T 型滤波器可以使工频干扰衰减 40dB。但是，它影响测量速度。为了消除工频磁场引起的感应电势，可以把仪表的输入导线绞合起来；为了消除工频电场引起的干扰，可以把输入导线屏蔽起来，并把屏蔽层接大地，接法如图 4-53 所示。

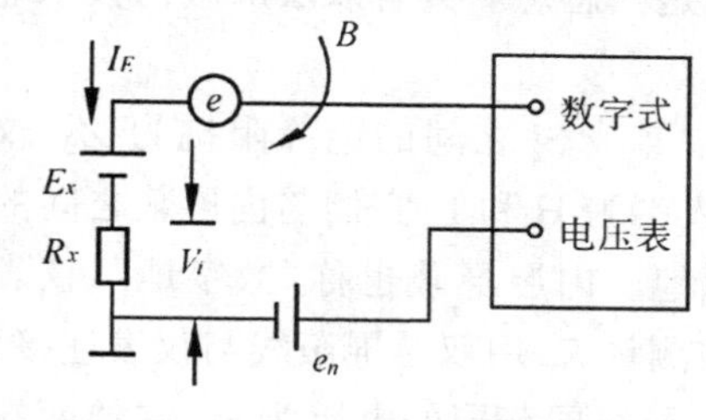

图4-52 数字电压表的串模干扰示意图

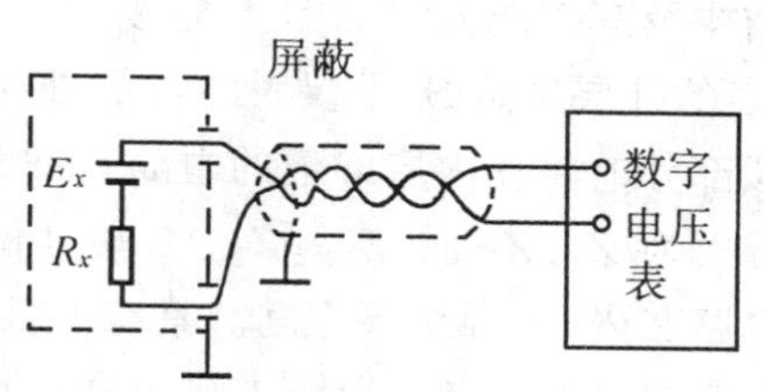

图4-53 工频串模干扰的屏蔽

积分型 A/D 转换器的特点是把被测电压的平均值转换成数字量，如果积分时间是工频周期的整数倍，对工频干扰抑制能力在理论上为无限大。

2. 共模干扰及其抑制

共模干扰就是同时迭加在两条被测信号线上的外界干扰信号，它是被测信号的地和数字电压表的地之间不等电位，由两个“地”之间的电势 E_{cm} 即共模干扰源所产生的。

在现场中，被测信号与测量仪器之间常常相距几十米甚至上百米。由于地电流等因素的影响，信号接地点和仪器接地点之间的电位相差几十伏甚至上百伏。因此，共模干扰对测量的影响很大。

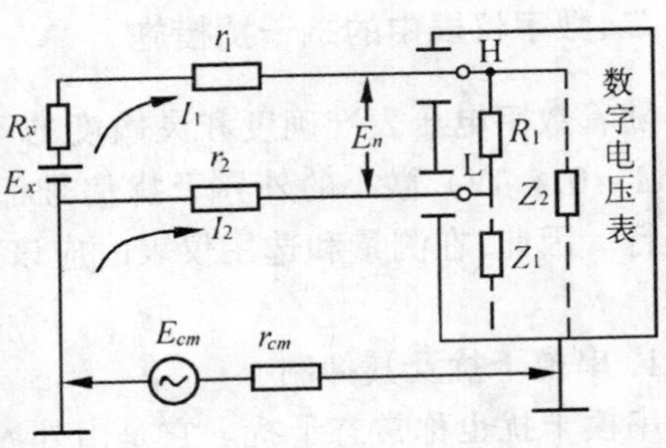

图4-54 数字电压表的共模干扰

下面考查一下共模干扰对测量的影响。在图 4-54 中，假设数字仪表的低端不接地，即仪表的两个输入端对地均有绝缘阻抗 Z_1 和 Z_2，且 $Z_1 \approx Z_2$。若忽略 r_{cm} 的影响（r_{cm} 为大地电阻，数值很小），E_{cm} 产生的电流流经回路 R_x、r_1、Z_1 和回路 r_2、Z_2，在仪表两输入端之间产生的电压 E_n 为

$$E_n = \left(\frac{R_x + r_1}{Z_2 + R_x + r_1} - \frac{r_2}{Z_1 + r_2}\right)E_{cm} \approx \frac{R_x}{Z_2}E_{cm} \tag{4-50}$$

E_n 就是共模干扰 E_{cm} 产生的误差。若 $E_{cm} = 100$ V，$R_x = 10$ kΩ，$Z_1 = 10^6$ Ω，则 $E_n = 1$ V；即使 $E_{cm} = 1$ V，E_n 的值也为 10 mV，这也会使每个字代表 1 μV 的数字电压表无法工作。如果仪表的低端接地，干扰电压 $E_n \approx (1/2)E_{cm}$，这不但不能使仪表工作，有时还会损坏仪表。因此，必须抑制共模干扰。

抑制共模干扰的方法很多，有浮地输入（即仪表低端不接地），图 4-54 的接线方法就属于此种情况；也可把仪表低端接地，而信号源低端不接地，对地阻抗为 Z，这种接法对共模干扰也有抑制作用，而且在绝缘相同的情况下（即 $z = Z_1 = Z_2$），抑制效果要比仪表浮地好一些。

从上面的分析可见，共模干扰源 E_{cm} 通过信号源内阻 R_x、导线电阻 r_1、r_2 和 r_{cm} 以及绝缘阻抗 Z_1、Z_2，把 E_{cm} 的一部分变换成串模干扰源 E_n 之后，才对测量产生干扰，引起测量误差的。如果能降低 E_{cm} 转换成 E_n 的效率，就可以抑制共模干扰引起的误差。目前，在数字电压表中广泛采用的所谓“双层屏蔽”法就是基于这一思想。具有双层屏蔽的数字电压表的结构及其接线方法如图 4-55 所示。

仪表的外层屏蔽 S_1 是仪表的金属外壳，它和内层屏蔽 S_2 之间的绝缘阻抗为 Z_3；仪表的模拟部分电路在内层屏蔽的内部。仪表高、低输入端为 H 和 L，它们与内屏蔽之间的缘阻抗分别为 Z_1、Z_2，且 $Z_1 \approx Z_2$。L 端是仪表的模拟地。内层屏蔽也称“数字地”，仪表的数字电路在内、外屏蔽层之间。具有内阻为 R_x 的被测量 E_x 用双芯屏蔽线与仪表连接，其中 1 端接 H，2 端接 L。导线 1 和 2 的电阻为 $r_1 \approx r_2$，导线屏蔽层的电阻为 r_3，它的两端分别与被测信号地 A 点及仪表的内屏蔽层 C 点相接。仪表的外屏蔽接大地。

采用上述方法连接后，若 $R_x \gg r_3$，则共模干扰源在 A、C 两点之间产生的电压 V_{ac} 为

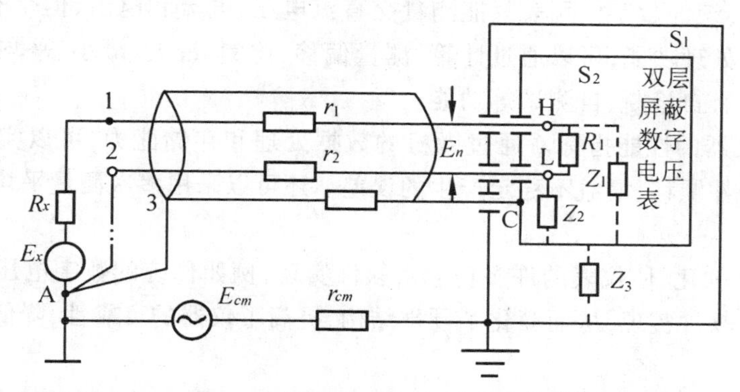

图4-55 双层屏蔽数字电压表及其屏蔽

$$V_{ac} \approx \frac{r_3}{Z_3 + r_3} E_{cm} \tag{4-51}$$

如果不再考虑外层屏蔽,把 V_{ac} 看作是共模干扰,则 V_{ac} 在 H、L 两端引起的干扰 E_n 和图 4-54 完全相同,可以用式(4-50)计算,即

$$E_n \approx \frac{R_x}{Z_1} V_{ac} \tag{4-52}$$

把式(4-51)代入式(4-52),得

$$E_n = \frac{R_x}{Z_1} \times \frac{r_3}{Z_3} E_{cm} \tag{4-53}$$

从式(4-53)可见,加上外层屏蔽以后,与图 4-54 相比,共模干扰源衰减了 $\frac{r_3}{Z_3}$ 倍,所以干扰大大降低,也就是降低了 E_{cm} 转换成误差 E_n 的能力。仪表对共模干扰的抑制效果用共模抑制比来度量。共模抑制比 CMRR 等于

$$\text{CMRR} = 20\log\frac{E_{cm}}{E_n}(\text{dB}) \tag{4-54}$$

若 $R_x = 10\ \text{k}\Omega, Z_1 = Z_2 = Z_3 = 10^6\ \Omega, r_1 = r_2 = r_3 = 1\ \Omega$,则双屏蔽的仪表共模抑制比为

$$\text{CMRR} = 20\log\frac{Z_1 Z_3}{r_3 R_x}\ (\text{dB})$$

也就是 $E_{cm} = 1$ V 时,$E_n = 0.01\ \mu\text{V}$,可见基本上消除了共模干扰。

4-10 微机化仪器

由于计算技术的发展和微计算机的出现,引起了仪器仪表结构的根本性变化。在仪器里装上微处理器和微计算机,使计算技术和电子技术、测量技术相结合,产生了新一代仪器--微机化仪器,或称为智能仪器。这种仪器充分发挥计算机的作用,利用计算机控制测量过程,处理测量数据,从而大大增强了仪器的功能,提高了性能指标,简化了硬件系统。它具有功能强,体积小,成本低, 使用方便等优点。因此,近年来微机化仪器发展非常迅速。

一、微机化仪器的特点

1. 微机增强了仪器的功能和灵活性,使许多原来硬件难以解决或无法解决的问题迎

刃而解。例如,传统的数字繁用表只能测量交直流电压、电流和电阻,但带有微机的数字繁用表具有数据处理功能,可以通过计算,测量偏移、比例、最大/最小、平均值、方差等多种参数。仪器具有自诊断、自测试等功能。

2. 提高了仪器的性能指标。通过微机的数据处理和存储能力,可以实现自动校准,消除由于电子器件漂移、增益不稳定产生的误差。还可以采用多次测量平均等技术,提高测量精度。

3. 实现硬件软化,使仪表的许多功能由软件实现,例如传统的数字电压表的计数器、寄存器等可以用软件实现,从而简化了硬件结构,提高了仪器的可靠性,降低成本,减小体积。

4. 具有外部接口功能,可以方便地与计算机相联接或接入到自动测试系统中。

5. 自动化程度高,操作方便。

二、微机化仪器的基本结构

微机化仪器由硬件和软件两大部分组成。

硬件部分主要包括微计算机系统、信号输入输出通道、人机接口、数据通信接口等几大部分。其原理框图如图 4-56 所示。

微机化仪器的软件包括监控程序、中断处理程序及实现测量控制算法程序。通常采用模块式设计方法,按着仪器的功能层次,把软件分成若干个功能模块,分别进行设计和调试,然后将它们连接起来进行总调。

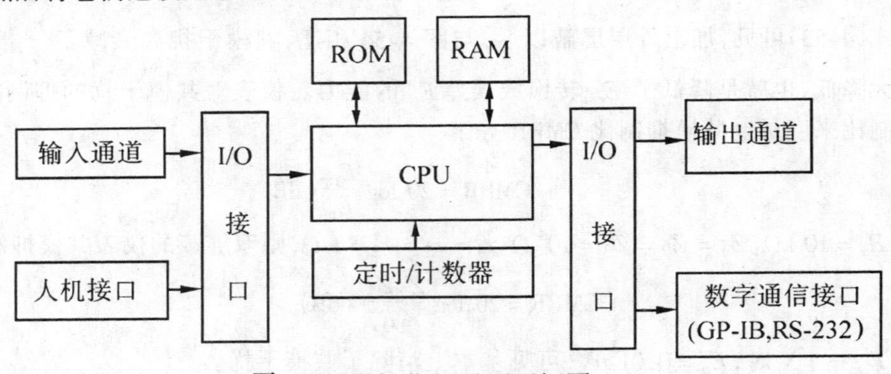

图4-56 微机化仪器原理框图

三、微机化仪器的硬件系统

1. 微计算机系统

微计算机是微机化仪器硬件的核心,它控制整个测量过程,处理测量数据,管理键盘、显示器等人机接口和数据传输。

微机化仪器大多内装单片机。单片机的体积小,功能全,可以方便地和各种芯片组合成各种电路,实现仪器的各种功能。目前国内常用的是 MCS-51、MCS-96 系列单片机。

MCS-51 是 8 位单片机,其内部结构包括微处理器(CPU)、数据存储器(RAM)、程序存储器(ROM 或 EPROM 或无)、I/O 口(P0 口、P1 口、P2 口、P3 口)、串行口、定时器/计数器、中断系统及特殊功能寄存器(SFR)。MCS-51 具有 16 位地址总线,外部存储器寻址范围为 64K 字节。使用单片机时需要外接存储器,扩大存储空间。另外需要外接各种接口芯片扩展 I/O 口。常用的接口芯片有可编程并行 I/O 口芯片 8255、8155,键盘显示器接口芯片 8279 等。图 4-57 中, 8031 单片机外接6116(RAM)、2764(EPROM)、8155(可编程接口芯片)。输入通道中的信号调理电路,在单片机的控制下,将调理后的被测信号送到微机系统中,进行存储、计算、处理,最后将结果经接口电路送到显示器中。

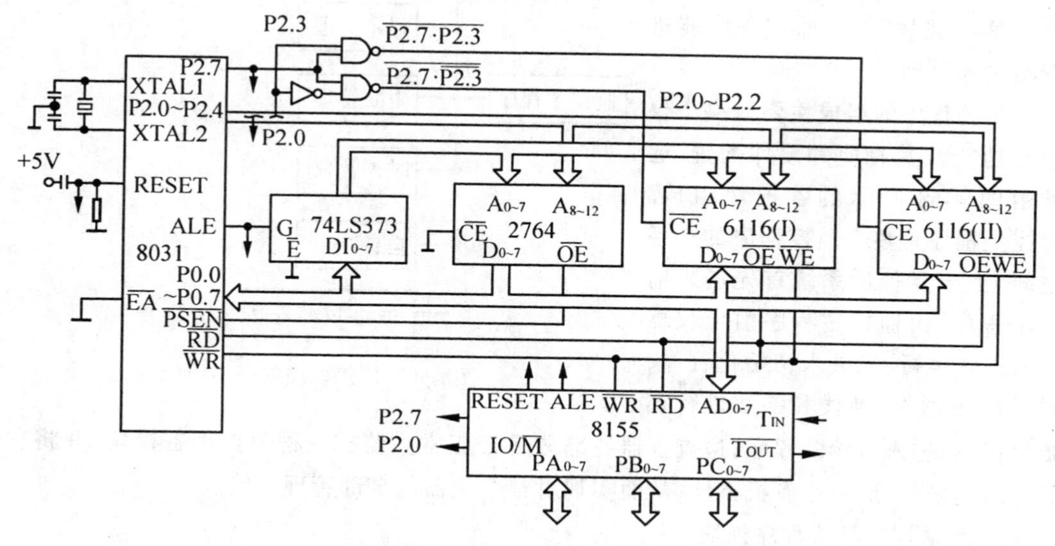

图4-57 由8031单片机构成的计算机系统

2. 信号输入通道

信号输入通道是微机化仪器的重要组成部分,主要由滤波器、放大器、多路转换开关、采样保持器、A/D 转换器等组成。输入通道的作用是将输入信号进行滤波、放大、模数转换后,送到微机系统中,进行计算、存储、数据处理等一系列操作。如果输入信号的变化速度比 A/D 转换的速度慢得多,可以不加采样保持器。

信号输入通道中 A/D 转换器是关键器件,A/D 转换器的分辨率和转换速度决定了测量的精度和速度。常用的 A/D 转换器主要有逐次逼近式和积分式。

3. 人机接口

微机化仪器通过人机联系部件和设备接收各种命令和数据,并给出运算和处理的结果。人机联系部件通常有按键、键盘、显示器和打印机。

四、微机化仪器的软件系统

微机化仪器中软件的作用至关重要。对同一个硬件电路,配以不同的软件,它所实现的功能也不同,而且有些硬件电路功能常可以用软件来实现。研制一台复杂的微机化仪器,软件研制的工作量往往大于硬件。仪器的全部软件是预先编制的,调试成功后写入 EPROM 中。下面简单介绍微机化仪器的软件系统的几个组成部分。

1. 监控程序

监控程序是仪器软件的中心环节，它负责处理来自仪器面板按键、键盘及通信接口的命令，及时响应各种服务请求，有效地管理仪器的软、硬件及人机联系部件，实现人机对话和仪器之间的通信联系，并且当仪器出现故障时，监控程序能进行相应的处理。

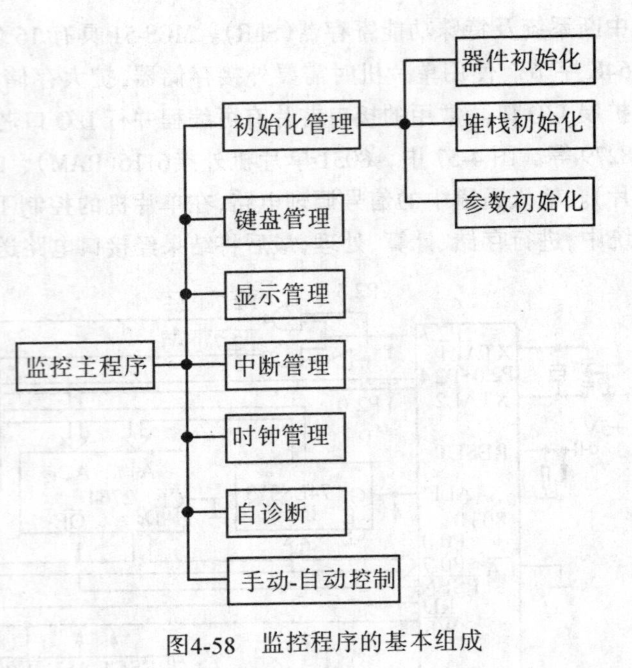

图4-58　监控程序的基本组成

监控程序的组成主要取决于仪器的功能及其相应的硬件配置，通常由图 4-58 所示的各模块组成。监控主程序是整个监控程序的一条主线，上电复位后系统首先进入监控主程序，由监控主程序引导仪器进入正常运行，先进入初始化程序，对可编程器件、堆栈和参数进行初始化；然后进入自诊断程序，检查仪器各部分是否正常。监控主程序调用各模块，并将它们联系起来，形成一个有机整体，从而实现对整个仪器的全部管理功能。

2. 测量控制算法程序模块

测量控制算法程序主要实现仪器的测量、控制、数值计算和处理。采用模块化的程序设计方法，通过多种模块实现仪器的各种功能。

(1)数值计算模块

微机化仪器中需要对测量数据进行大量计算。通过数值计算，可以大大扩展仪器的功能。例如在数字频率计中，测得信号的频率即可计算出周期。常用的数值计算程序有无符号整数运算，带符号整数运算，浮点数运算及基本函数运算(如正弦函数、指数函数、对数函数等)。

(2)测量算法模块

微机化仪器的测量算法很多，而且各种仪器采用的算法也不同。下面介绍一下常用的减少误差、提高测量精度的算法。

A、克服随机误差的算法

随机误差是由串入仪表的随机干扰所引起的，它的大小和符号作无规则的变化，但在多次测量中是符合统计规律的。为了克服随机干扰引人的误差，采用数字滤波的方法来抑制有效信号中的干扰成分。

数字滤波器具有很多硬件滤波器没有的优点。它是由软件算法实现的，不需要硬件设备。只要改变滤波程序或运算参数，就能方便地改变滤波特性。各个通道可以共用一个数字滤波器，而且不象硬件滤波器那样存在阻抗匹配问题。因此，数字滤波器的成本低，可靠性高。

常用的数字滤波器有中值滤波、算术平均滤波、递推平均滤波、加权递推平均滤波、一阶惯性滤波和复合滤波等算法。

B、克服系统误差的算法

仪器中的系统误差保持不变或按着一定的规律变化,可以利用软件进行校正。通过对仪器系统误差的分析,可以建立系统误差的数学模型,进而确定校正系统误差的算法和表达式,然后用计算机软件实现系统误差的校正。下面介绍两种消除系统误差的方法。

仪器的自校准－－进行自校准时,首先测量输入端短路时输出端的直流电压,这个电压值就是由放大器的失调电压及漂移等原因而产生的误差,将它存入存储器中。利用自校准程序从实际测量值中减去这个误差,这样,就提高测量的准确度。放大器的漂移,增益的变化,失调电压和失调电流的影响等,均可以用自校准的方法予以克服。

非线性校正－－许多传感器、检波器等器件的输出信号与被测参数之间存在明显的非线性,为了使微机化仪器直接显示被测参数,必须对其非线性特性进行校正。例如热电偶的输出信号和输入的温度值不是线性关系。将热电偶的输出送入仪器中,利用软件进行校正后,仪器可以直接输出被测温度值的读数。Solartron 7055/7065 电压表就具有这种功能,可以校正四种常用热电偶的非线性。常用的非线性校正法有函数校正法、分段拟合法、查表法等。

(3)测量过程的控制模块

通过程序可以管理、控制整个测量过程。如对输入信号的采样、信号的转换、放大器增益控制、量程转换等。

3. 中断服务程序

微机化仪器中的 CPU 收到中断请求后,要转入相应的中断服务程序,进行中断处理。如对键盘、显示器、A/D 转换器、各种故障源的中断请求进行服务。各种仪器中断源的设置及中断服务程序不尽相同。

上面介绍的微机化仪器都是将微机芯片(如 MCS-51 单片机)置于仪器之中,属于内藏式微机仪器。目前大量数字仪表都属于这种结构形式。还有一种利用 PC 机组成的 PC 机仪器,把传统的独立式仪器的测量电路和接口电路制成仪器卡,插在 PC 机内部或扩展箱内,借助 PC 机的显示器、键盘、存储器等硬件资源,就构成了 PC 仪器。它可以利用 PC 机丰富的软件资源,实现测量、数据处理等功能。另外,近年来虚拟仪器发展很快,这种新型仪器是以计算机为核心,采用模块式总线式结构,使用软面板,具有通讯能力,有丰富的应用软件。它结构简单、功能强,代表仪器发展的方向。可见,把计算机应用到测量技术中,使电测仪器发生革命性的变化。今后,测量技术还将随着计算技术的发展而不断进步。

4-11　数据采集系统

数据采集系统可以对多路模拟信号进行数字化测量,从而获得有关被测对象的大量数据。数据采集系统应用很广,例如,工厂中为了对生产过程进行自动控制,必须实时测量出反映工艺流程和产品质量的各种参量;火箭在发射之前,必须对火箭及发射装置进行全面的检测,根据测量的大量数据,判断工作状态是否正常,决定能否发射。可见,在工业、农业、国防、科研、环境保护及家用电器等各个领域,为了实现过程控制、状态监测、故障诊断、质量检测等任务,必须使用数据采集系统。

数据采集系统应用了传感器、数字化测量技术、计算机技术。图 4-59 是数据采集系统的原理框图。其中传感器根据被测对象选用;计算机是数据采集系统的控制器。下面仅从数字化测量技术的角度介绍数据采集系统,由于篇幅所限,不介绍传感器和计算机部分。

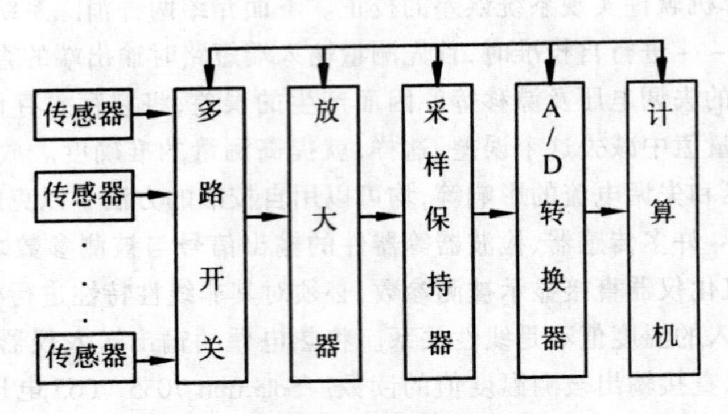

图4-59 数据采集系统原理图

一、多路开关

在实时控制和实时数据处理系统中,被测量经常是几个或几十个。通常采用公共的放大器及 A/D、D/A 转换器对多路信号进行放大或转换,因此,需要使用多路开关轮流把各个被测回路,分时地与放大器、采样保持器、A/D 转换器等公用器件接通。多路开关有机械触点式开关和半导体模拟开关。机械触点式开关中最常用的是干簧继电器,它的接通电阻小,但工作速度较慢。半导体模拟开关的体积小,工作速度快,广泛应用在各种电子电路中。现在各个半导体厂家不断推出各种多路开关芯片。下面以一种常用的模拟开关 LF 11508 为例,介绍一下多路开关的结构和使用方法。

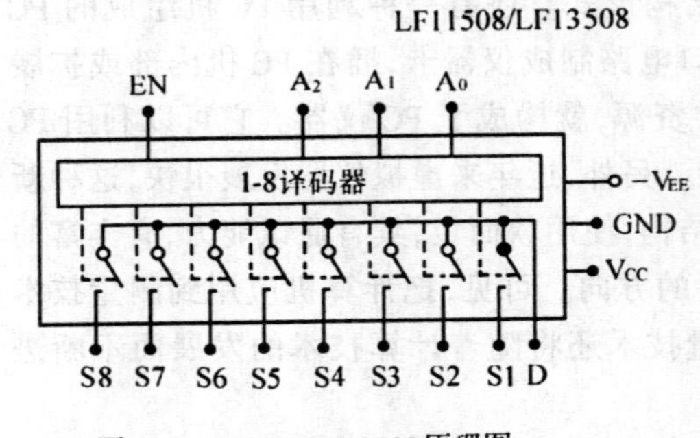

图4-60 LF11508/13508原理图

LF 11508 是单端 8 通道多路开关,图 4-60 是它的原理框图。它有三个二进制控制输入端,A_0,A_1,A_2,这三个二进制控制信号经过三-八译码器后,选择 S_1-S_8 8 个输入通道中的一个通道与输出端 D 接通。EN 为使能端,当 EN = “0” 时,通道断开,禁止模拟量输入;当 EN = “1”时,通道接通,允许控制输入端选中的模拟量输入,并和输出通道相连。当输入模拟信号的电平在芯片正负电源范围内变化时,开关的导通电阻 R_{on} 保持不变。二进制逻辑输入电平与 CMOS 和 TTL 电平兼容,输入电平范围宽。

在实际应用中,往往由于被测参数回路多,使用一个开关不能满足要求。为此,可以将多路开关进行扩展。图 4-61 用两个 8 路开关扩展成 16 路。另外还可以通过译码器控制几个模拟开关的使能端,扩展更多的路数。

模拟开关芯片的种类很多,有单端输入的,有差动输入的。还有双向开关,它既能完成从多到一的转换，也能完成从一到多的转换。因为双向开关可以用公共端为输入端，将信号按一定顺序输出到8个回路中去。

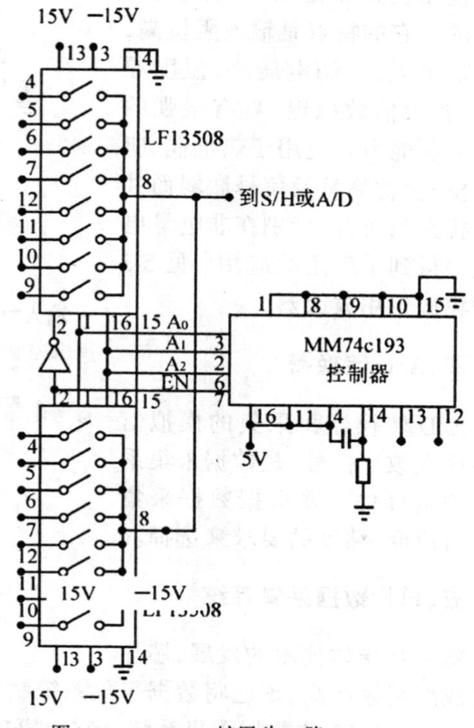

图4-61 LF13508扩展为16路

二、采样/保持器

在A/D转换过程，必须保持输入信号不变。采样/保持器(S/H)可以取出输入信号某一瞬间的值并在一定时间内保持不变。采样/保持器有两种工作方式，即采样方式和保持方式。在采样方式下，采样/保持器的输出必须跟踪模拟输入电压；在保持方式下，采样/保持器的输出将保持采样命令发出时刻的电压输入值，直到保持命令撤消为止。

图4-62是采样/保持器电路图。图中A_1为高输入阻抗的场效应管组成的放大器，A_2为输出缓冲器，开关K是工作方式控制开关。当开关K闭合时，输入信号V_{in}经放大器A_1向电容器充电，此时为采样工作方式；当开关K断开时为保持方式，由于运算放大器A_2的输入阻抗很高，因此，在理想情况下，电容器保持充电的最终值。

LF 198/LF 298/LF 398是双极型绝缘栅场效应管组成的单片集成采样/保持器(图4-63)，外接一个保持电容就能实现采样/保持功能。它具有采样速度高，保持电压下降速度慢，精度高等特点。逻辑及逻辑参考电平用来控制采样/保持器的工作方式。当逻辑电平高于逻辑参考电平时，通过控制逻辑电路A_3使开关K闭合，整个电路工作在采样状态；反之，开关K断开，电路工作在保持状态。

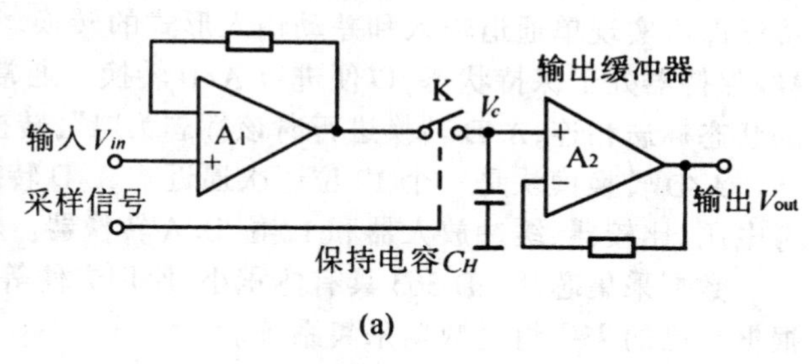

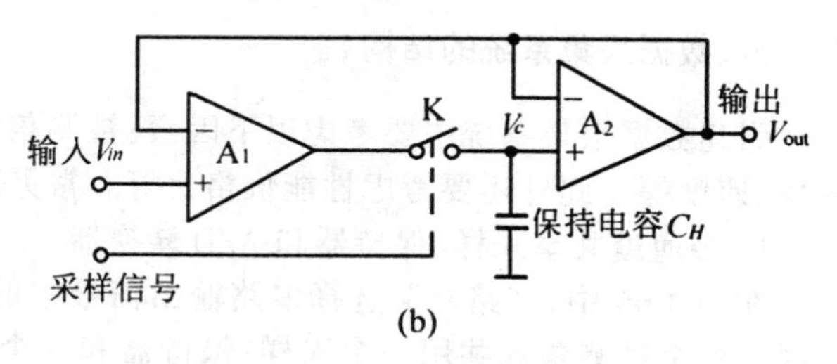

图4-62 采样/保持电路

三、仪用放大器

用传感器在工业现场中检测出的信号很微弱，必须进行放大。现场的环境很恶劣，噪声干扰特别严重，信号往往淹没在强大的干扰之中。仪用放大器(或称为测量放大器)是精密的差动电压放大器，它在不利于精密测量的环境下仍可以保持优良性能，因此在数据采集系统中得到广泛的应用。

仪用放大器是由一组放大器构成的。它的特点是输入阻抗高，输出阻抗低，失调电压小，温度漂移小，放大倍数稳定，具有很强的共模抑制能力。适用于热电偶、应变电桥、生物测量及信号微弱而共模干扰强的场合，特别在非电量电测量中得到了广泛的应用（见5-3节中集成仪用放大器）。

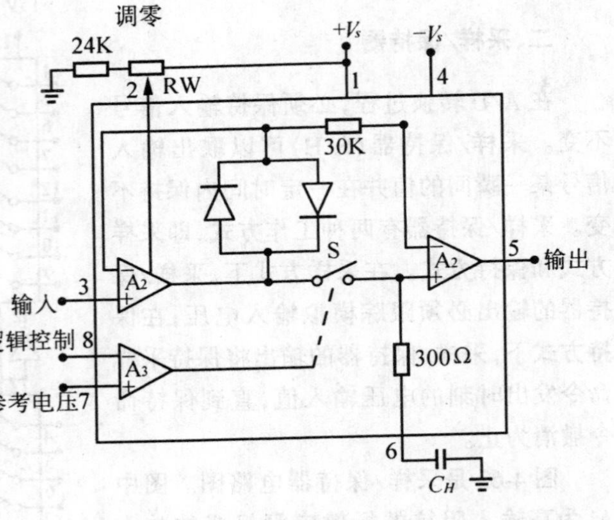

图4-63　LF198/298/398原理图

四、A/D转换器

A/D转换器将采集的模拟信号转换成数字信号，是数据采集系统的关键部件。要根据数据采集系统对速度、精度的要求来选择。

五、单片数据采集系统

随着半导体技术的发展，芯片的集成度越来越高，现已将数据采集系统制作在大规模集成电路上。AD 363就是一个完整的16通道、12位数据采集系统。它由模拟输入模块和A/D转换模块组成，每个模块都是32脚的双列直插芯片。图4-64是AD 363的结构框图。

模拟输入模块包含两个8通道多路开关、差动放大器、采样/保持器、通道地址寄存器和控制逻辑。多路开关可以接成8通道差动输入形式，也可以接成16通道单端输入形式，其输入方式可以通过芯片外部的“单端/差动选择锁存”进行控制。这样，不改变外部接线即可实现单通道输入和差动输入形式的转换。采样/保持器的控制命令为“1”时，采样/保持器处于保持状态，以便进行A/D转换。通常采样/保持器的控制端与A/D转换器的状态标志相连，A/D转换进行时该标志为“1”，转换完毕时为“0”。

A/D转换模块是一个12位逐次逼近式A/D转换器，其中包括内部时钟、精密10V参考电压、比较器、缓冲放大器和12位D/A转换器。转换时间为25μs。

数据采集芯片AD 363具有体积小，使用方便等优点，但灵活性较差。因此，人们常常根据自己的需要组建数据采集系统。

六、数据采集系统的结构

组建数据采集系统主要考虑以下因素：被测信号的变化速率和通道数、测量精度、分辨率、速度等。此外还要考虑性能价格比等。常见的数据采集系统有以下几种结构形式。

1. 多通道共享采样/保持器和A/D转换器

在图4-65中，多路开关选择多路输出信号中的某一路输出，经采样保持后进行A/D转换。各个被测参数共用一个采样/保持器和一个A/D转换器，因而芯片数量少。采样方式可以按顺序或随机进行。这是最简单的一种结构形式。

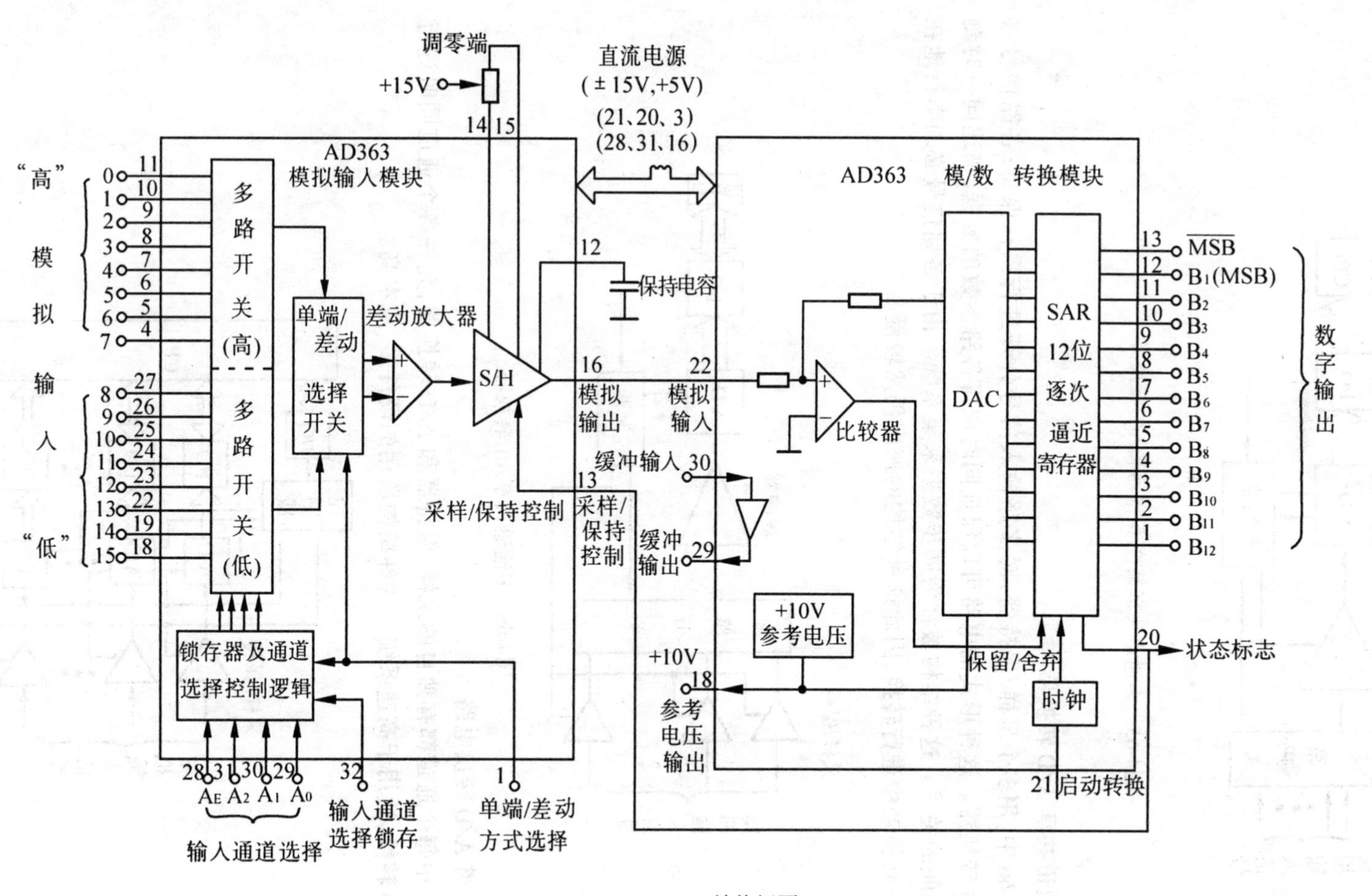

图4-64 AD363结构框图

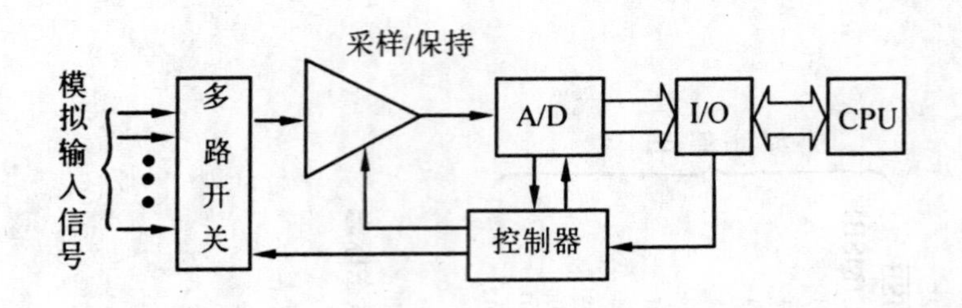

图4-65　多通道共享采样/保持器和A/D转换器

2. 多通道共享 A/D 转换器

在图 4-66 中，用多个采样/保持器，对多路输入信号分开进行采样保持；各路信号共用一个 A/D 转换器。这种形式的电路可以保证同时取得各路参数的数据，描述同一时刻各个参数之间的关系。这种结构被称为同步数据采集系统。由于各路信号必须串行地在同一个 A/D 转换器中进行转换，因此这种结构的速度仍然较慢。

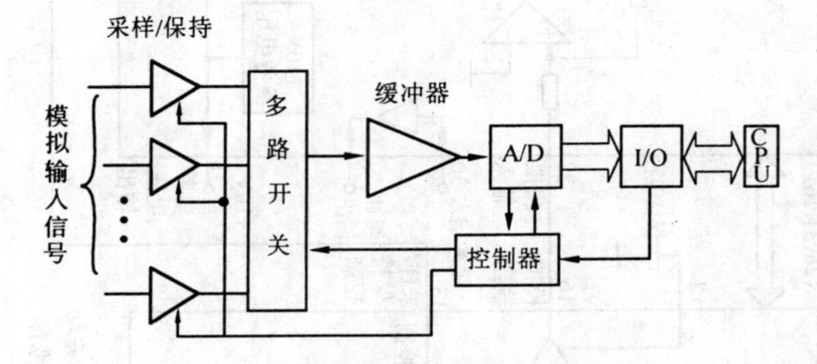

图4-66　多通道共享A/D转换器

3. 多通道 A/D 转换电路

图 4-67 中每个通道都有独自的采样/保持器和 A/D 转换器，允许各个通道同时进行采样和 A/D 转换，适用于高速系统。这种结构所用的硬件多，成本高。

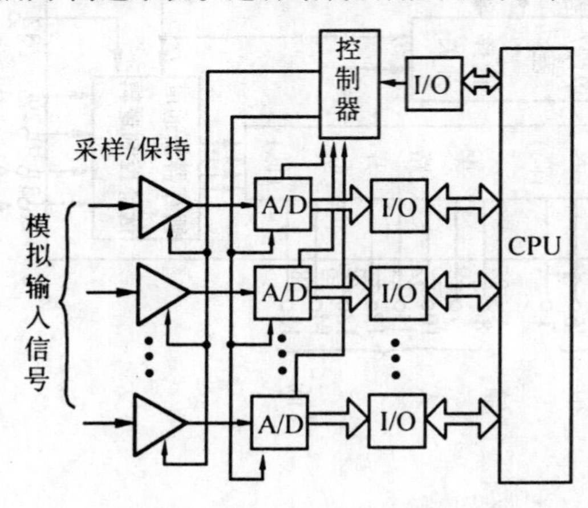

图4-67　多通道A/D转换电路

思考题、习题及答案

1. 什么是离散化？什么是量子化？二者有什么区别？

2. 什么是 D/A 转换器？什么是 A/D 转换器？它们各有什么用途？

3. D/A 转换器由哪几部分组成？各部分的主要作用？说明 D/A 转换器的工作原理。

4. 说明逐次逼近式 A/D 转换器中的 D/A 转换器的作用。

5. 为什么逐次逼近式 A/D 转换器抑制串模干扰的能力差？

6. 为什么积分式 A/D 转换器抑制干扰的能力强？对双积分 V-T 型 A/D 转换器的采样时间有什么要求？为什么？

7. 如果要求 A/D 转换器的能分辨 0.0025V 的电压变化，其满度输出所对应的电压为 9.9976V，问转换器字长应该有多少位？（答：12 位）

8. 比较逐次逼近式 A/D 转换器、双积分 V-T 型 A/D 转换器、V-F 转换器的特点。

9. 电子计数器怎样实现既能测量频率又能测量周期？为什么要通过测量周期的方法测量低频信号的频率？

10. 说明相位-时间式相位计的原理。

11. 怎样测量交流电压的平均值、有效值和峰值？说明其特点和应用。

12. 能否用平均值检波电压表测量波形畸变的交流电压的有效值？为什么？应该用什么方法测量？

13. 怎样用直流数字电压表测量电流、电阻？

14. 说明采样计算测量法的原理。怎样用采样测量法测量交流功率？

15. 说明串模干扰、共模干扰的特点，产生原因和抑制方法。

16. 微机化仪器有什么特点？简述其硬件。软件结构。

17. 简述数据采集系统的结构及应用。

18. 说明模拟开关、采样保持器、仪用放大器的作用。

第五章　非电量电测技术

5-1　引　言

读者在前面章节已经学习了电参数(如电压、电流、阻抗、电功率等)的一般测量方法及相应的仪表、仪器原理，本章将讨论非电量的电测方法。

实际上，工程测试所遇到的问题主要是非电量测量的问题，如机械量(位移、振动加速度、速度、力、力矩、应变、应力等)，热工量(温度、流量、压力等)，化工量(浓度、成份、pH值等)。在早期，非电量的测量方法主要采用非电的技术手段，例如用水银温度计测温，用比色法测量液体的pH值等。随着科学技术的发展，对测量的准确度、测量速度及测量的自动化程度等指标都提出了新的和更高的要求。特别是计算机技术的发展要求测量结果必须能够被计算机所识别，而计算机通常只能直接对电信号进行分析(经A/D变换后)。显然，单纯用非电的方法已不能满足需要。

所谓非电量的电测方法就是用电测技术手段去测量非电的物理量，其主要特点是[1]：

1. 应用了已较为成熟和完善了的电、磁参数测量技术、理论和方法。因而非电量电测技术的关键是如何将非电量变换成电磁量—传感技术(其定义稍后说明)。

2. 电信号容易传输(有线或无线)、转换(放大、衰减、调幅、调频、调相、A/D、D/A等)、记录、存储和处理，因而便于实现自动巡回检测、遥测、(计算机)实时数据分析和反馈控制等。

3. 可以在极宽的时域或频域范围内以较快的速度对被测量进行连续和准确的测量。

4. 实现智能化测量和控制。如与计算机配合可进行数据误差的自动修正或补偿、系统的自适应辨识及控制等。

5. 可完成用非电量方法无法完成的检测任务(例如温度场的测量)。

当然，仍然有些测量任务需要用非电测的方法完成。例如火药库的温湿度检测，必须禁止使用电信号以免电火花引起爆炸；此外在流量的检测中，选用非电方法可能更方便。非电量非电的测量方法请读者参阅有关参考书籍[13][14]。

图5-1给出了典型的非电量电测系统的功能框图。图中的敏感元件(sensing element)直接感受被测非电量，其输出信号大小取决于被测量和敏感元件的灵敏度；变量变换元件将信号转换成电量；信号调理元件主要是实现信号的放大,滤波等功能；信号处理元件包括信号的A/D变换、调制传输及计算分析等。

需要指出的是，图5-1中的各元件指的是测量系统中的功能元件而并非实际元件；一个实际的测量系统可以包括任意数量的上述基本功能元件，而一个实际元件很可能是多种功能元件的组合，它们也不一定按图示的顺序出现。

图5-2是一个电机转速实际测量系统的框图。发光二极管发出的光透过调制盘的齿轮间隙照射到光电元件上，光电元件能将所感受到的光照转换成电信号。随着电机转速

的不同，光电元件将输出不同频率的电脉冲，通过检测电信号的频率就可以获得电机的转速值。请读者自己将图中的实际元件与图 5-1 中的功能元件相对应。

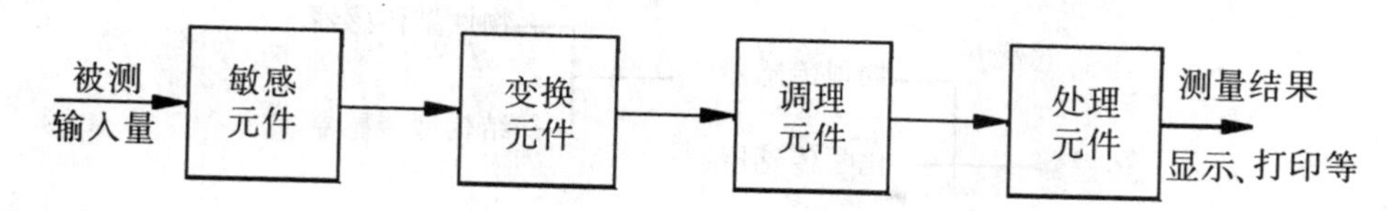

图5-1　非电量电测系统功能框图

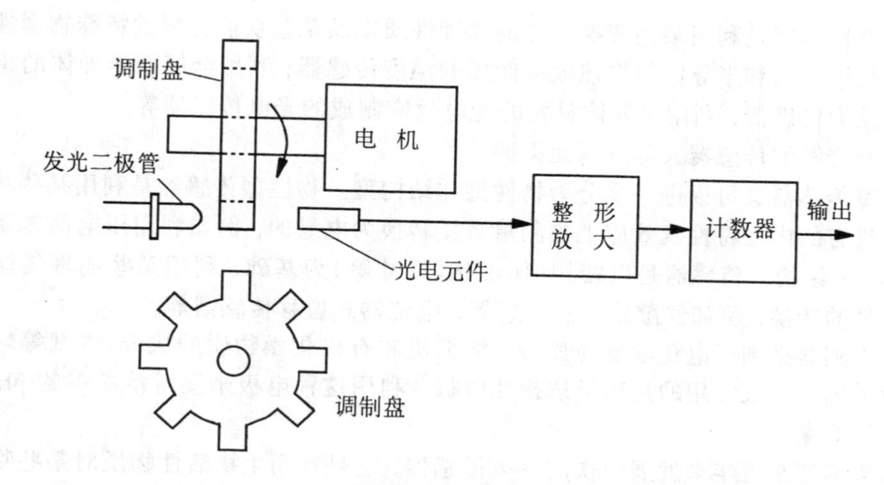

图 5-2　电机转速测量系统

前面已经指出，非电量电测技术的关键是传感技术，传感方式决定着后续电路的组成以及整个测量系统的品质。本章结合几种典型量的测量，简要介绍非电量电测系统的组成技术，具体安排是：第二节传感器的一般特性及其基础效应，第三节传感器信号的调理技术，第四节温度检测，第五节运动量的测量，第六节力的测量，第七节流量的测量，第八节其它量值测量，第九节非电量电测系统实例分析，第十节小结。本章后的习题供读者学习时参考。

5-2　传感器的一般特性及其部分基础效应介绍

传感技术的实现，依赖于一种被称之为传感器(Sensor，Transducer，Sensing element …)的装置。在非电量电测系统中，传感器起着把被测非电量转换成电量的作用，其性能的优劣直接影响着整个测量系统的品质。

传感器的定义有很多种，根据我国国家标准(GB 7665-87)，其定义是：能感受规定的被测量并按一定的规律转换成可用输出信号的器件或装置，通常由敏感元件和转换元件组成。国际 IEC 则定义传感器为：为测量的目的，将感受的物理量(一般为非电量)按照相应的关系，转换成另一种物理量(一般为电量)输出的装置。后一种定义尽管狭义，但比较符合本章所讲授的内容和逻辑。

一、传感器的分类

传感器品种非常多，通常可按工作原理、输入信息和应用范围分类。

1.传感器按其工作原理的不同分类

大体上可分为物理型、化学型及生物型三大类，如图5-3所示。

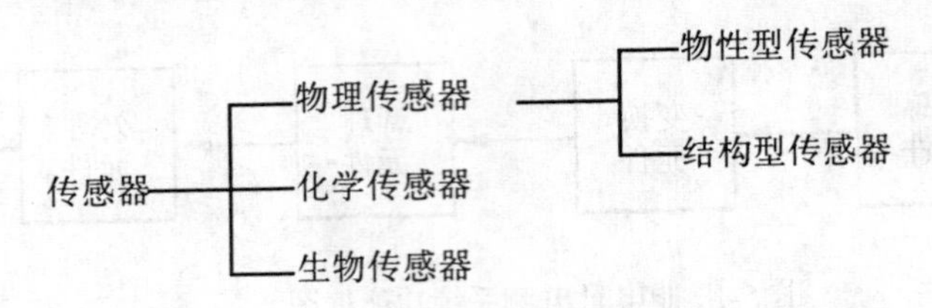

图5-3 传感器分类

物理型传感器是利用某些变换元件的物理性质以及某些功能材料的特殊物理性能制成的。如利用金属和半导体材料热效应制成的温度传感器；利用金属和半导体的压阻效应制成的压力传感器；利用半导体材料的光电效应制成的光电传感器等。

本章所接触的传感器大部分属此类型。

物理型传感器又可以进一步分为物性型和结构型。物性型传感器是利用某些功能材料本身所具有的内在特性及效应把被测量直接转换为电量的，例如利用压电晶体制成的压力传感器；结构型传感器是以结构(如形状、尺寸等)为基础，利用某些物理规律实现非电到电量的转换，例如气隙式电感传感器，电位器式位移传感器等。

化学传感器是利用电化学反应原理，把无机和有机化学物质的成分、浓度等转换为电信号的传感器。最常用的是离子选择性电极，利用这种电极来测量溶液中的pH值或某些离子的浓度。

生物传感器是近年来发展很快的一类传感器，它是利用生物活性物质对某些物质的选择性来识别或测定生物化学物质。生物传感器的最大特点是能够在分子水平上识别被测量，因而在化学工业的监测及医学研究上有广泛的应用前景。

2.按传感器的输入信息(或被测参数)分类

这种分类方式会方便使用选择并能表现传感器的功能。

按此方法，传感器可分为：位移、速度、加速度、力、压力、流量、流速、温度、湿度、浓度、光强等类别。但是，每一类都可能包含有各种原理及材料制成的传感器，如温度传感器就包括热电偶、热敏电阻等。

3.按应用范围和应用对象分类

如光学传感器，医学传感器，航天传感器，气象传感器等。

二、传感器的静态特性与动态特性

在设计完成测量系统时，传感器的各项指标是决定该传感器能否被选用的依据。而传感器的静态特性与动态特性则刻划了其主要指标。研究传感器静态特性与动态特性的目的正是为了减少测量误差，从而能正确地使用传感器。

传感器的静态特性是指当输入被测非电量为常数或极缓慢变化时，传感器输入输出间的相互关系(简称I/O关系)；而动态特性则是指当输入被测信号为动态量(实验中常采用脉冲、阶跃或正弦激励信号)时传感器的I/O关系。因此当被测信号为缓慢变化量时，应主要考虑传感器的静态特性；当被测信号为动态量(即包含多种频率成分)，则主要要考虑传感器的动态特性。

1.静态特性

表征传感器静态特性的主要指标有线性度、灵敏度、迟滞及重复性等。

(1)线性度

通常使用者希望传感器应具有线性的I/O特性，即在相应的输入条件下，传感器的输入和输出均落在同一条直线上(如图5-4所示)。这样的传感器有许多优点，例如：可大大简化理论分析和计算(可利用叠加定理)、有利于被测量直读等。理想直线可由最小点(x_{min}，y_{min})和最大点(x_{max}，y_{max})确定。由此可得直线方程为：

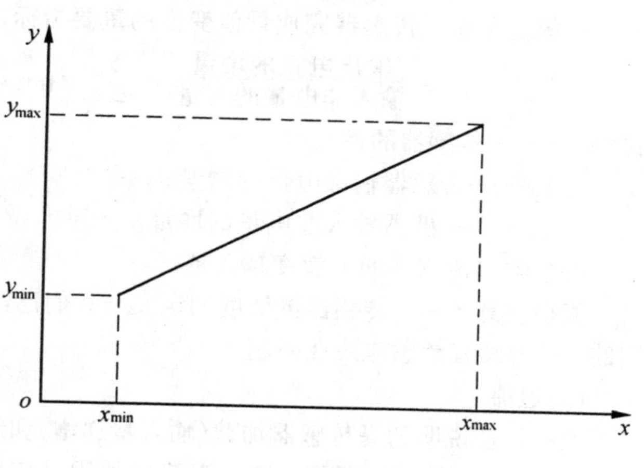

图5-4　理想变换特性

$$y - y_{min} = \frac{y_{max} - y_{min}}{x_{max} - x_{min}}(x - x_{min}) \tag{5-1}$$

实际上，许多传感器并非具有线性的I/O特性，都在一定程度上存在着非线性。此时，传感器的I/O关系不在是一条直线。

在使用具有非线性的传感器时，为方便起见，经常用一条理想直线来近似地代表实际特性，直线的确定一般用数据拟合的方法，如图5-5所示。

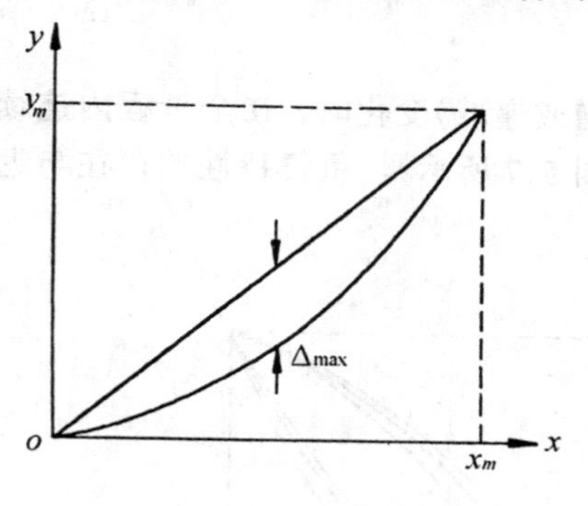

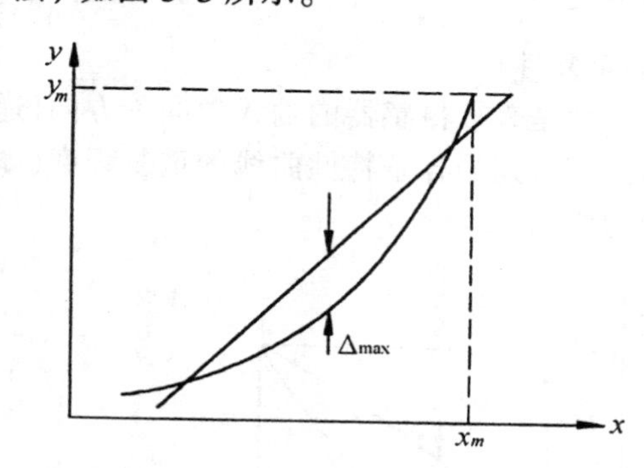

图5-5　非线性误差

实际特性曲线与拟和直线的偏差称为传感器的非线性误差，也称线性度，其大小为：

$$\gamma = \pm \frac{\Delta_{max}}{y_m} \times 100\% \tag{5-2}$$

式中　Δ_{max}——最大非线性偏差(绝对误差)；

y_m——输出满度值。

非线性误差是相对误差。在实际应用中，如果传感器的非线性误差较大，难以用直线方程近似时，必须采用其它技术对非线性进行校正。如采用差动式结构、非线性刻度、反函数修正、特殊的配用电路或算法等[1][19]。

(2)灵敏度

灵敏度是表征传感器完成量值变换的重要指标，其定义是：

$$S = \frac{\text{输出电量的增量}}{\text{输入非电量的增量}} = \frac{\Delta y}{\Delta x}\bigg|_{\text{线性变换关系}} = \frac{\mathrm{d}y}{\mathrm{d}x}\bigg|_{\text{非线性变换关系}} \tag{5-3}$$

式中　S——传感器的灵敏度；

Δy——传感器输出电量的增量；

Δx——传感器输入非电量的增量。

通常希望传感器的灵敏度越大越好。

值得注意的是，传感器灵敏度的定义与我们已经学习过的仪表灵敏度的定义是有区别的，后者没有考虑非线性问题。

(3)迟滞

迟滞特性说明的是传感器加载(输入量递增)和卸载(输入量递减)时 I/O 特性曲线的不重合程度，如图 5-6 所示。产生迟滞的原因是传感器机械部分存在不可避免的缺陷，如轴承磨擦、间隙、紧固件松动、积尘等。

迟滞大小一般用实验方法确定，用加载和卸载的输出最大偏差值 Δ_{max} 对输出满度值 y_m 的百分比来表示：

$$\gamma = \frac{\Delta_{max}}{y_m} \times 100\% \tag{5-4}$$

或采用下式：

$$\gamma = \pm \frac{\Delta_{max}}{2y_m} \times 100\% \tag{5-5}$$

(4)重复性

重复性是表征传感器的输入向同一方向(递增或递减)变化时，在全量程内连续进行重复测试所得到的各条特性曲线的重复程度(如图 5-7 所示)。重复特性的存在与迟滞具有相同的原因。

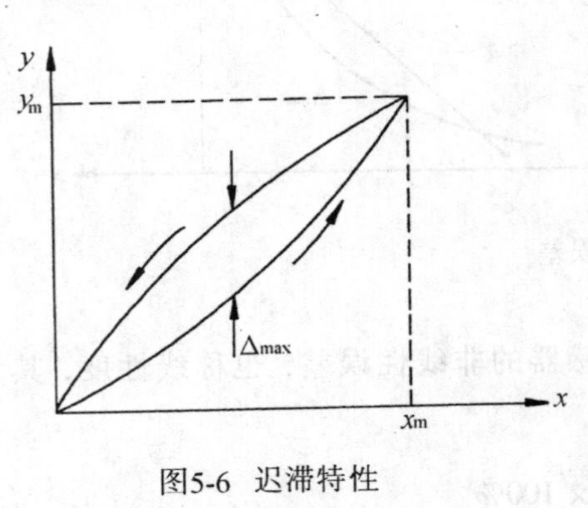

图5-6　迟滞特性

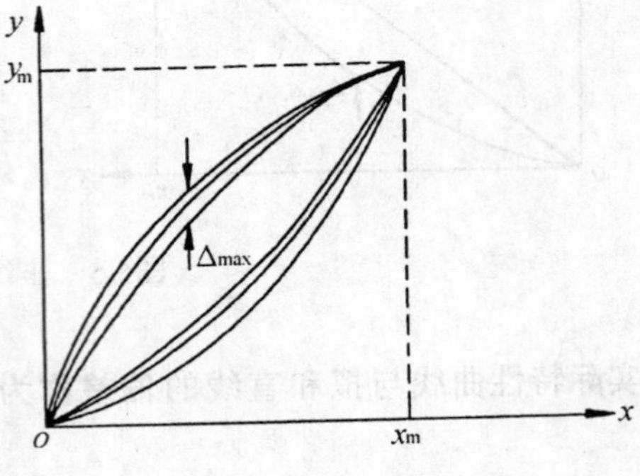

图5-7　重复性

为衡量重复性指标，一般采用最大不重复误差 Δ_{max} 与满量程输出 y_m 的百分比来表示：

$$\gamma = \pm \frac{\Delta_{max}}{y_m} \times 100\% \tag{5-6}$$

重复性误差只能由实验确定。当测量次数较多时，式中的绝对偏差 Δ_{max} 应由其均方根误差(用贝赛尔公式求取)来替换[5]，否则仍按式(5-6)计算，测试的次数越多，重复差值就可能越大。

静态特性除上述指标外，常用的还有量程、过载能力、分辨力等。

2. 传感器动态特性

从传感器动态特性中可以看出该传感器对动态输入信号(例如阶跃信号)的响应特性。

描述传感器输入输出信号的微分方程或传递函数分别从时域和频域反应了传感器的动态特性。这里仅举两个简单例子。

(1)一阶系统举例

在 $t = t_0$ 时刻，一个温度传感器(热电阻或热敏电阻)放入温度为 T_F 的液体中。若在初始时刻 $t = t_0$ 时，传感器的温度为 T_0($T_0 < T_F$)，这时，传感器的温度将会因吸热而上升为 T，并趋近于 T_F。传感器的动态性能可用一阶热平衡方程加以描述，即传感器的吸热率等于传感器含热量的变化：

$$kA(T_F - T) = \frac{\mathrm{d}[mc(T - T_0)]}{\mathrm{d}t} \tag{5-7}$$

等式左端为传感器吸热率，右端为传感器含热量的变化。

式中 k——液体和传感器间的总传热系数(W/m²·℃)；

A——有效传热面积(m²)；

m——传感器质量(kg)；

c——传感器材料比热(J/kg·℃)。

令 $\Delta T_F = T_F - T_0$，$\Delta T = T - T_0$，由式(5-7)有

$$\frac{mc \cdot \mathrm{d}\Delta T}{kA \cdot \mathrm{d}t} + \Delta T = \Delta T_F \tag{5-8}$$

由式(5-8)可得传感器在阶跃输入条件下的响应曲线，见图 5-8。

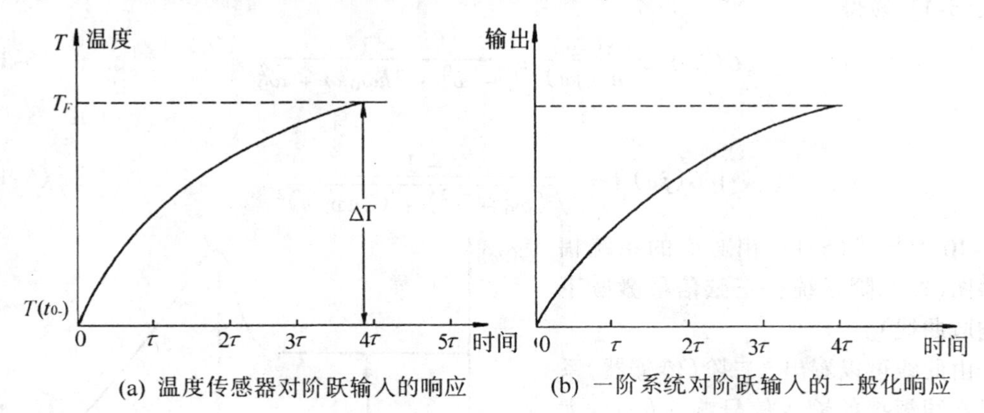

(a) 温度传感器对阶跃输入的响应　　(b) 一阶系统对阶跃输入的一般化响应

图5-8 一阶系统对阶跃激励的时域响应曲线

由式(5-8)可得传感器的传递函数：

$$G(s) = \frac{\Delta T(s)}{\Delta T_F(s)} = \frac{1}{\frac{mc}{kA}s + 1} = \frac{1}{1 + \tau s} \tag{5-9}$$

式中 $\tau = mc/kA$——为时间常数，它是表征一阶动态系统的重要指标，正是由于 τ 的

存在，一阶系统的输出跟不上阶跃输入的快速变化，从而产生测量误差。

(2)二阶系统举例

许多传感器具有二阶系统的特征，典型的例子是惯性测振仪，该仪器可用于测量振动加速度，即基座位移 $X(t)$ 的二次导数。图 5-9 是惯性测量仪的原理图。因为：

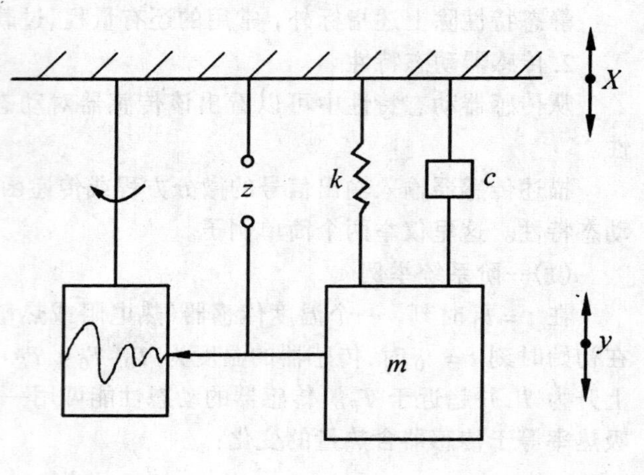

图 5-9 惯性测振仪原理图

$$弹性力 = k(y - X) = kz$$

$$阻尼力 = c\left(\frac{dy}{dt} - \frac{dX}{dt}\right) = c\,\frac{dz}{dt}$$

$$惯性力 = m\,\frac{d^2y}{dt^2} = m\left(\frac{d^2X}{dt^2} + \frac{d^2z}{dt^2}\right)$$

所以，振动体系力平衡方程为

$$m\left(\frac{d^2X}{dt^2} + \frac{d^2z}{dt^2}\right) + c\,\frac{dX}{dt} + kz = 0 \tag{5-10}$$

令 $\omega_0 = \sqrt{k/m}$，$h = (c/m)(1/2\omega_0)$，ω_0 和 h 分别称为系统的固有共振频率和阻尼比，则有

$$\frac{d^2z}{dt^2} + 2h\omega_0\frac{dz}{dt} + \omega_0^2 z = -\frac{d^2X}{dt^2} = -a_x \tag{5-11}$$

式中，a_x 为被测加速度。由式(5-11)可写出被测加速度与相对位移 z 之间的传递函数为

$$G(s) = \frac{z(s)}{a_x(s)} = \frac{-1}{s^2 + 2h\omega_0 s + \omega_0^2} \tag{5-12}$$

由式(5-12)易得

$$G(j\omega) = \frac{z(j\omega)}{a_x(j\omega)} = \frac{-1}{-\omega^2 + 2h\omega_0 j\omega + \omega_0^2} \tag{5-13}$$

$$|G(j\omega)| = \frac{-1}{\sqrt{(\omega_0^2 - \omega^2) + (2h\omega_0\omega)^2}} \tag{5-14}$$

图 5-10 为与式(5-14)相对应的系统幅值谱图(即二阶系统在正弦信号激励下的响应曲线)。

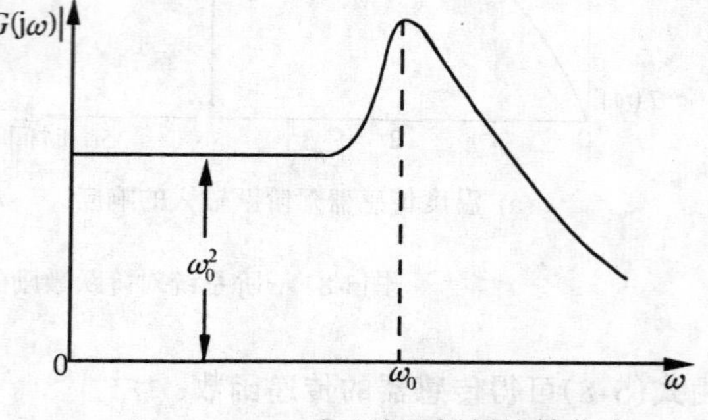

图5 - 10 二阶系统的幅频特性曲线

由曲线可以看出，二阶(传感器)系统对不同频率的输入信号响应(如放大倍数)是不一样的，在 ω_0 处形成一个尖峰，在低频段较为平缓，对高频信号则有明显的衰减作用。

描述一阶(传感器)系统动态特性的主要参数是时间常数，而描述二阶系统动态特性的主要参数是固有频率及阻尼比。

一个传感器可能具有一阶、二阶或更高阶的动态特性。由于传感器动态特性的非理想性(理想特性：传感器传递函数的幅值谱为水平直线)，所以在测量动态信号时会产生动态误差。

三、传感器与基础效应

传感器种类很多，从原理上讲都以物理、化学及生物的各种规律或效应为基础。例如应变片以金属的应变效应为基础，光电传感器以半导体等的光敏特性为基础。新型材料的发现和利用，推动了新型传感器的产生和发展。因此，了解传感器所依赖的各种效应，对学习和利用各种传感器(特别是物性型传感器)是非常必要的。表 5-1 列出了部分物性型传感器的检测对象及所基于的效应。篇幅所限，本书在此仅以应变片、霍尔片和压电传感器为例介绍传感器与基础效应的关系，如读者需要更广泛地了解有关内容，请参阅[14][22][26]等。

表 5-1 物性型传感器基础效应

检测对象	类型	所利用的效应	输出信号	传感器或敏感元件举例	主要材料
光	量子型	光电导效应	电阻	光敏电阻	可见光：Cds，CdSe，a-Si：H
					红外：PbS，InSb
		光生伏特效应	电流 电压	光敏二极管、光敏三极管、光电池	Si，Ge，InSb(红外)
				肖特基光敏二极管	Pt-Si
		光电子发射效应	电流	光电管、光电倍增管	Ag-O-Cs，Cs-Sb
		约瑟夫逊效应	电压	红外传感器	超导体
	热型	热释电效应	电荷	红外传感器、红外摄象管	$BaTiO_3$
机械量	电阻式	电阻应变效应	电阻	金属应变片、半导体应变片	康铜，卡玛合金 Si
		压阻效应		硅杯式扩散型压力传感器	Si，Ge，GaP，InSb
	压电式	压电效应	电压	压电元件	石英，压电陶瓷，PVDF
		正、逆压电效应	频率	声表面波传感器	石英，ZnO + Si
	压磁式	压磁效应	感抗	压磁元件；力、扭矩、转矩传感器	硅钢片，铁氧体，坡莫合金
	磁电式	霍尔效应	电压	霍尔元件；力、压力、位移传感器	Si，Ge，GaAs，InAs
	光电式	光电效应		各种光电顺件；位移、振动、转速传感器	(参见光传感器)
		光弹性效应	折射率	压力、振动传感器	
温度	热电式	塞贝克效应	电压	温差电偶	$Pt\text{-}PtRh_{10}$，NiCr-NiCu，Fe-NiCu
		约瑟夫逊效应	噪声电压	绝对温度计	超导体
		热电效应	电荷	驻极体温敏元件	PbTiO，PVF_2，TGS，$LiTaO_3$
	压电式	正、逆压电效应	频率	声表面波温度传感器	石英
	热型	热磁效应	电场	Nernst 红外探测器	热敏铁氧体，磁钢

续表 5-1　物性型传感器基础效应

检测对象	类型	所利用的效应	输出信号	传感器或敏感元件举例	主要材料
磁	磁电式	霍尔效应	电压	霍尔元件	Si, Ge, GaAs, InAs
				霍尔 IC、MOS 霍尔 IC	Si
		磁阻效应	电阻	磁阻元件	Ni-Co 合金, InSb, InAs
			电流	pin 二极管、磁敏晶体管	Ge
		约瑟夫逊效应	电流	超导量子干涉器件(SQUID)	Pb, Sn, Nb, Sn, Nb-Ti
	光电式	磁光法拉第效应	偏振光面偏转	光纤传感器	YIG, EuO, MnBi
		磁光克尔效应			MnBi
放射线	光电式	放射线效应	光强	光纤射线传感器	加钛石英
	量子型	pn结光生伏特效应	电脉冲	射线敏二极管 pin 二极管	Si, Ge 渗 Li 的 Ge, Si, HgI_2
		肖基特效应	电流	肖特基二极管	Au-Si

1. 电阻应变效应与电阻应变传感器

(1)电阻应变效应

1856 年,英国物理学家 W. Thomson 首先发现了金属的电阻应变效应,并由 B. W. Bridgemen 于 1923 年用实验进行了验证。金属导体的电阻随着机械变形(伸长或缩短)的大小发生变化的现象称为金属的电阻应变效应,它是应变片式传感器工作的基础,下面以一根金属丝来说明这种效应。

设金属丝长为 l,截面积为 s,电阻系数为 ρ,则其阻值为

$$R = \rho \frac{l}{s} \tag{5-15}$$

当导线两端受到拉力 F 作用时,其长度 l 伸长 dl,截面积 s 减小 ds,电阻系数 ρ 变化 $d\rho$,从而引起电阻值增加 dR(见图 5-11),由对数微分法得到

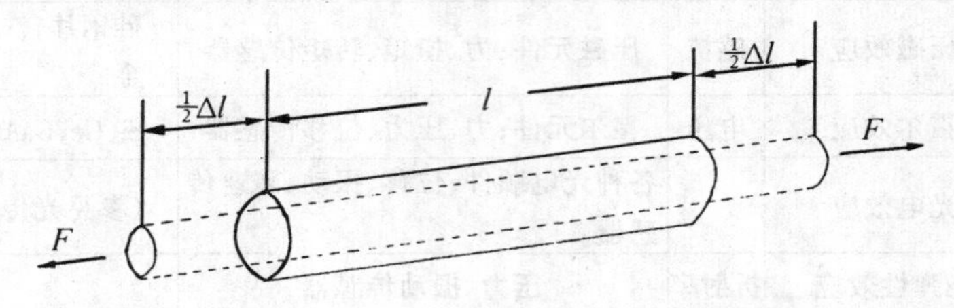

图5-11　电阻丝应变效应示意图

$$\frac{dR}{R} = \frac{d\rho}{\rho} + \frac{dl}{l} - \frac{ds}{s} \tag{5-16}$$

因为 $s = \pi r^2$,r 为金属丝半径,所以有

$$\frac{ds}{s} = 2\frac{dr}{r} \tag{5-17}$$

由材料力学可知

$$\frac{\mathrm{d}r}{r}=-\mu\frac{\mathrm{d}l}{l}=-\mu\varepsilon \tag{5-18}$$

式中 μ——为泊松比；

$\varepsilon=\mathrm{d}l/l$——表示电阻丝轴向的相对变化，即应变。

将式(5-17)和(5-18)代入(5-16)有

$$\frac{\mathrm{d}R}{R}=\frac{\mathrm{d}\rho}{\rho}+(1+2\mu)\frac{\mathrm{d}l}{l}=\left[\frac{l\dfrac{\mathrm{d}\rho}{\rho}}{\mathrm{d}l}+(1+2\mu)\right]\frac{\mathrm{d}l}{l} \tag{5-19}$$

定义 k 为金属丝应变灵敏度系数，有

$$k=\frac{\mathrm{d}R/R}{\mathrm{d}l/l}=\frac{\mathrm{d}R/R}{\varepsilon}=1+2\mu+\frac{\mathrm{d}\rho/\rho}{\varepsilon} \tag{5-20}$$

对金属来说，$\mathrm{d}\rho/\rho$ 变化很小，k 值主要取决于 $1+2\mu$ 项。由上面的分析可知，金属丝的电阻相对变化值与受力后的金属丝几何尺寸变化有关，还与金属丝电阻系数的变化有关，从而说明了金属的电阻应变效应原理。

(2)应变片式传感器

利用金属的电阻应变效应可以制成粘贴式电阻应变计，它得到了广泛应用。图 5-12 给出了电阻丝式应变片传感器的结构图。

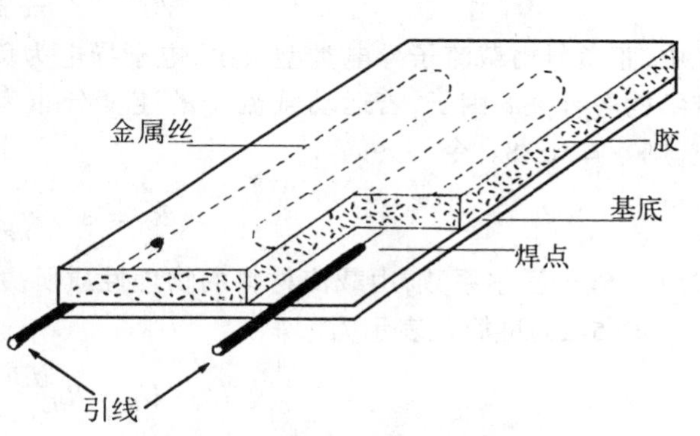

图5-12 电阻应变片结构图

应变片由敏感栅、基底、粘合剂、引线及盖片等组成，敏感栅由直径 0.01 ~ 0.05mm、高电阻系数的细丝(常用材料有：康铜、镍铬、铂铱合金等)弯曲成栅状，是传感器感受应变的敏感元件。敏感栅用粘合剂固定在基底上，基底的作用是支撑，但必须很薄(0.03 ~ 0.06mm)以保证应变的准确传递。

由于金属丝在应变片中存在弯角，使得其应变灵敏度有所下降(弯角部分在感受应变时，由于存在径向尺寸变化，将影响金属丝轴向总的电阻变化，即使 $\mathrm{d}R/R$ 变小，而 $k=(\mathrm{d}R/R)/\varepsilon$，从而 k 变小[1])。此外，由于金属丝电阻对温度很敏感，因而测试环境温度的变化将可能会造成测量误差，在实际应用中须加以补偿。将应变片粘贴在被测应变的弹性梁上，即可测量应变大小，读者将会在本章第六节学习应变片的应用技术。

2. 霍尔效应与霍尔片

当电流垂直于外磁场方向通过置于该磁场中的导体或半导体薄片时，在薄片垂直于电流和磁场方向的两侧表面之间产生电位差的现象称为霍尔效应。所产生的电位差称为霍尔电势，它是由于运动载流子受到磁场的作用力 F_L(称为洛仑兹力)，如图 5-13 所示，而在薄片两侧分别形成电子、正电荷的积累所致。

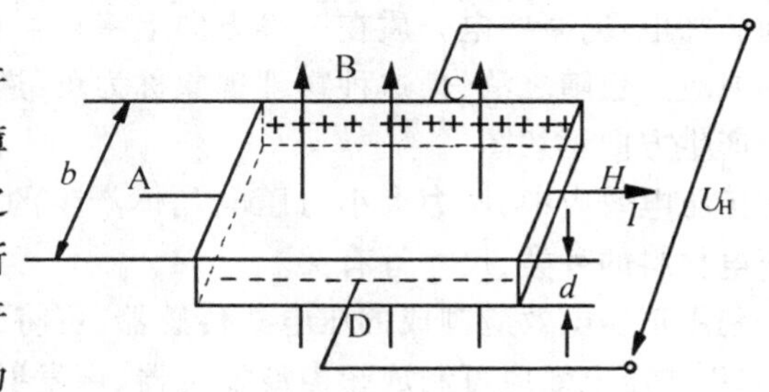

图5-13 n型半导体霍尔效应原理图

洛仑兹力 $F_L = evB$,其中 e 为电子电荷量,$e = 1.602 \times 10^{-19}$C,$v$ 为电子平均运动速度,B 为磁感应强度。设半导体的导电面积为 s,且 $s = bd$,b 和 d 分别为薄片的宽度与厚度,则通过半导体的电流大小为

$$I = -nesv = -nebdv \tag{5-21}$$

所以有

$$F_L = evB = -eB\frac{I}{nebd} \tag{5-22}$$

电子积累所形成的电场作用于载流子(电子)的电场力为

$$F_E = -eE_H = -eU_H/b \tag{5-23}$$

式中,E_H 为电场强度,U_H 为霍尔电势。当 $F_L = -F_H$ 时,电子积累达到动态平衡,因此比较式(5-22)与(5-23)有

$$U_H = -IB\frac{1}{ned} \tag{5-24}$$

如果考虑运动载流子分布对电流的影响,则上式应修正为

$$U_H = \pm\gamma\frac{1}{ne}\frac{IB}{d} \tag{5-25}$$

式中,正负号由载流子导电类型决定,电子导电为负值,空穴导电为正值。γ 是与温度、能带结构等有关的因子,若运动载流子的速度分布为费米分布,则 $\gamma = 1$,若为波尔兹曼分布,则 $\gamma = 3\pi/8$。令

$$R_H = \pm\gamma\frac{1}{ne} \tag{5-26}$$

式中 R_H—霍尔系数,由载流材料的物理性质所决定,其单位是 $m^3 \cdot C^{-1}$。

式(5-25)可简化表示为

$$U_H = R_H\frac{IB}{d} \tag{5-27}$$

由式(5-27)可以看出,霍尔电势的大小与电流或磁场强度成正比,从而可以利用霍尔片测量电流或磁场强度,具体应用请读者参考有关书籍[4,14]。

3. 压电效应与压电传感器

压电传感器的原理是基于某些晶体材料的压电效应,常用的压电材料有石英(S_iO_2),钛酸钡压电陶瓷等。压电效应分为正压电效应和负压电效应。

当某些电介质沿一定方向受外力作用而变形时,在其一定的两个表面上产生异号电荷,当外力去掉后,又恢复到不带电的状态,这种现象称为正压电效应。当在电介质极化方向施加电场,某些电介质在一等方向上将产生机械变形或机械应力,当外电场撤去后,变形或应力也随之消失,这种物理现象称为负(逆)压电效应。图 5-14 为正压电效应力与电荷产生方向示意图。

正压电效应中,压力大小与压电晶体产生的电荷量成正比:$Q = dF$,d 为压电系数,与压电材料的种类、尺寸等有关。

利用正压电效应制成的压电式传感器,可将力、压力、振动、加速度等非电量转换为电量;利用逆压电效应可制成超声波发生器、声发射传感器、压电扬声器等。

因为压电材料为电介质,因此压电传感器实质上为一个电容器,和普通电容器不同的是极板上的电荷是在外力作用下产生的。我们可以把压电传感器等效为两种电路,如图

5-15 所示。

在图 5-15(a)中,传感器等效为一个与电容相并联的电荷源,电容器上电压与电荷的关系为:$U_a = q/C_a$;而在图(b)中,压电传感器等效为一个电压源与一个电容 C_a 相串联。

压电传感器的输出阻抗较大,其测量电路必须具有很高的输入阻抗,常用的测量电路有电荷放大器等,电荷放大器原理将在第三节中介绍。

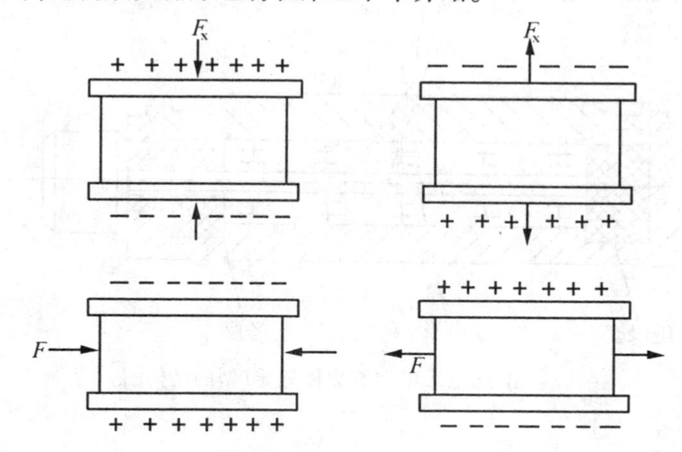

图5－14　晶片上电荷极性与受力方向关系

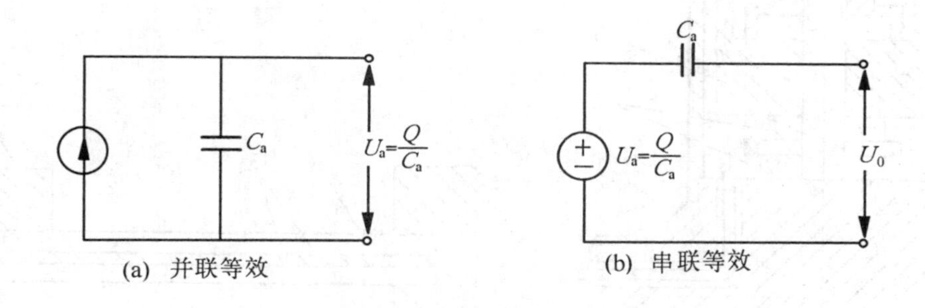

图5－15　压电传感器等效电路

图 5-16 为压电传感器测量力及加速度的应用原理图。

5-3　传感器信号调理技术

通常,被测的非电信号经传感器后可变换为电信号,如电压、电流、电阻等。传感器输出的电信号常常是很微弱的,输出阻抗高,且信号在包含被测信息的同时又不可避免地为噪声所污染。因此对传感器输出的信号有必要进行调理,如对传感器输出阻抗进行匹配,对微弱信号进行放大,对噪声进行滤波等。

一、传感器常用接口电路

传感器接口电路的作用是将传感器输出的电信号进行阻抗匹配和变换(这里所说的变换是指将不易测量的电信号转换为较易测量的电信号,如电阻-电压、电流-电压变换等)。

1. 阻抗匹配器

传感器的输出阻抗较高,这样传感器输出信号在输入到下一级测量环节时,可能会衰减,从而降低信号的信噪比。为使测量系统更准确地拾取传感器的输出信号,常采用高输入阻抗匹配器件作为测量系统的前置电路。阻抗匹配器具有很高的输入阻抗及较低的输出阻抗。提高后续电路的输入阻抗同降低传感器的输出阻抗在物理意义上是一致的。

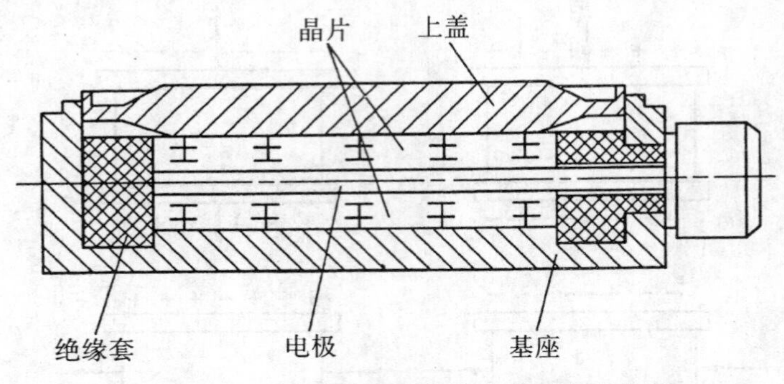

(a) 压电式单向测力传感器I型的结构图

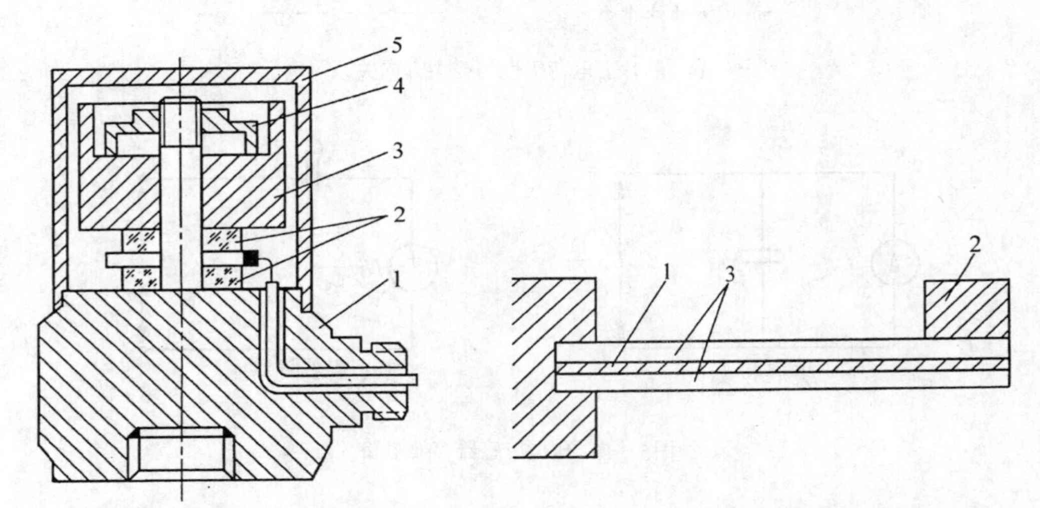

(b) 压缩型压电式加速度传感器I型结构原理图

1—基座 2—压电片 3—质量块 4—弹簧 5—壳体

(c) 弯曲型压电式加速度传感器

1—金属片 2—质量块 3—压电片

图5-6 压电传感器应用

测量宽频带信号常采用晶体管前置电路,图 5-17 所示为两种晶体管式阻抗匹配器,它采用晶体管作为输入级放大元件。电路输入阻抗的提高受晶体管偏置电阻的影响,该影响可用电子技术中"自举"的方法加以改善。自举提高了偏置电阻 R_B 的电路等效值,从而可以提高电路的输入阻抗。这种电路的输入阻抗大于 1MΩ。

由于场效应管是电平驱动元件,栅、漏极电流很小,具有更高的输入阻抗,因此场效应管常用于前级阻抗变换。图 5-18 所示电路即为一种常见的阻抗匹配器。由于结构简单、体积小,可直接安装在传感器内部,减少外界对测量的干扰。在电容拾音器、压电传感器等电容性的传感器中被广泛地应用。这种匹配器的输入阻抗可高达 $10^{12}\Omega$ 以上。

阻抗的匹配往往可与信号的放大环节同时完成，本节稍后介绍的测量放大器即具有这样的功能。

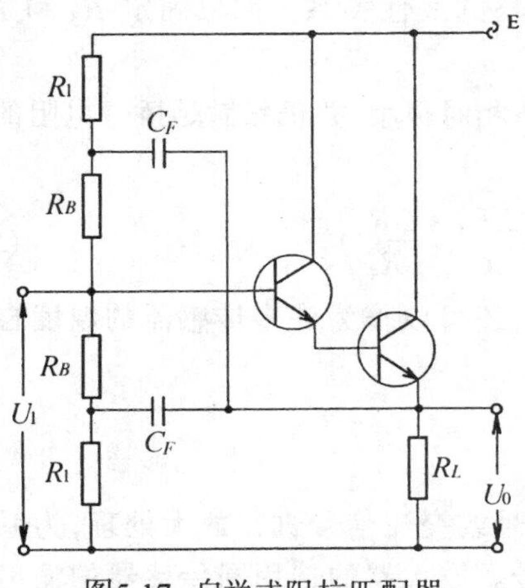

图5-17 自举式阻抗匹配器

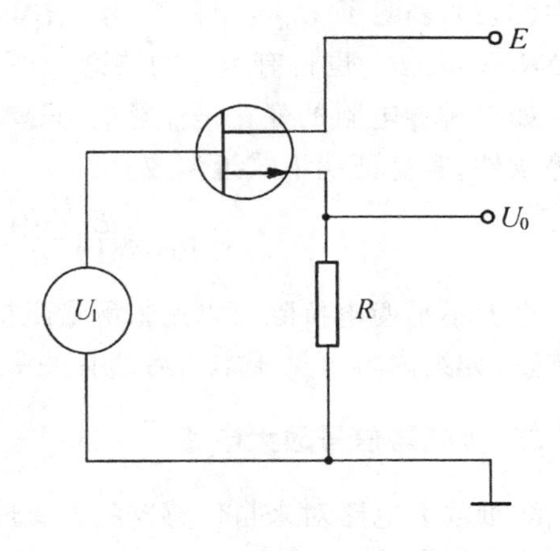

图5-18 场效应管式阻抗匹配器

2. 电桥电路

电桥是传感器接口电路中常见的配用电路。它具有结构紧凑、灵敏度高等特点，主要用于把传感器的阻抗变化转换为电压或电流信号。读者在前面已经学习过直流和交流平衡电桥的知识，在此主要介绍直流不平衡电桥在传感器接口电路中的应用。

图 5-19 为直流不平衡电桥的原理图，与平衡电桥的区别是不需调节桥臂电阻使电桥的 c、d 点电位相等，而是直接将电桥的不平衡输出 U_{cd}传递给后续电路。U_{cd}显然可以反映桥臂电阻的变化。不平衡电桥的优点是可以实现自动测量，虽然准确度相对要降低。

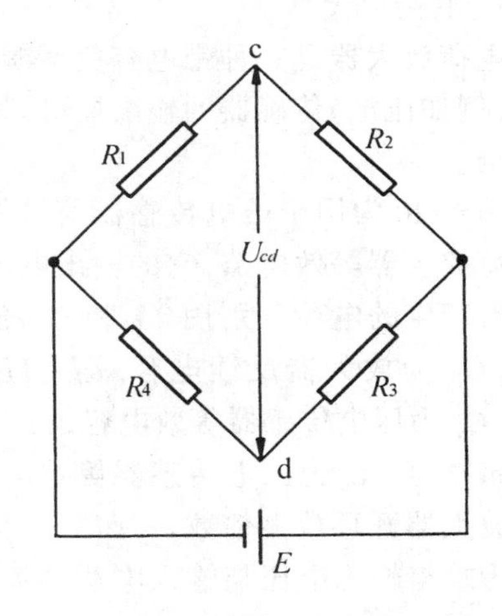

图5-19 直流不平衡电桥

众所周知，电桥的不平衡输出为

$$U_{cd} = E\frac{R_1R_3 - R_2R_4}{(R_1 + R_2)(R_3 + R_4)} \tag{5-28}$$

当 $R_1R_3 = R_2R_4$ 时电桥平衡，即 $U_{cd} = 0$。若平衡后桥臂的四个电阻发生改变而产生增量 $\Delta R_1, \Delta R_2, \Delta R_3, \Delta R_4$ 时，电桥极可能失去平衡而产生不为零的 U_{cd}。由式(5-28)可以看出，电桥的输出电压值与电桥的激励电源值 E 成正比，但一般说来却是桥臂电阻 $R_1 \sim R_4$ 的非线性函数。例如电桥一开始处于平衡状态，然后 R_1 开始变化，输出电压的变化将不与 R_1 的变化 ΔR_1 成正比。但是对于某些有实际意义的应用场合，获得理想的线性也是可能的。最好的例子就是各种应变片式传感器的应用，在这种场合下，桥臂电阻全部或部分地被应变片所替代。假设电桥平衡时，桥臂电阻 $R_1 = R_2 = R_3 = R_4$，而且，各桥臂电阻的变化是这样的，即 $|+\Delta R_1| = |-\Delta R_3| = |+\Delta R_3| = |-\Delta R_4|$(正号表示电阻增加，负号表示减小)。因而，有

$$U_{cd}=E\left(\frac{R_1+\Delta R_1}{(R_1+\Delta R_1)+(R_2+\Delta R_2)}-\frac{R_4+\Delta R_4}{(R_3+\Delta R_3)+(R_4+\Delta R_4)}\right)=E\frac{\Delta R_1}{R_1} \tag{5-29}$$

式中(5-29)表明了 U_{cd}与电阻变化 ΔR_1 间具有严格的线性关系。如果固定 R_3 和 R_4,并有 $\Delta R_1=-\Delta R_2$,也将有类似的结论。

如果桥臂电阻的变化是任意的,只要其变化值相对很小,并仍然满足桥臂电阻的初值相等条件,容易证明下式近似成立:

$$U_{cd}=\frac{E}{4}\left(\frac{\Delta R_1}{R_1}-\frac{\Delta R_2}{R_2}+\frac{\Delta R_3}{R_3}-\frac{\Delta R_4}{R_4}\right) \tag{5-30}$$

直流不平衡电桥除可以用来测量阻抗变化外,还可以作为许多传感器的温度自动补偿装置,详细内容可见于本书后续有关章节中。

二、传感器信号放大电路

测量放大电路对来自传感器的直流慢变化信号或交流信号进行放大处理,为系统后续环节提供高精度、具有一定幅值的模拟输入信号。放大器的选用同传感器的输出信号密切相关。

通常,传感器输出信号较弱,最小的到 0.1μV 而且动态范围较宽,往往叠加有很大的共模干扰电压。测量放大电路的目是检测叠加在高共模电压上的微弱信号,因此要求测量放大电路具有高输入阻抗、共模抑制能力强、失调及漂移小、噪声低、增益稳定性高等性能。在此介绍几种由运算放大器构成的测量放大电路。

1. 电荷放大器

电荷放大器是一种带电容负反馈的高输入阻抗、高增益的运算放大器,广泛应用于电场型(例如压电)传感器的输出接口,其优点是输入阻抗高,并可以抑制传输电缆分布电容的影响。

图 6-20 为用于压电传感器信号放大的电荷放大器等效电路,它的输出电压与传感器产生的电荷分别用 U_0 和 Q 表示。图中,C_F 为放大器反馈电容,R_F 为反馈电阻,C_a 为压电传感器等效电容,C_e 为电缆分布电容,R_a 为压电传感器等效电阻,K 为放大器开环放大倍数。

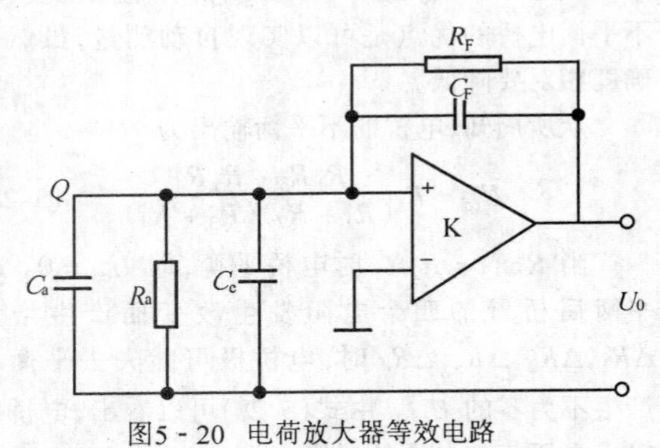

图5-20 电荷放大器等效电路

为求得输出电压与输入电荷的关系,在∑点列节点方程,最终求得

$$U_0=\frac{-j\omega QK}{\left[\frac{1}{R_a}+(1+K)\frac{1}{R_F}\right]+j\omega[C_a+C_e+(1+K)C_F]} \tag{5-31}$$

一般情况下,R_a、R_F 较大,C_a、C_e 与 C_F 大约是同一数量级,而 K 则较大。因此,在式(5-31)分母中,$(C_a+C_e)<<(1+K)C_F[1/R_a+(1+K)/R_F]<<\omega(1+K)C_F$,由此得

$$U_0\approx-\frac{KQ}{(1+K)C_F}\approx-\frac{Q}{C_F} \tag{5-32}$$

上式表明,只要 K 足够大,则输出电压 U_0 只与被测量电荷 Q 和反馈电容 C_F 有关,

与电缆分布电容 C_e 无关，说明电荷放大器的输出不受传输电缆长度的影响。电荷放大器与压电传感器配接后，由于被测压力 $Q = dF$，再由(5-32)，得

$$U_0 = -\frac{Q}{C_F} = \frac{d}{C_F}F \tag{5-33}$$

可见，通过测量电压 U_0，即可获知压力 F 的大小。

2. 差分放大电路

差分放大电路适合于在较高的共模电压下进行信号放大，特别是当共模信号超过了集成运算放大器本身的允许范围时，必须采用差分放大。

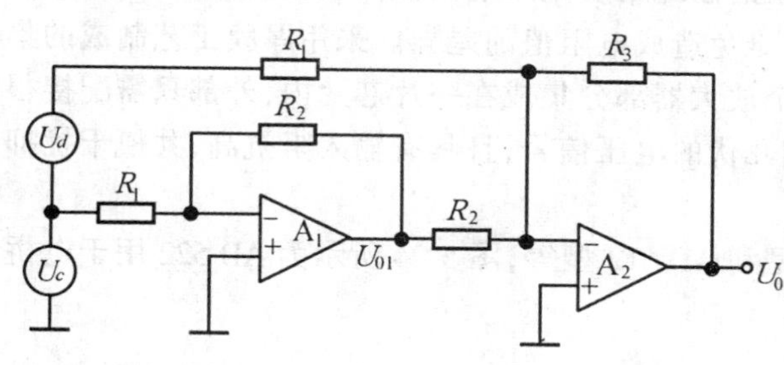

图5-21 高共模输入范围放大电路

图 5-21 所示为一种高共模输入范围的放大电路。该电路由一个反向比例放大器 A_1 与一个反相加法器 A_2 组成，共模抑制能力主要取决于电路中电阻的匹配精度。放大器反相端处于虚地工作状态，所以运算放大器几乎不承受共模电压。该电路的输出电压为

$$U_0 = -\frac{R_3}{R_1}U_d \tag{5-34}$$

显然 R_1/R_2 值越大，电路共模抑制能力越强。由于该电路采用了反相放大，因此有输入阻抗低的缺点。

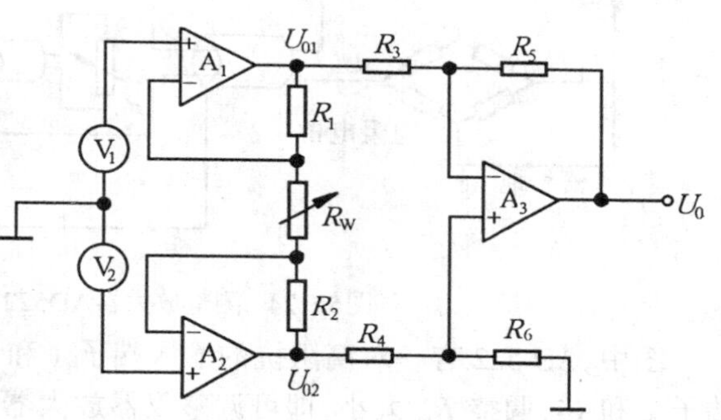

图5-22 高输入阻抗测量电路

为提高输入阻抗，最基本的办法是采用同相放大。图 5-22 是一个由三运放组成的高输入阻抗测量放大电路，其特点是输入阻抗高，零点漂移小，共模抑制比高。整个电路的差模放大倍数为

$$A_d = (1 + \frac{R_1 + R_2}{R_w})\frac{R_5}{R_3} \tag{3-35}$$

一般情况下，调节 R_w 来改变放大倍数，而 R_5/R_3 值应较小以降低 A_3 的增益，从而抑制整个电路的温度漂移。(因为失调电压主要是由 A_3 引起的)

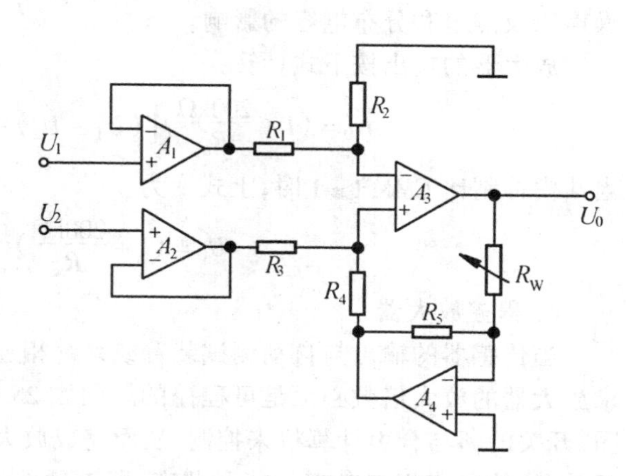

图5-23 增益线性可调的放大电路

图 5-22 所示电路的主要缺点是增益非线性调节。图 5-23 则是一种增益线性调节的放大电路。A_1，A_2 是跟随器，起提高输入阻抗及隔离作用，A_3 是输出级，反相放大器 A_4 构成反馈回路。这样，改变 R_w 大小就可以线性调节输出级的增益。当 $R_1 = R_2 =$

$R_3=R_4$ 时，输出电压为

$$U_0=\frac{R_w}{R_5}(U_2-U_1) \tag{5-36}$$

3. 集成仪用放大器

在前面介绍的差分放大电路中，电阻的匹配精度是影响共模抑制比的主要因素，采用分立元件(这里主要指电阻)组成放大器难免造成电阻值的差异。采用厚膜工艺制成的集成仪用放大器解决了上述匹配问题，整个放大器部分集成在一片芯片内，外部只需配接很少元件，使用灵活，能够处理从几微伏到几伏的电压信号，且具有输入阻抗高，共模干扰抑制能力强，温度特性好等优点。

常用的集成仪用放大器有 AD 522 型和 AD 612 型等，图 5-24 所示为 AD 522 用于电桥不平衡输出检测放大器。

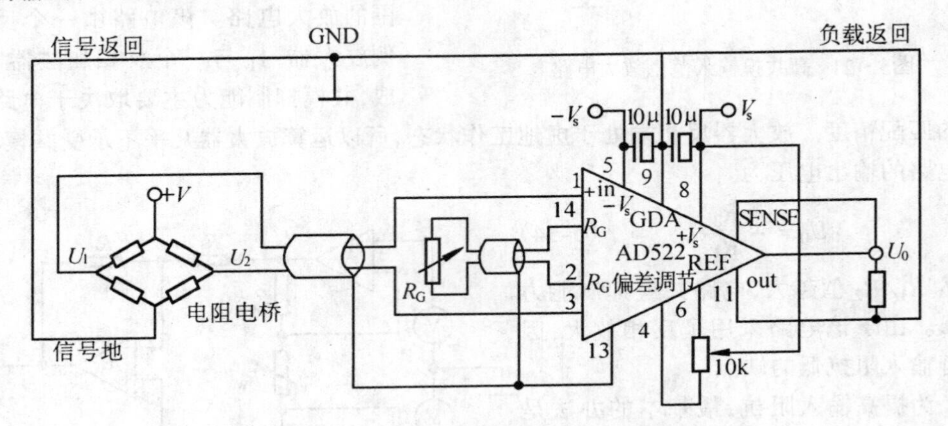

图5-24　测量放大器AD522用于电桥的典型电路

图中，AD 522 有一对高阻抗的输入端子 1 和 3，还有一对用来连接增益调整电位器的端子 2 和 14，调整 R_w 大小，即可调整仪器放大器的倍数。4 和 6 为偏差调整端子，用来调零。S 为检测端子，R 为参考端子，这两个端子的作用主要是消除放大器负载影响，在本例中可分别接放大器输出端和电源公共端。防护端子 13 接到屏蔽罩上，用来降低不平衡噪声以及漏电和分布电容的影响。

放大器的输出按下式计算：

$$U_0=\left(1+\frac{200\text{k}\Omega}{R_w}\right)\left[(U_1-U_2)-\left(\frac{U_1+U_2}{2}\right)\times\frac{1}{\text{CMMR}}\right] \tag{5-37}$$

当共模抑制比 CMMR≫1 时，上式变为

$$U_0=\left(1+\frac{200\text{k}\Omega}{R_w}\right)\cdot(U_1-U_2) \tag{5-38}$$

4. 程控放大器

当传感器的输出与自动测试装置或系统相连接时，为实现放大器量程的自动切换，要求放大器的放大倍数必须是可程控的。图 5-25 所示分别为反相和同相程控放大器原理图，开关的断与合由计算机来控制，从而完成放大倍数的自动切变。同时图中有四个程控开关，显然电路相应有 $2^4=16$ 种状态，即 16 种放大倍数(包括零放大)。

程控放大的实现还有其它很多方法，例如可借助于 D/A 转换器完成，有兴趣的读者可结合本书上一章的知识自行设计类似电路。

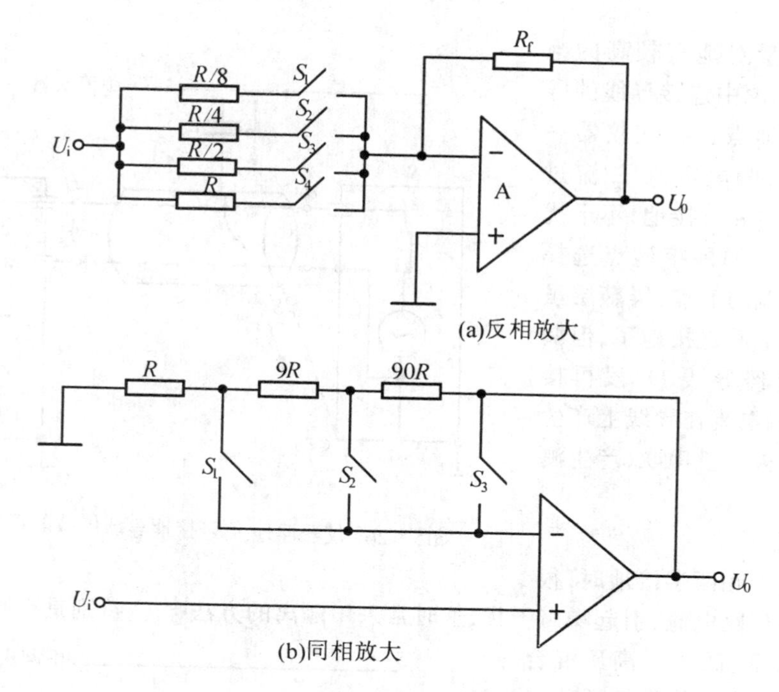

图5-25 程控放大器原理图

三、测量系统噪声及抑制

在传感器信号处理中,噪声的抑制是至关重要的技术手段,噪声就是测量系统及电路中混杂进去的无用信号。按噪声源的不同,噪声分为内部噪声和外部噪声。有时也把外部噪声叫干扰。

内部噪声是设备内部带电微粒的无规则运动产生的噪声,例如热噪声,散粒噪声以及接触不良引起的噪声等,此类噪声是引起测量随机误差的主要原因,一般很难消除,主要靠改进工艺和元器件质量来抑制,本书不再赘述,读者可参考有关书籍[18,20]。

外部噪声是由于人为或自然干扰造成的。主要是电磁辐射噪声,例如电机、开关、电焊机及其它电子设备产生电磁辐射;雷电、大气电离以及其它自然现象产生的电磁波干扰;工频干扰(工频电网的容性漏电及耦合干扰)等。其中工频干扰是工程测量中最常见的,对这类噪声的抑制方法主要有四种:屏蔽、接地、隔离和滤波。

1. 屏蔽和接地

屏蔽是用低电阻材料或磁性材料把元件、电路、组合件或传输线等包围起来,以隔离内外电磁的相互干扰。为简明起见,本书仅举几个简单的工频干扰屏蔽实例,读者若要深入学习,请参阅[17,18]。

图5-26所示为用电子仪器测量某一电压信号的原理电路。图中S_1和S_2分别是被测量和测量仪器的金属外壳,它们良好接地,工频电网对它们产生的容性漏电电流被短路而不产生干扰。连接导线的屏蔽层(如导线的金属外皮网)S在e或d点良好接地,也避免了电力线产生的干扰。

图5-27是信号浮地、仪器接地的测量系统。用数字电压表测量热电偶输出电势(热电偶为测温传感器,读者将在本章第四节学习到)的测量电路就是图示测量系统的实际例

子。被测量对地有较高的绝缘阻抗 Z,图中连接导线的屏蔽层 S 接地点选择在仪器一侧的 d 点,漏电电流 i_g 流过屏蔽层并在 d 点接地,不干扰测量结果。如果接地点选择在信号一侧的 b 点,屏蔽层虽然从表面上看也接地了,但漏电流将流经导线 bL 段再接地,这样漏电流在导线上产生的电压和被测量串联,产生测量误差。

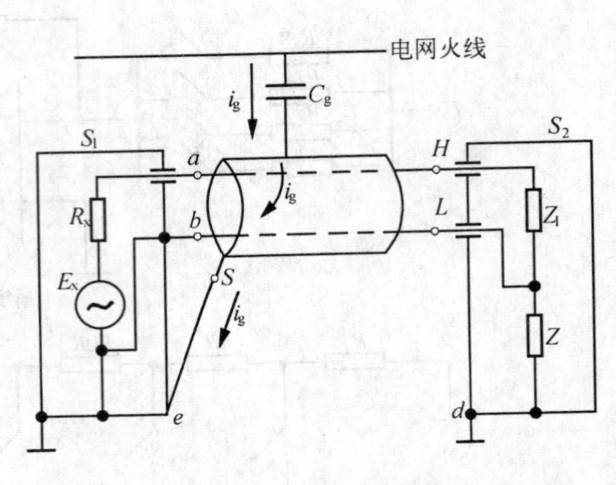

图5-26 仪器浮地、信号接地导线屏蔽的正确接法

2. 隔离

当信号在两端接地时,很容易形成环路电流,引起噪声干扰,这时常采用隔离的方法[19]。特别是当测量系统含有模拟与数字、低压与高压混合电路时,必须对电路各环节进行隔离,还可以同时起到抑制漂移和安全保护作用。隔离的主要方法是采用变压器隔离或光电耦合。

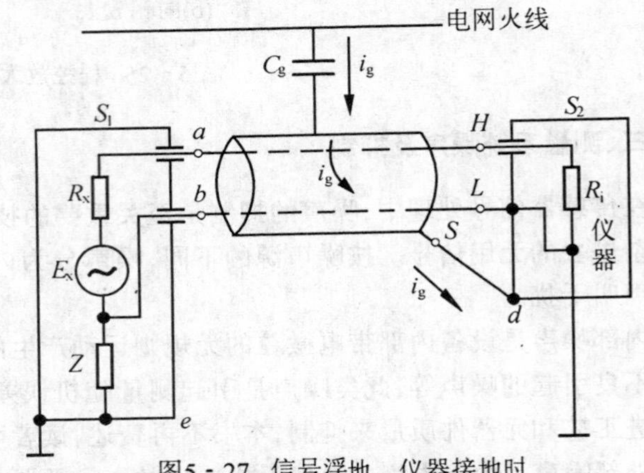

图5-27 信号浮地、仪器接地时导线屏蔽接地点的正确接法

在两个电路间加入隔离变压器以切断地环路,实现前后电路的隔离,信号经变压器耦合到负载,两个电路接地点就不会产生共模干扰。由于变压器隔离不能用于直流信号(直流信号经调制后也可以使用,但使系统复杂程度和成本提高),这种隔离方法在测量直流或低频信号时受到很大限制。

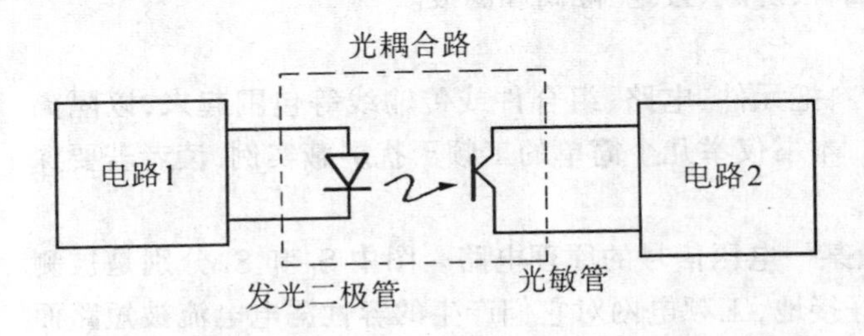

图5-28 光电耦合器原理框图

在直流或低频测量系统中,多采用光电耦合的方法来隔离,如图5-28所示。光电耦合器是由发光二极管和光敏晶体管组成,若发光二极管有信号输入,它就输出与电流大小成正比的光通量,光敏晶体管把光通量变成相应的电流。由于采用了光的耦合,完全隔离了两个电路的电气联系。

目前，测量系统中多采用集成隔离放大器，其工作方式主要是变压器隔离和光电隔离两种，它兼有放大功能和隔离功能，限于篇幅，本书不再讨论。

3. 滤波电路

有时尽管采用了良好的电、磁屏蔽措施，在传感器输出到下一环节中仍不可避免地含有各种噪声信号，而这些虚假信号同有用信号一起被传感器配用电路放大了。为了获得被测量的真实数值，必须有效地抑制虚假信号的影响，滤波电路可以起到这种作用。滤波器在功能上可分为低通、高通、带通及带阻四种，图 5-29 给出了这四种滤波器的基本特性曲线。

因传感器的输出信号相对于干扰信号来说，多数是缓慢变化的，因而对这种信号的滤波采用低通滤波器就可以有效地抑制高频干扰。有些传感器输出高频信号，这时采用高通滤波器则可以抑制低频干扰，如温漂等。总之。根据不同测量系统的不同需要，应设计使用不同幅频响应的滤波器。

最简单的滤波器是阻容元件构成的无源低通滤波器，如图 5-30 所示，其传递函数为

$$G(s)=\frac{1}{RCs+1} \tag{5-39}$$

由式(5-39)可以看出，该滤波器为一阶系统，系统放大倍数随频率增加缓慢下降。为获得更理想的滤波特性(即使滤波器特性曲线截止段有更大的陡度)，需要更多滤波电路的级联，如图 5-31 所示。

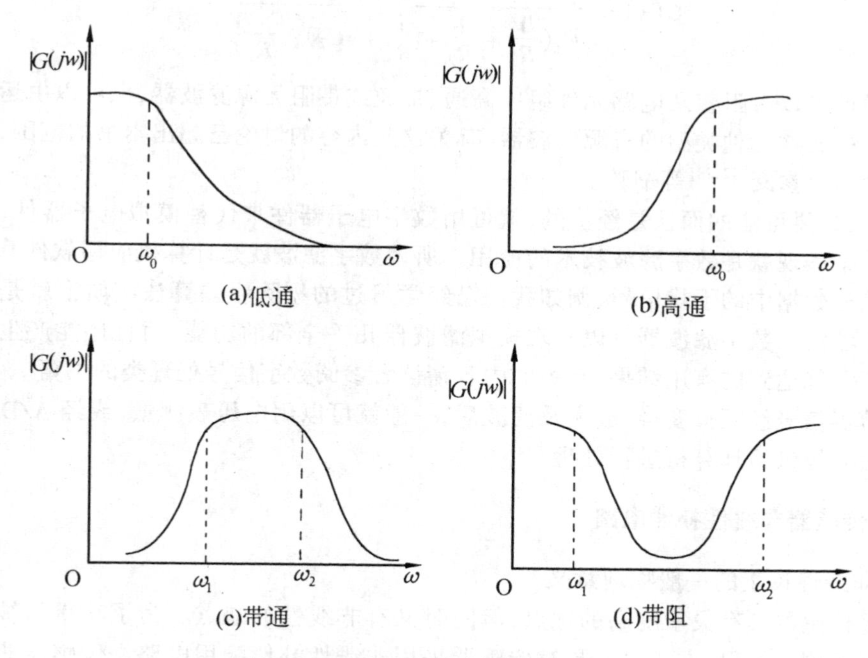

图5-29 滤波器的基本特性

无源滤波器的优点是噪声低，结构简单；但也有输入阻抗低，输出阻抗高以及消耗信号能量等缺点。因此工程上常采用运算放大器构成有源滤波器。有源滤波器除能克服无源滤波器的缺点外，还具备截止频率调节方便、滤波特性曲线更理想(例如通带内增益平缓)等优点。

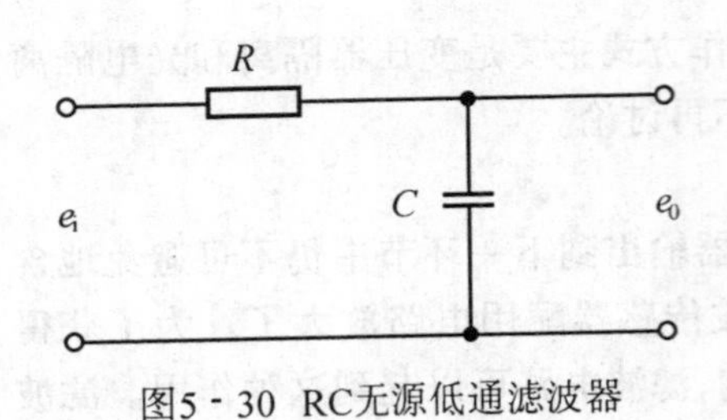

图5-30 RC无源低通滤波器

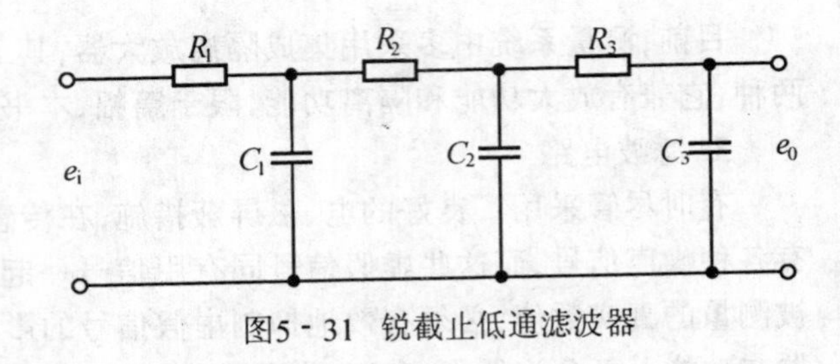

图5-31 锐截止低通滤波器

图 5-32 所示为一种由运算放大器构成的二阶有源低通滤波器，其传递函数为

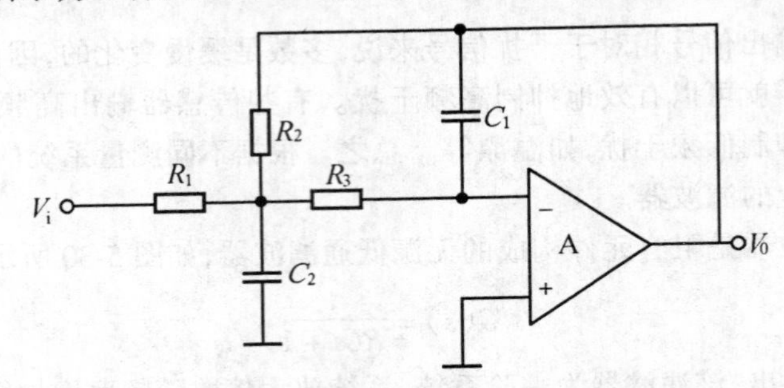

图5-32 二阶有源低通滤波器

$$G(s)=\frac{-\dfrac{1}{R_1R_3}}{sC_1\left(\dfrac{1}{R_1}+\dfrac{1}{R_2}+\dfrac{1}{R_3}+sC_2\right)+\dfrac{1}{R_2R_{R_3}}} \tag{5-40}$$

同样地可以由阻容及电感元件组成高通、带通或带阻无源滤波器，也可以由运算放大器很好地构成这几种类型的有源滤波器，有关这些内容的讨论已超出本书的范围，读者若要深入学习可参阅[27,28]等书藉。

此外，只要可能的而且是经济的，就可用数字电子器件来代替模拟电子器件，这个总趋势的一个表现就是数字滤波技术的应用。所谓数字滤波就是计算机应用软件算法来抑制采样信号数据中的干扰信号，例如我们已经学习过的剔除粗差算法实质上就是一种简单的数字滤波。数字滤波器可以实现模拟滤波器几乎全部的功能，而且还能产生一些模拢滤波所不能达到的有用结果，有关的内容请读者参阅数字信号处理类的书籍。

传感器信号经阻抗变换、放大及滤波后，一般就可以用电压表测量，或经 A/D 变换产生数字信号提供给计算机进行处理。

四、传感器非线性补偿电路

1. 非线性校正的一般物理意义

很多传感器具有灵敏度高的优点，但同时又有非线性的缺点。为了获得与被测量成线性关系的测量结果，方法之一是对传感器采用非线性补偿配用电路。传感器非线性补偿的物理意义如图 5-33 所示。设某一传感器的 I/O 关系为

$$y=f(X) \tag{5-41}$$

式中 X——为传感器输入信号，即被测信号；

y——为传感器输出信号；

f——为某一非线性函数。

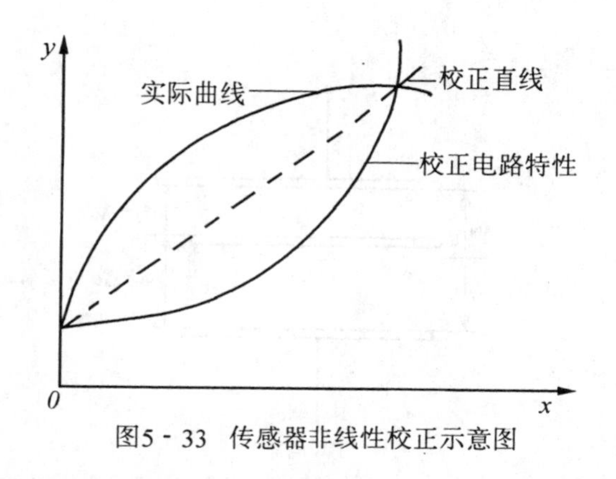

图5-33 传感器非线性校正示意图

将一校正电路与上述非线性传感器串联，如图5-34所示，设校正电路的I/O特性为

$$z = kg(y) \tag{5-42}$$

式中 z——为电路输出；

y——为电路输入信号，即传感器输出；

k——为电路增益常数；

g——为某一函数关系，且 $g = f^{-1}$（f 的反函数）。

将式(5-41)代入式(5-42)，即获得校正电路输出与被测信号的关系为

$$z = kg(f(X)) = kf^{-1}(f(X)) = kX \tag{5-43}$$

式(5-43)表明，经校正电路校正后，电路可输出同被测量成正比的信号。

在实际应用中，即使传感器的非线性函数 $y = f(X)$ 能够获得，但要获得 f 解析的反函数 g 很困难，有时甚至是不可能的，设计一个校正电路去实现反函数运算往往更难。随着传感器及其非线性程度的不同，相应的校正电路也不同。本书在此向读者介绍一个用于校正电容传感器非线性输出的简单实例。

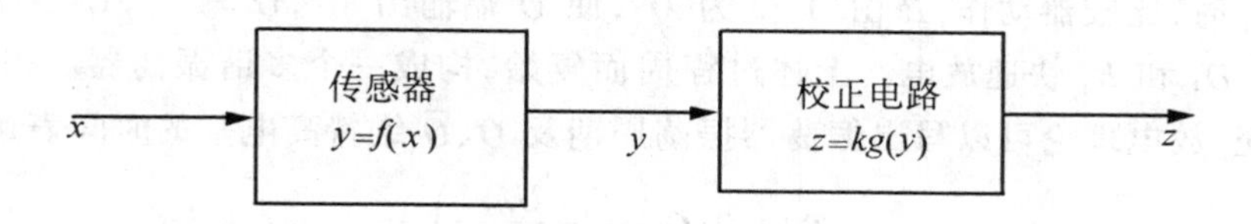

图5-34 非线性校正电路的连接

2. 脉冲调宽式电路

众所周知，普通的电容器其I/O关系可简明表示为

$$C = \varepsilon_0 \varepsilon_r \frac{A}{d} \tag{5-44}$$

式中 C——电容值，单位 F(法拉)；

ε_0——真空介电常数，单位 F/m(法拉/米)；

ε_r——电容两极板间电介质的相对介电常数，无量纲；

A——电容极板有效面积(m^2)；

d——电容极板的间距(m)。

如果固定电容器的一个极板，另一个极板可以移动，则该电容器就成为一测量位移用的传感器(如图5-35所示)，传感器输入信号是 d，输出是电容值 C。

但由式(5-44)可以看出，该传感器的这种应用是非线性的。图5-36所示为一种具有良好性能的脉冲调宽式电路原理图，该电路与上述变间距式电容传感器配接后，能够校正后者的非线性。图5-37为双稳态输出 Q 端及电容 C_1、C_2 两端电压波形图。设初始状态

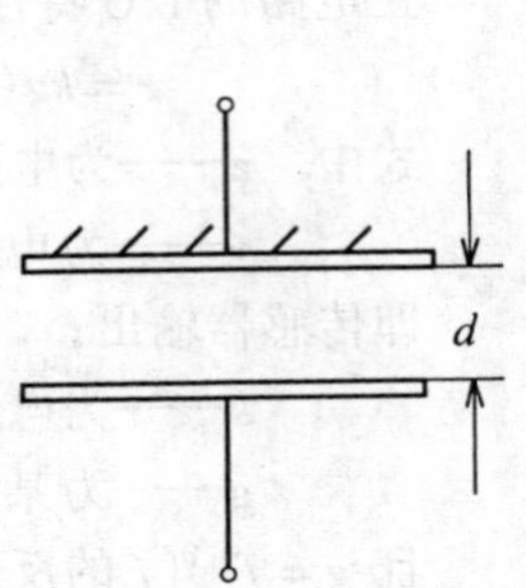

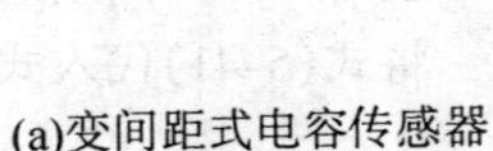

(a)变间距式电容传感器

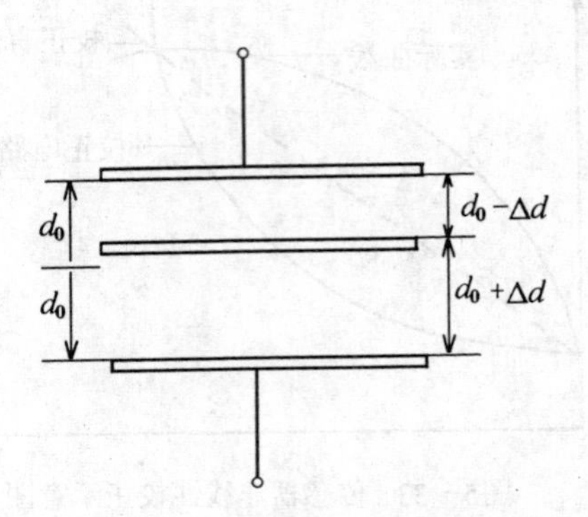

(b)变间距式差动电容传感器

图5-35 变间距式电容传感器

触发器 $R=$“1”，$S=$“1”，$\overline{Q}=$“1”，$Q=$“0”电平，$U_{c1}=U_{c2}=0$，则 $\overline{Q}$ 输出的高电平 U_H 通过 R_2 向 C_2 充电；当 $U_{c2}=U_b$ 时比较器动作，使 S 由“1”变为“0”，所以使 Q 端输出“1”，而 $\overline{Q}$ 输出“0”，Q 端输出的高电平 U_H 又通过 R_1 向 C_1 充电，同时 C_2 通过 D_2 和 R_2 快速放电；当 $U_{c1}=U_b$ 时，比较器动作，R 由“1”变为“0”，使 Q 端输出“0”，$\overline{Q}=$“1”，C_2 又被充电，同时 C_1 通过 D_1 和 R_1 快速放电。上述过程周而复始，构成一个多谐振荡器。根据图 5-37 的波形及充、放电理论可以写出振荡器振荡周期及 Q、$\overline{Q}$ 维持高电平的时间表达式为

$$T_1=R_1C_1\ln\left(\frac{U_H}{U_H-U_b}\right)$$

$$T_2=R_2C_2\ln\left(\frac{U_H}{U_H-U_b}\right)$$

$$T=T_1+T_2=R(C_1+C_2)\ln\left(\frac{U_H}{U_H-U_b}\right) \tag{5-45}$$

推导中，令 $R_1=R_2=R$。由式(5-45)可以看出，不同 C_1、C_2 对 T_1、T_2 有调宽作用。A、B 两点电压 U_{ab}为上下对称方波。如果 U_{ab}送一个低通滤波器，则滤波器输出直流电压 $\overline{U}_0$ 为

$$\overline{U}_0=\frac{T_1-T_2}{T_1+T_2}U_H=\frac{C_1-C_2}{C_1+C_2}U_H \tag{5-46}$$

若脉冲调宽式电路和差动式变间距电容传感器配用，则有

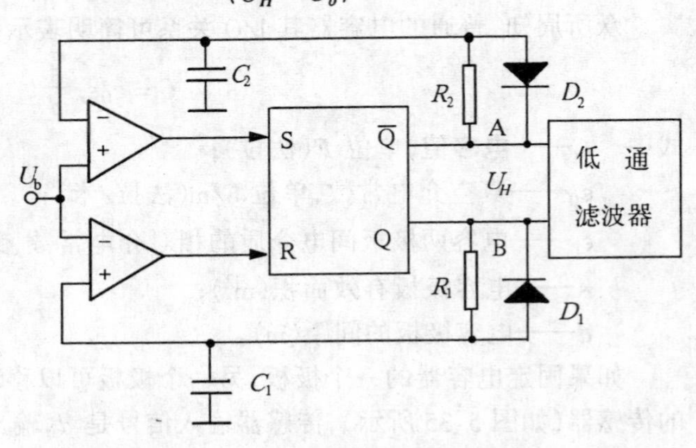

图5-36 脉冲调宽电路

$$\bar{U}_0=\frac{\dfrac{\varepsilon_0\varepsilon_r A}{d_0-\Delta d}-\dfrac{\varepsilon_0\varepsilon_r A}{d_0+\Delta d}}{\dfrac{\varepsilon_0\varepsilon_r A}{d_0-\Delta d}+\dfrac{\varepsilon_0\varepsilon_r A}{d_0+\Delta d}}U_H=\frac{\Delta d}{d_0}U_H \tag{5-47}$$

上式表明，尽管变间距式电容传感器 Δd 与 ΔC 是非线性关系，但经脉冲调宽电路处理后，电路输出电压 $\bar{U}_0$ 与 Δd 成正比。

※ 五、调频式无线电遥测

若两地间不可能或不希望架设连接导线，数据便可通过无线电来传输，这时的测量称之为遥测（telemetry）。遥测有时是必须的，例如从旋转的机械上传递测量信号，从航空航天器上发送信号等。遥测的实现有很多方法，其中调频（FM）式无线电遥测是较常用的方法[13]。图 5-38 所示为 FM 式遥测系统的原理图。这里仅给出遥测系统的基本概念和简单实现原理。

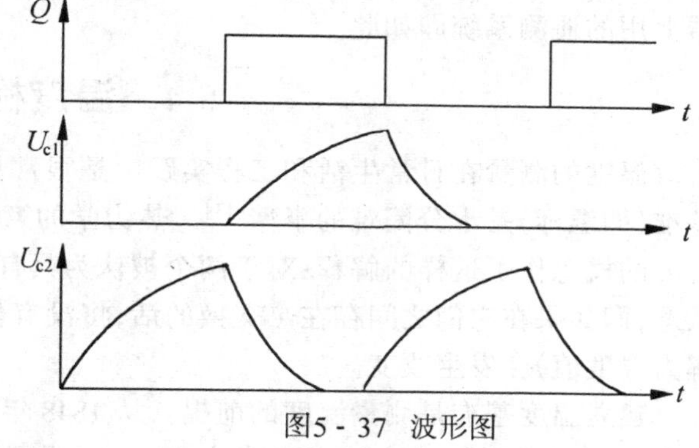

图5-37 波形图

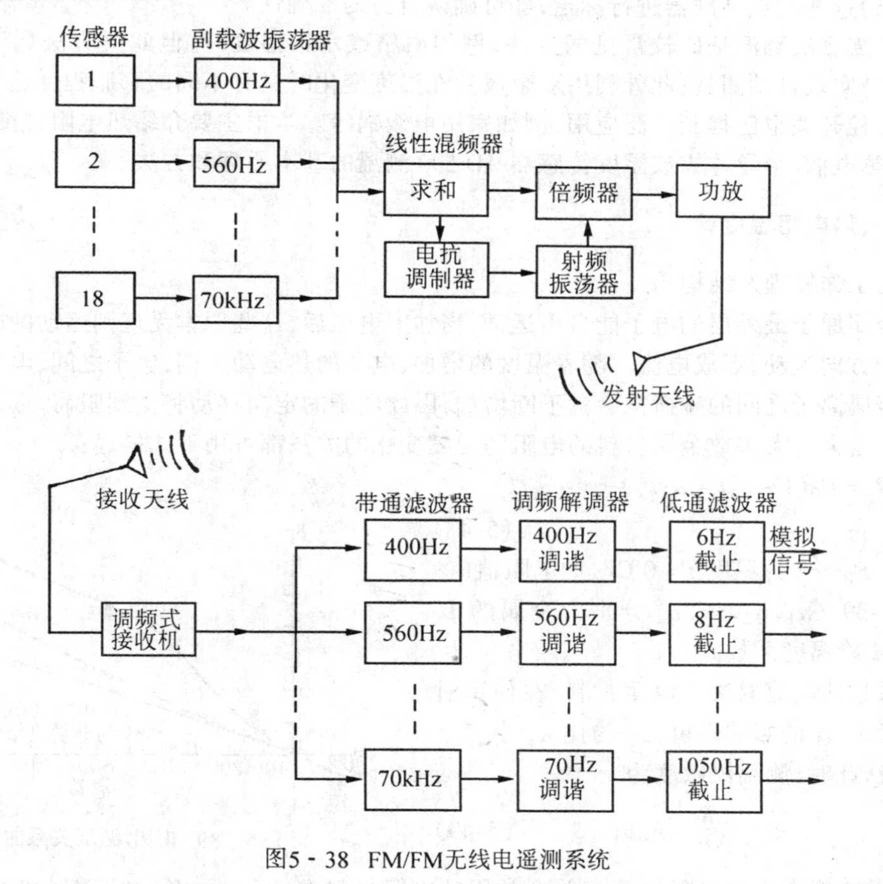

图5-38 FM/FM无线电遥测系统

该系统可对 18 路传感器信号实现遥测，发射系统首先将感器的输出信号调制（FM 调制)在一系列副载波频段上,然后混频后再调制到射频段,射频信号经功率放大后由发射天线送出。系统接收部分是发送部分的反过程,调频式接收机接收射频信号,输出给带通滤波器进行信号分路,再经调谐和低通滤波后即可还原出模拟测量信号。

该遥测系统同 FM 广播类似,只是利用不同的射频频段而已。上述系统的工作距离可达 600 km,更加先进和复杂遥测系统的工作距离可达几百万公里,例如各种空间探测器上用的遥测系统即如此。

5-4 温度检测

温度的测量在日常生活和工程实践中是很常见的,但是对温度下定义以及建立温度基准(即温标)是十分困难的事情[13]。热力学的第零定律(Zeroth Law of Thermodynamics)对温度的概念作了这样的解释:对于两个被认为具有相同温度的物体,它们必然处于热平衡状态,即如果在它们之间存在热交换的话,将没有任何一个物体的热力学坐标(在此可理解为温度值)会发生改变。

建立温度基准是测量温度的前提。从 1848 年开尔文建立了著名的 K 式热力学温标,到本世纪 80 年代 *Pt*(铂)电阻温标的建立,说明了该项工作的艰难。从实用的角度讲,一种测温装置只要在规定的大气压下,使用各种金属熔点及水的三相点(即凝固点、沸点及汽化点)这样的点基准器进行标定,即可确认自身的准确性。

热膨胀法测温是比较常见的方法,例如酒精或水银温度计,但此类方法属于非电方法,不易实现自动测量;此外利用双金属片在温度变化时具有不同的膨胀程度这一特点制成的温控开关也已得到广泛应用,例如家用电饭锅等。本书主要介绍热电阻温度计、热敏电阻、热电偶、半导体集成温度传感器 AD 590 测温的基本原理和方法。

一、热电阻温度计

1.工作原理及结构

金属原子最外层的电子能自由运动,当加上电压后,这些原本无规则运动的电子就按一定的方向流动,形成电流。随着温度的增加,电子的热运动加剧,电子之间、电子与振动着的金属离子之间的碰撞机会就不断增加,因此电子的定向移动将受到阻碍,金属的电阻也随之增大。大多数金属材料的电阻随温度变化的关系都可用下式描述:

$$R_t = R_0(1 + \alpha_1 t + \alpha_2 t^2 + \cdots + \alpha_n t^n) \quad (5\text{-}48)$$

式中 R_0——为温度 $t = 0$℃时的电阻值(参看图 5-39);$\alpha_1, \alpha_2, \cdots, \alpha_n$ 分别为金属的 1,2,…,n 阶温度系数。

温度系数的取值取决于电阻材料,在使用时只需考虑 α_1 的影响即可,α_2 约比 α_1 小三个数量级,此时,测温灵敏度为

$$S = \frac{\Delta R}{\Delta t} = R_0 \alpha_1 \quad (5\text{-}49)$$

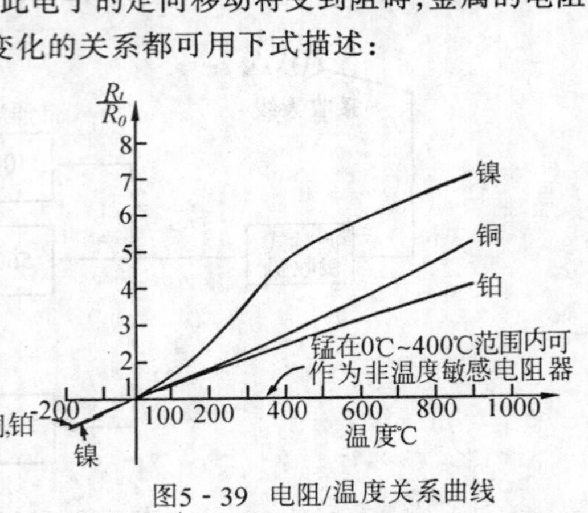

图5 - 39 电阻/温度关系曲线

显然,灵敏度大小与电阻初值有关。常用的电阻材料有铂(*Pt*)、镍(*Ni*)、铜(*Cu*)等,其一阶温度系数分别为 0.00393℃$^{-1}$, 0.0068℃$^{-1}$, 0.0043℃$^{-1}$。

图 5-40 为 P_t 丝电阻温度计结构示意图，如果测量空气中的温度，其时间常数约为 60 秒。

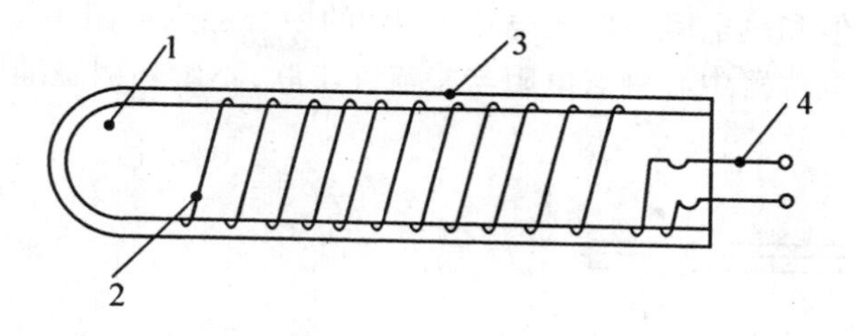

图5-40 铂电阻温度计结构示意图

1—玻璃或陶瓷骨架 2—铂电阻丝

3—玻璃或陶瓷敷层 4—引出线

2. 测量应用

电阻式温度计具有线性度好，结构简单，准确度高，使用方便等优点，因而在测温领域得到了广泛应用。热电阻同恒流源配合，可以用伏安法测温，但该传感器最常用的配用电路是电桥电路，如图 5-41 所示。R_1, R_2, R_3 和热电阻 R_T 组成电桥的四个臂；R_{ref} 和 R_{fs} 是锰铜（锰铜的温度系数很小，一般条件下可视为零）电阻，其阻值分别等于 R_T 的起始温度（如 0℃）及满度（如 100℃）时的电阻值。在开关 K 分别接在“1”和“3”并调好零（调 R_0）及满度（调 R_F）后，开关 K 接在“2”便可进行测温。电桥的激励电源即可以为直流也可以是交流，通常热电阻流过的直流电流值或交流电流有效值在 2～20mA。该电流将造成热电阻的 I^2R 加温，可能使温度计的温度高出环境温度，从而造成所谓的自加温误差，该误差还取决于热电阻的散热条件。为了减小自加温误差，电桥激励电压可采用脉动电压技术（如图 5-42 所示），因此可以在不造成明显加温的情况下有较大的瞬时电流通过 R_T（电桥相应有较大的峰值输出电压），使用这种方法，一般可获得高达 5V 的满刻度电桥输出信号。

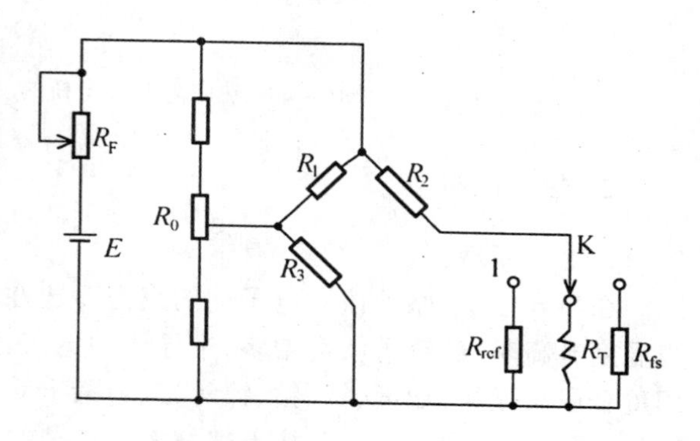

图5-41 典型热电阻温度计测量电路

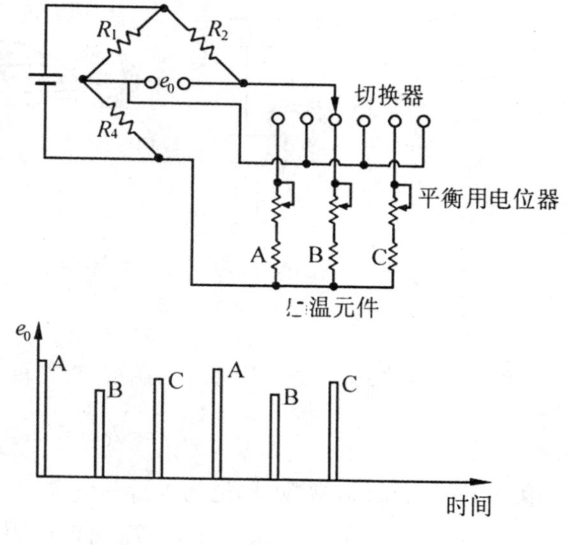

图5-42 脉动激励电压技术

有时热电阻安装的地方离仪表很远，环境温度的变化将影响到连接导线的电阻，从而造成测量误差，因为导线电阻与热电阻相串联。为了克服导线电阻的影响，人们设计了三线法和四线法电路，如图 5-43 所示。三线法可以消除连接导线电阻随温度变化对测量的影响，但和热电阻串联的电位器 R_4 的中心触点电阻不稳定，其影响并未消除。四线连接法中，电位器中心触点电阻与检流计串联，不影响测温准确度。

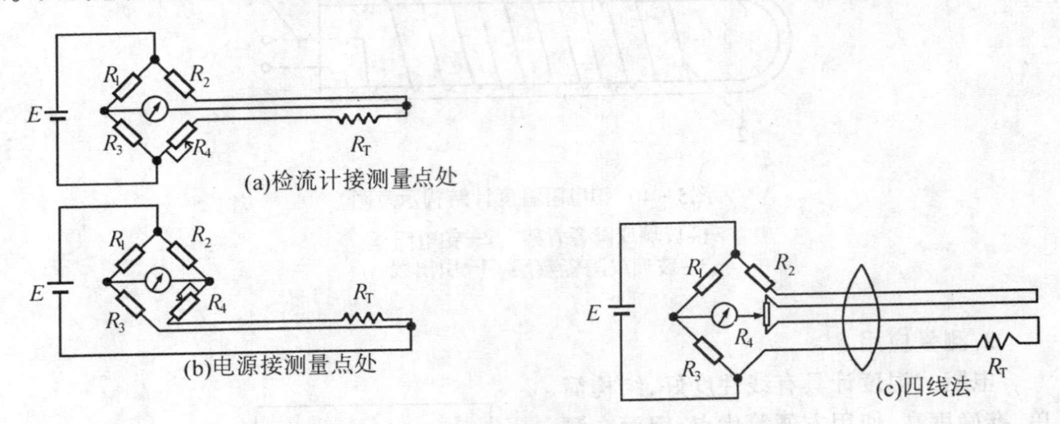

图5-43 热电阻测温电桥的三线连接法和四线法

二、热敏电阻

1. 工作原理

在半导体中，原子核对电子的约束力要比在金属中的大，因而自由载流子数相当少。当温度升高时，载流子就会增多，半导体的电阻也随之下降。利用半导体的这一性质，采用重金属氧化物（如锰、钛、钴、镍等）或者稀土元素氧化物的混合技术，并在高温下烧结成特殊电子元件，即可测温。按上述技术与工艺制成的球状、片状或圆柱形的敏感元件称为热敏电阻。图 5-44 所示为热敏电阻的几种结构示意图。

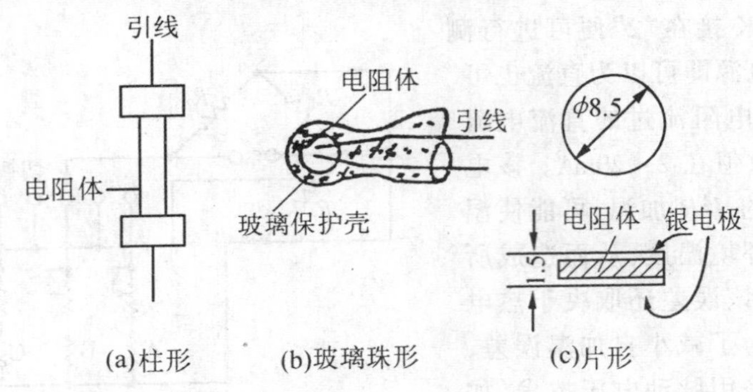

图5-44 热敏电阻结构示意图

负温度系数的热敏电阻阻值和温度 T 之间的关系近似地用下式表示：

$$R_T = R_0 \exp\left[\beta\left(\frac{1}{T} - \frac{1}{T_0}\right)\right] \tag{5-50}$$

式中 β——为材料常数（单位为 K），其量级为 4000；

R_T, R_0——分别为温度在 T, T_0 时的电阻值；

T, T_0——是绝对温度（K）。

由上式可求得灵敏度为

$$S=\frac{\mathrm{d}R_T}{\mathrm{d}T}=-\frac{\beta}{T^2}R_T \tag{5-51}$$

随着温度的增加，电阻变化将越来越小，温度系数由上式求得

$$\alpha\approx\frac{1}{R_T}\times\frac{\mathrm{d}R_T}{\mathrm{d}T}=-\frac{\beta}{T^2} \tag{5-52}$$

在室温(25℃)下，由式(5-52)可求得 α 的数值为 $-4.5\times10^{-2}K^{-1}$，其绝对值约是铂电阻温度系数的10倍，可见热敏电阻具有相对较大的灵敏度，但其I/O关系是非线性的，图5-45所示为热敏电阻/温度曲线。

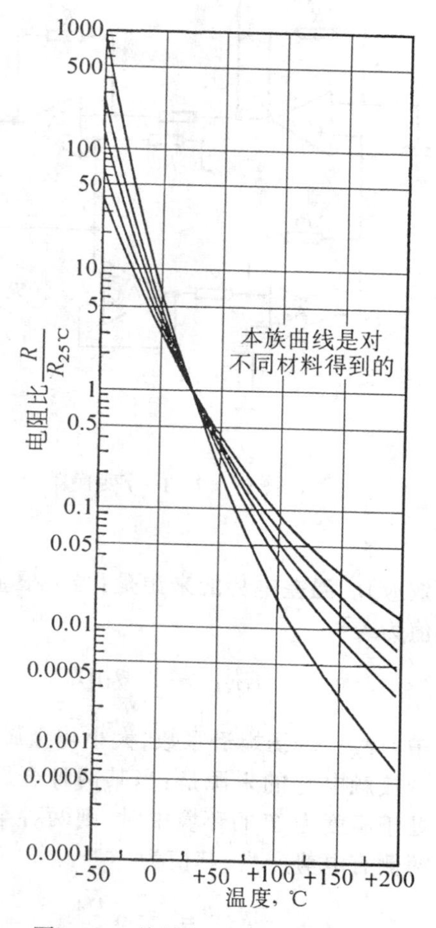

图5-45 热敏电阻器的电阻/温度曲线

2. 热敏电阻的伏安特性

同热电阻相比，热敏电阻具有更大的自加温误差。将热敏电阻串联上一个恒流源，并在电阻的两端测端电压，便得到了热敏电阻的伏安特性。图5-46所示为热敏电阻伏安特性曲线。由图中发现，曲线分四段，在电流小于 I_a 段，电流不足以使电阻发热，其自身温度基本上是环境温度，电压与电流之间符合欧姆定律。当电流继续增加时，电流使电阻的自身温度超过环境温度，电阻阻值下降，因此出现非线性正阻区。当电流为 I_m 时，电压达到最大值。电流继续增加，热敏电阻本身的自加温更为剧烈，使其阻值迅速减小。由于热敏电阻温度系数较大，随着温度升高，阻值减小的速度超过电流增加速度，所以出现 c～d 段负阻区，该段电阻可用来测量风速、真空度、流量等参数[1][14]。

使用0～a段电阻可以正常测温，在a～b段则会产生自加温误差。

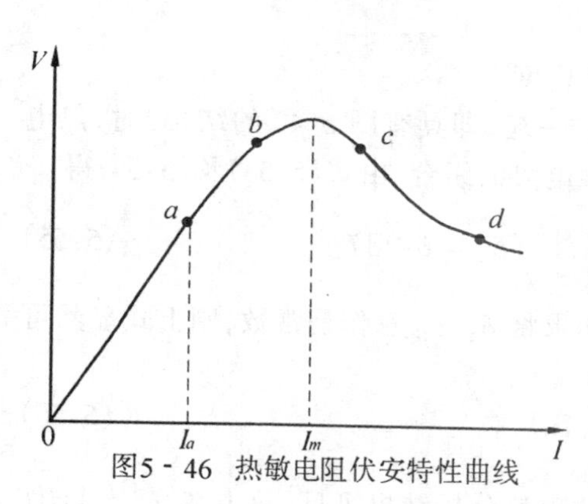

图5-46 热敏电阻伏安特性曲线

3. 热敏电阻的配用电路

热敏电阻的温度－电阻变换关系是非线性关系，但由于其灵敏度较高，因而也得到广泛应用。为了实现热敏电阻的线性或准线性测温，需要特殊的技术手段来校正或补偿其非线性。热敏电阻线性化的方法有很多，图5-47就是一种应用热敏电阻作为感温元件的温度－频率(T/f)准线性变换器。

该电路的输入信号是温度 T，热敏电阻 R_T 随 T 的变化而变化；电路的输出是运算放大器 A_1 输出端的周期电压信号，其频率为 f。精选电路元件参数，则可获得 T-f 的近似线性关系，该电路在273～363K范围内的灵敏度为

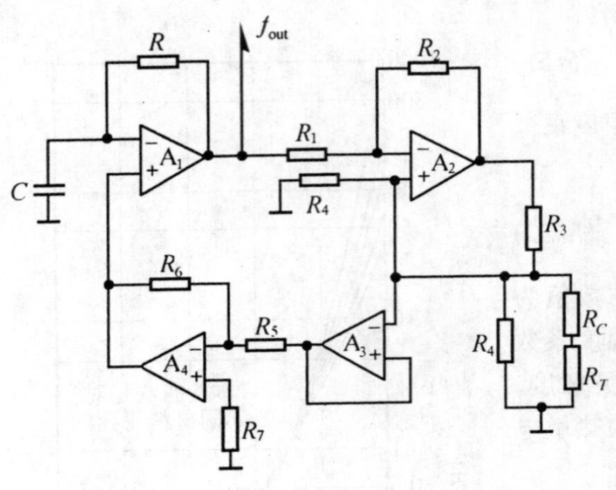

图5－47　T－f变换器

35Hz/K。电路的详细分析请参阅[1]。

三、热电偶

1.热电特性

如果有两根不同材料的金属丝 A 和 B 如图 5-48 那样连接在一电路中，使其一端结点的温度为 T，另一端结点的温度为 T_0，于是用一内阻无限大的电压表便可检测出电动势 E；如果接上一个电流表，便可测出电流 I。E 的大小取决于金属丝的材料、温度 T 和 T_0，这种现象称为金属的热电效应（赛贝克效应），由 Thomson Seeback 发现于 1821 年。

热电效应产生的原因主要依赖于温差电势（汤姆逊效应）和接触电势（珀尔帖效应）。温差电势的来源是：当一根金属丝的两端温度不同时，则金属丝两端有电势差，其值为[1,23]

$$E_{T,T_0}^{A}=\int_{T_0}^{T}\delta_A\,\mathrm{d}T \tag{5-53}$$

式中　δ_A——汤姆逊系数，大小与金属材质有关。

接触电势的来源是：当某两种金属紧密连接并处于温度为 T 的环境中时，则两种金属接触面的两侧有电势产生，其值为

$$E_{T}^{A,B}=\frac{KT}{e}\ln\frac{N_A}{N_B} \tag{5-54}$$

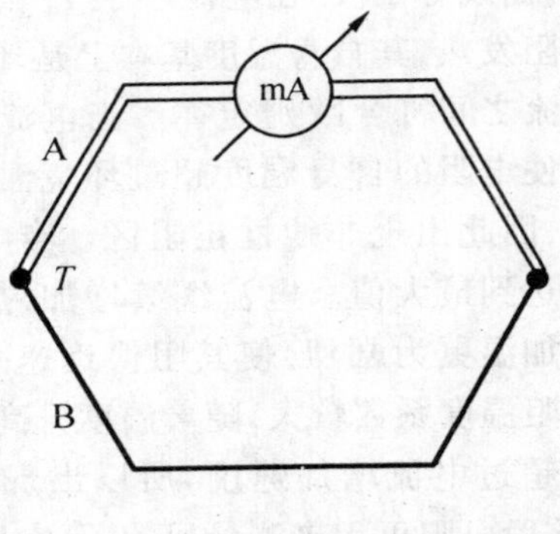

式中　K——为波尔兹曼常数，$K=1.38\times10^{-23}$J/K；

e——为电子电荷量，$e=1.602\times10^{-19}$C；

N_AN_B——分别为金属 A、B 的自由电子密度。

图5－48　热电效应示意图

当将两种金属丝组成热电偶（金属丝两端焊在一起，即具有图 5-48 的结构）时，热电偶的热电效应便产生了，热电势是温差电势与接触电势的组合，由式(5-53)及(5-54)得

$$E_{T,T_0}^{A,B}=\frac{K}{e}(T-T_0)\ln\frac{N_A}{N_B}+\int_{T_0}^{T}(\delta_A-\delta_B)\,\mathrm{d}T \tag{5-55}$$

需要指出的是，温差电势要比接触电势小的多。如果将 δ_A，δ_B 看作是常数，则上式显然可写为

$$E_{T,T_0}^{A,B}=C(T-T_0) \tag{5-56}$$

C 为常数，$C=\frac{K}{e}\ln\frac{N_A}{N_B}+(\delta_A-\delta_B)$。由式(5-56)的理论分析结果可见，热电热 $E_{T,T_0}^{A,B}$ 与 $(T-T_0)$ 之间的关系为线性的，但实际情况表明并非如此。事实上温差电热被认为与两结

点温度的平方之差成正比更符合实际(即 $\delta_A - \delta_B$ 并不为常数),因此改写式(5-56)为[13]

$$E_{T,T_0}^{A,B} = C_1(T - T_0) + C_2(T^2 - T_0^2) \tag{5-57}$$

式中 C_1, C_2——为与材料有关的常数,例如对于铜/康铜热电偶,有

$$E = 62.1(T - T_0) - 0.045(T^2 - T_0^2) \tag{5-58}$$

在上式中,如令 $T_0 = 0℃$(常称 T_0 为参考温度,相应的结点为参考结点或冷端),热电偶的另一结点感受被测温度 T,则可以应用热电偶测温。在实际使用热电偶时,直接依据象式(5-55)那样的公式预测温度往往并不可靠,相反必须在要使用的全部工作温度范围内对选定的热电偶进行标定。热电偶测温完全依据实验标定特性,以及即将介绍的所谓热电偶定律。

2. 热电偶特性定律

热电效应解释了热电偶测温的机理,但是仍有许多问题需要回答,例如在热电偶回路串联进电压表测热电势是否会影响原有的热电势等。借助于以下的热电偶特性定律则可解释这类疑问。定律表述如下:

(1)两结点分别处于 T 和 T_0 温度的一热电偶,如果它所用的两种金属丝都是均质的,其热电势将完全不受电路中其它任何地方温度的影响〔参看图 5-49(a)〕。

(2)如果有第三种均质金属丝 C 接进 A 或 B 金属丝中,只要这两个新结点的温度相同,电路的总热电势就不会有变化〔参看图 5-49(b),(c)〕。

(3)如果金属丝 A 和 C 的热电势为 $E_{A,C}$,金属丝 B 和 C 的热电势为 $E_{C,B}$,则金属丝 A 和 B 的热电势为 $E_{A,C} + E_{C,B}$〔参看图 5-49(d)〕。

(4)当两结点的温度为 T 和 T_1 时的热电势为 E_{T,T_1},在 T_1 和 T_0 时为$_{T_1,T_0}$,则热电偶两结点温度为 T 和 T_0 时的热电势为 $E_{T,T_1} + E_{T_1,T_0}$〔参看图 5-49(e)〕。

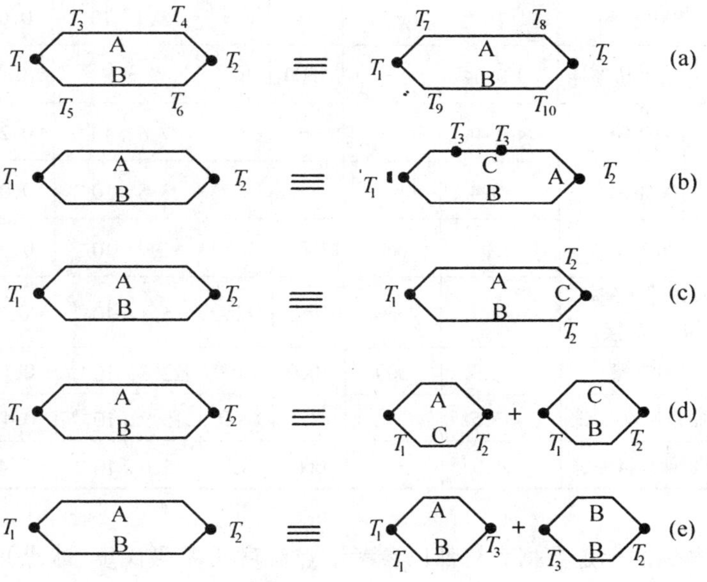

图5-49 热电偶基本定律说明图

这些定律对于热电偶的实际应用具有极大的重要性。第一个定律说明,连接两个导

体的导线可以毫无问题地放在某一未知的或可变的温度环境中;第二个定律说明,可以在热电偶中接进一电压测量装置来测热电势;第三个定律表明,因为各种金属都可和一种标准金属(通常为铂)配对并进行标定,所以各种可能配对的金属不必都进行自身的标定。各种热电极材料和铂配成的热电偶,在热端温度为100℃,冷端温度为0℃时所产生的热电动势列于表5-2中,根据此表可以求出任意两种材料相配合的热电动势。

表5-2 各种测温材料的物理性质以及它与纯铂配成的热电偶,在 $t=100$℃,$t_0=$℃时的热电势值

热电极材料名称	化学符号或成分	与铂相配后热电动势(100,0) mV	适用温度℃			温度膨胀系数(℃)	比电阻($\Omega\cdot mm^2/m$)	电阻温度系数(℃)
			对于电阻温度计	对于热电偶 长期测试	对于热电偶 短期测试			
镍铬合金	90%镍+10%铬	+2.59	—	1000	1250	16.1×10^{-6}	0.7	0.5×10^{-3}
镍铬合金	80%镍+20%铬	+2.0	—	1000	1100	17×10^{-6}	1.0	0.14×10^{-3}
铁	100%铁	+1.8	150	600	800	11×10^{-6}	0.091	6.4×10^{-3}
钼	100%钼	+1.31	—	2000	2500	5.1×10^{-6}	0.46	4.35×10^{-3}
铂铱合金	90%铂+10%铱	+1.3	—	1000	1200	—	—	—
金	100%金	+0.8	—	—	—	14.3×10^{-6}	0.022	3.97×10^{-3}
锰铜合金	84%铜+13%锰+2%镍+1%铁	+0.8	—	—	—	—	0.42	0.006×10^{-3}
钨	100%钨	+0.79	600	2000	2500	3.36×10^{-6}	0.058	4.4×10^{-3}
铜	100%铜	+0.75	180	350	500	16.4×10^{-6}	0.017	4.25×10^{-3}
银	100%银	+0.72	—	600	700	19.5×10^{-6}	0.015	4.1×10^{-3}
锌	100%锌	+0.7	—	—	—	28.3×10^{-6}	0.062	3.9×10^{-3}
铂铑合金	90%铂+10%铑	+0.64	—	1300	1600	—	0.19	1.67×10^{-3}
铅	100%铅	+0.44	—	—	—	27.6×10^{-6}	0.227	4.11×10^{-3}
铝	100%铝	+0.4	—	—	—	23.8×10^{-6}	0.026	4.3×10^{-3}
铂	100%铂	0.0	660	1300	1600	8.99×10^{-6}	0.099	3.94×10^{-3}
镍铝合金	95%镍+5%(铝、硅、锰)	-1.7	—	1000	1250	15.1×10^{-6}	0.34	1×10^{-3}
镍	100%镍	-1.52	300	1000	1100	22.8×10^{-6}	0.128	6.28×10^{-3}
康铜	60%铜+40%镍	-3.5	—	600	800	15.2×10^{-6}	0.475	0.04×10^{-3}
考铜	56%铜+44%镍	-4.0	—	600	800	15.6×10^{-6}	0.49	-0.1×10^{-3}

大多数热电偶的标定数据表格都以参考结点温度为零摄氏度(冰点)作为标准,然而实际测温时,参考结点可能处于,也可能不处于冰点。如果处于冰点,就可以直接用标定表格求被测温度;如果不处于冰点,第四个定律说明可按下面的方法使用标定表格:假定参考结点温度为 $T_1=21$℃,热电势读数为 $E_{T,T_1}=1.23$mV,我们可以从标准表格中查到

$E_{T_1,T_0}(T_0=0℃)$的数值为 0.71mV，因此 $E_{T,T_0}=1.23+0.71=1.94(\text{mV})$，而未知温度 T 则可通过在标准表格中查找相应于 1.94mV 的温度值而求得，结果为 38℃。

3.正确使用热电偶

将热电偶冷端保持在 0℃通常可以由几个途径实现：将冷端放入冰、水混合物中；将冷端放入恒温槽中；采用冷端补偿技术。如图 5-50 所示，在热电偶与显示仪表中间串入一个直流不平衡电桥，也称冷端补偿器，电桥输出的不平衡电压与热电势串联。电桥的三个桥臂电阻由温度系数很小的锰铜丝制作，其阻值不随温度变化；另一个电阻 R_T 为热电阻，其阻值随冷端环境温度变化。恰当地选择阻值，可使电桥的输出电压特性与配用的热电偶热电特性相似，从而实现冷端温度变化的特性补偿。

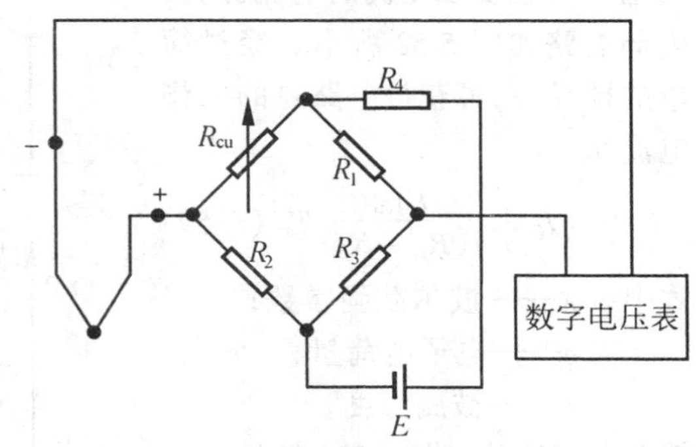

图5-50 电桥法冷端自动补偿

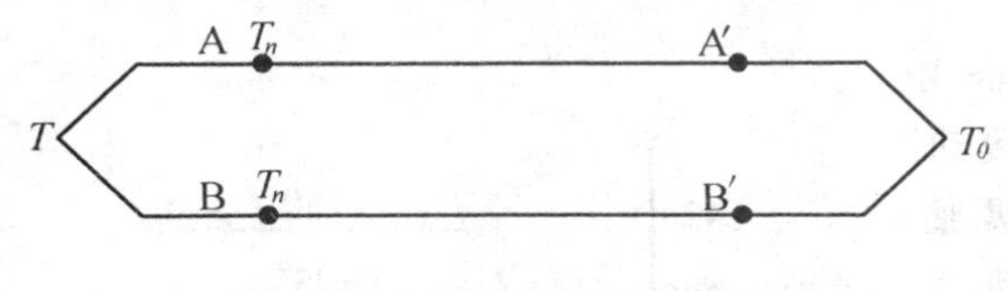

图5-51 冷端延长线原理图

工业应用时，被测温度点与指示仪表之间往往有很长的距离，这要求热电偶要有较长的尺寸。但热电偶材料价格较贵，为了降低成本，常采用冷端延长线。所谓冷端延长线是指在一定温度范围内和热电偶具有相同热电特性的便宜的材料 A′、B′做成的延长线。这样的测温结构如图 5-51 所示，通过热电偶的热电特性可以证明该结构的电路相当于将冷端移到了远端，而和真正热电偶的冷端所处的温度（T_n）无关。

虽然很多金属的组合都具有热电特性，但组成热电偶的通常是铂/铑，铬镍/铝镍，铜/康铜及铁/康铜等。热电偶的测温准确度及测温范围与其本身的材质有直接关系，准确度一般可达 ±0.25% ~ ±1%，计量用的热电偶则更高些。测温范围大致在 −200℃ ~ 2 500℃。

四、AD 590 集成温度传感器

某些结型半导体器件，例如二极管和三极管对温度呈现出敏感性，因而可用作温度敏感元件。在此介绍一种半导体集成温度传感器——AD 590，该传感器属于电流型（即输入量为温度，输出则为电流），体积很小，且具有互换性好、线性度好、信号可长线传输、抗电压干扰能力强、长期稳定性高、配用电路简单等优点，因而已成为工业应用中测温范围在 −55℃ ~ 150℃的首选传感器。

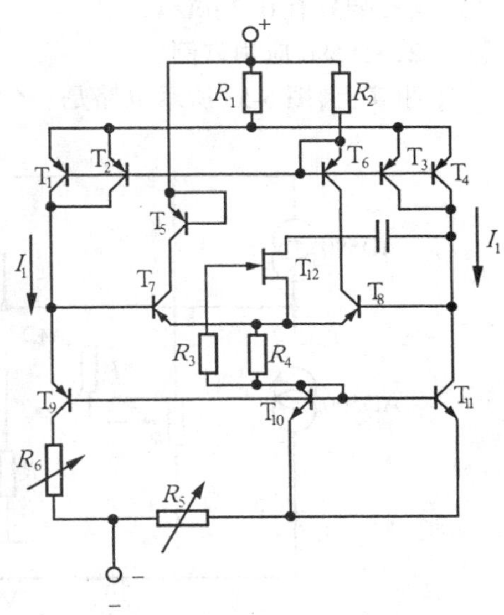

图5-52 AD590电原理图

1.工作原理

AD 590可以被看作是一个输出电流与温度成比例的电流源,其内部电路如图5-52所示。经过简单的推导[1],可获得电路总的工作电流 I_0 为

$$I_0=\frac{3K\ln 8}{q(R_6-R_5)}T \quad (5\text{-}59)$$

式中 K——波尔兹曼常数;

q——电子电荷量;

T——被测温度。

精选电阻数值,式(5-59)变为

$$I_0=K_0T \quad (5\text{-}60)$$

式中 K_0——测温灵敏度常数,一般为1μA/℃。

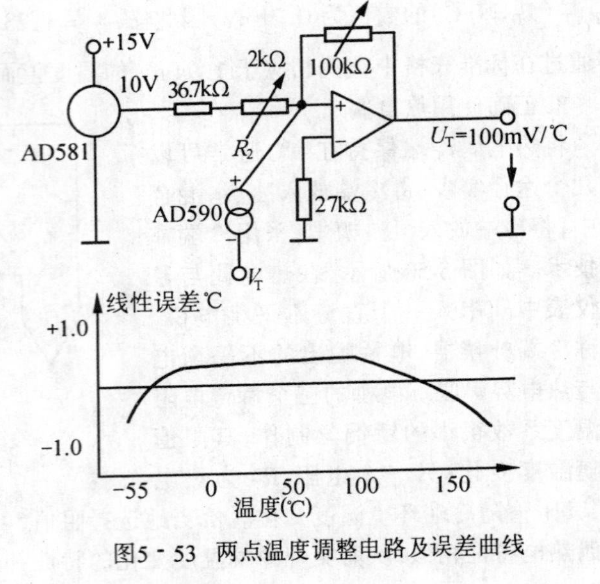

图5-53 两点温度调整电路及误差曲线

AD 590的误差主要是校准误差和非线性,通常要通过标定(例如对零点和满度进行校准)确定测温直线,图5-53为温度调整电路及误差曲线。经调整后的测温精度为±0.5℃。

AD 590输出电流值只与所处环境的温度有关,而且几乎与所加电压大小无关,如图5-54所示。电源电压在5-15 V之间变化时,其影响只有0.2 μA/V。

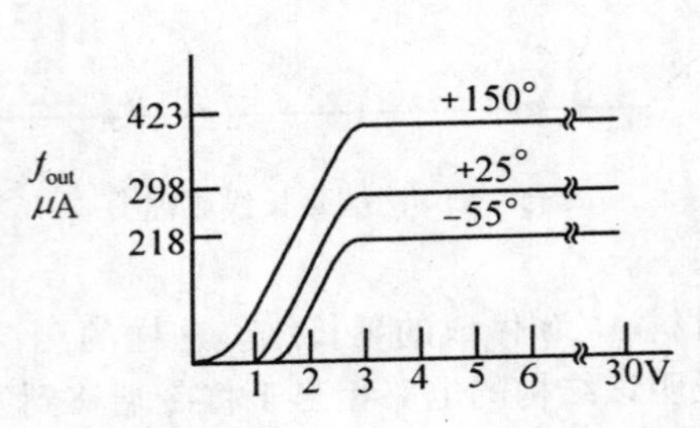

图5-54 AD590电流电压关系

2.AD 590应用举例

事实上,图5-53所示电路是一个比较实用的测温电路,在此再给出AD 590的几个应用实例。图5-55为温差测量;图5-56为平均温度测量;图5-57为温度控制应用;图5-58为热电偶冷端补偿应用。请读者自己分析它们的工作原理。

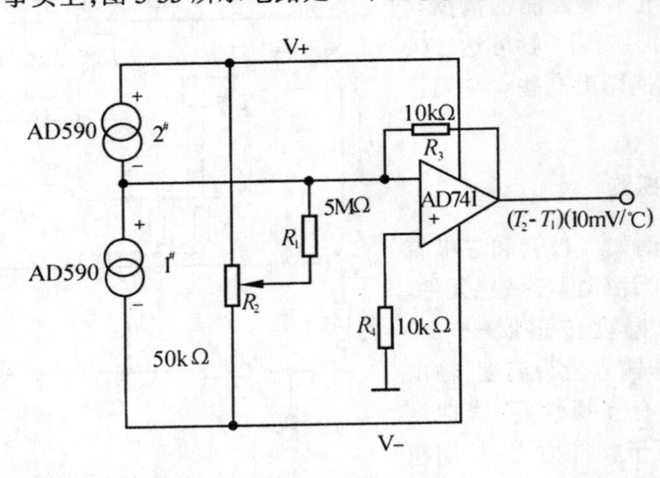

图5-55 温差测量

我们已经学习了利用热电阻、热敏电阻、热电偶、AD 590测温的基本原理和方法。实际测量时,应根据所测温度的范围、准确度要求及测温环境,并参照传感器生产厂商的产品说明等选用。为了实现测温传感器的自动校准和数值补偿,测量系统通常要由计算机控制。测

量高温时（$T>3\,000℃$），应采用一些特殊的技巧和方法，如冷却法[13]等。此外，辐射测温法（例如光纤温度计）也是检测高温的有效手段，限于篇幅，本书不在一一介绍。

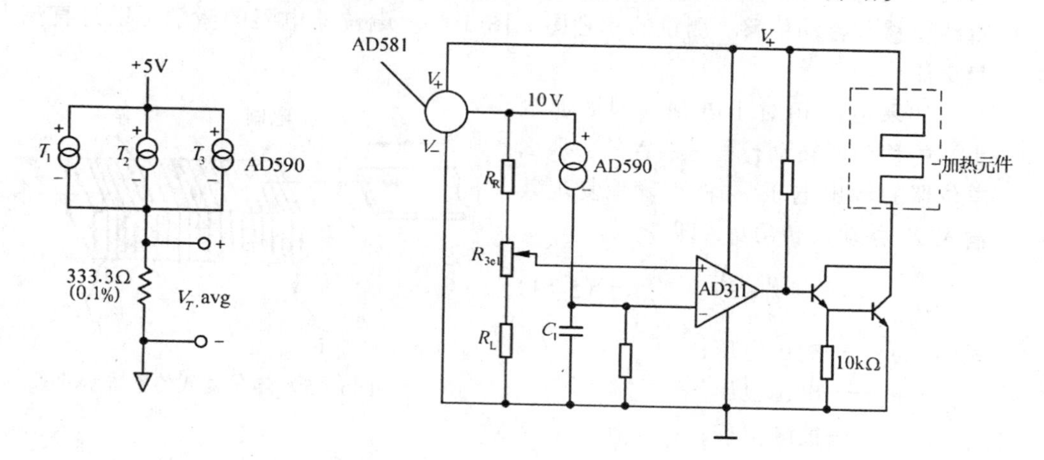

图 5-56　平均温度

图 5-57　AD590 用于简单温度控制

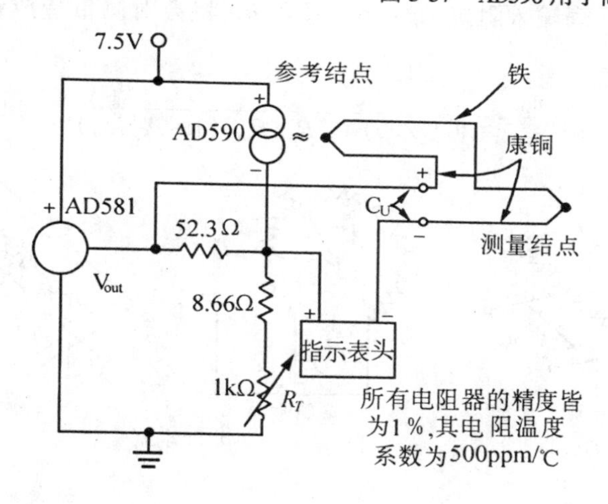

图5-58　AD590用于热电偶冷端被偿

5-5　运动量的测量

运动量以自然界中的两个基本量（长度和时间）为基础，具体说有位移、速度、加速度、角位移、转速、角加速度等，它们之间大多是相关的，例如位移除以时间即为速度。还有许多其它物理量（例如力、压力、温度等）通常是先被转换成运动量然后再继续测量。本书不可能罗列用于运动量测量的传感器和有关的千差万别的物理效应，而是尽可能讲述少量典型传感器用于运动量测量的实际应用。

一、移动相对位移和转动相对位移的测量方法

位移大致可分为移动相对位移（即直线位移）和转动相对位移，其它不规则的位移都可看作是直线位移和转动位移的组合。

1. 电阻式电位器

电阻式电位器由具有可动触头的电阻元件构成，如图 5-59 所示。触头的运动可以是移动、转动，或者二者的结合(如多圈旋转式电位器中的螺旋运动)，因而它可以用来测量直线位移和转动位移。测量的示意图见图 5-60。电位器电阻的激励可以是直流也可以是交流。

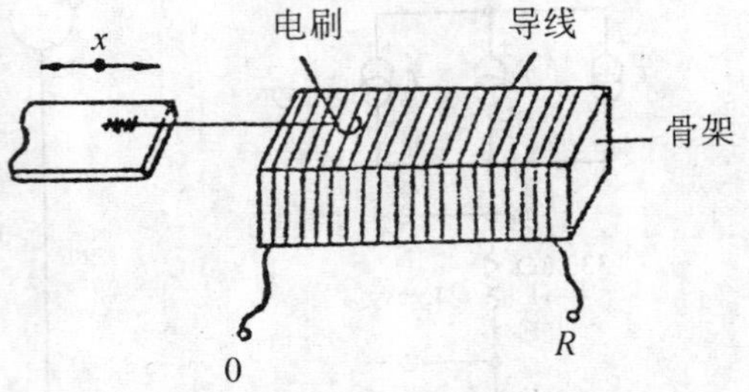

如果电阻相对于电刷（即活动触头）的移动或转动行程是线性的，那么电位器的输出电压 e_0 将正确地复现其输入 X_i 移动或转角 θ_i，即

$$\frac{e_0}{e_x}=\frac{X_i}{X_f} \tag{5-61}$$

图5 - 59　电位器式传感器示意图

式中　e_0——输出电压；

e_x——电源电压；

x_i——被测位移；

x_f——位移满量程。

如果测量 e_0 用的电压表输入阻抗 $R_m \neq \infty$，那么 R_m 将会对测量造成影响，此时式(5-61)变为

$$\frac{e_0}{e_x}=\frac{1}{1/(X_i/X_f)+(R_p/R_m)(1-X_i/X_f)} \tag{5-62}$$

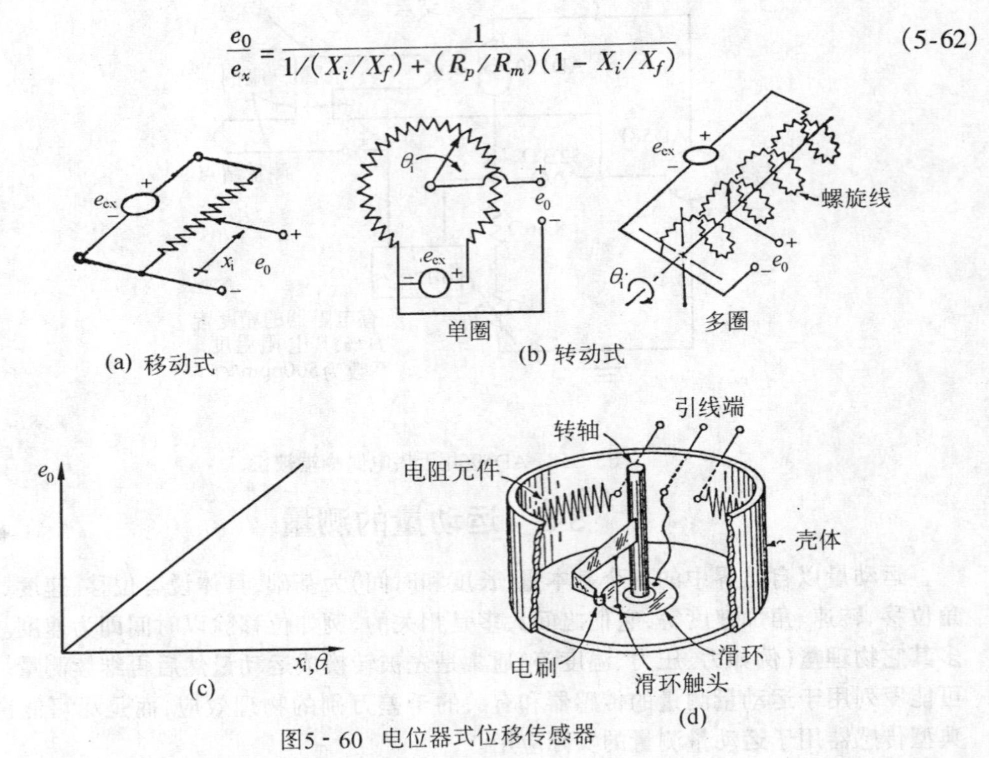

图5 - 60　电位器式位移传感器

由式(5-62)易看出，e_0 与 X_i 之间具有非线性关系，非线性程度与 R_p/R_m 值有关，如图 5-61 所示。如果 R_m 一定，只有降低 R_p 才能减少非线性误差，但与希望获得高灵敏度相矛盾(依据式(5-62)，请读者自己分析传感器的灵敏度)，而增加激励电压 e_x 值虽可增加灵敏度，但势必会使电阻发热。因此在选择 R_p 数值时必须综合考虑灵敏度与非线性指标。

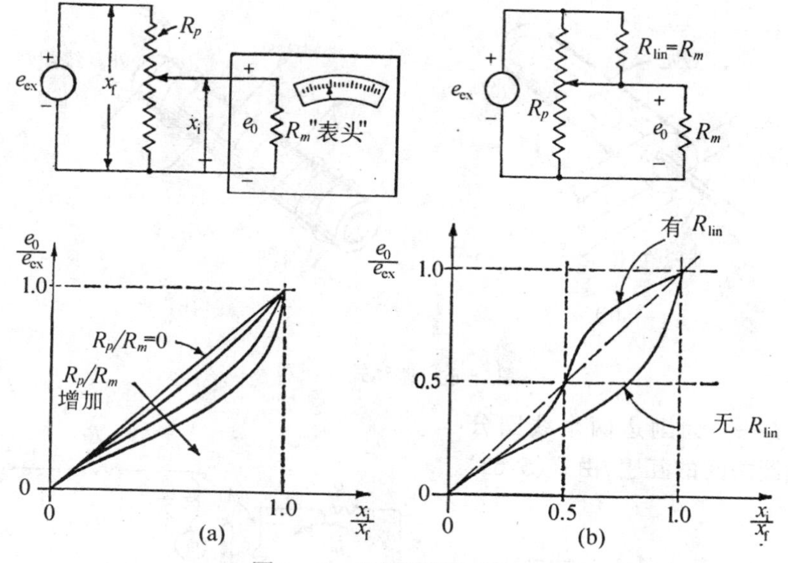

图5-61 电位器的负载影响

电阻元件的结构将严重影响电位器的分辨力。用一根电阻丝构成的电位器可以给出连续无跳变的电阻变化,但由于总电阻太小影响测量灵敏度。为了在较小的空间条件下获得较高的电阻值,线绕式电阻元件得到了广泛应用,如图 5-62 所示。但这时电阻的变化将是阶跃式的,阶跃电阻 ΔR 使测量在理论上不再具备无限的分辨力。电位器电阻也可以采用半导体材料或导电塑料制成,其优点也是为了在小的运动位移下有较大的电阻变化,这方面的内容已超出本书的讨论范围,请读者参阅文献[13]。

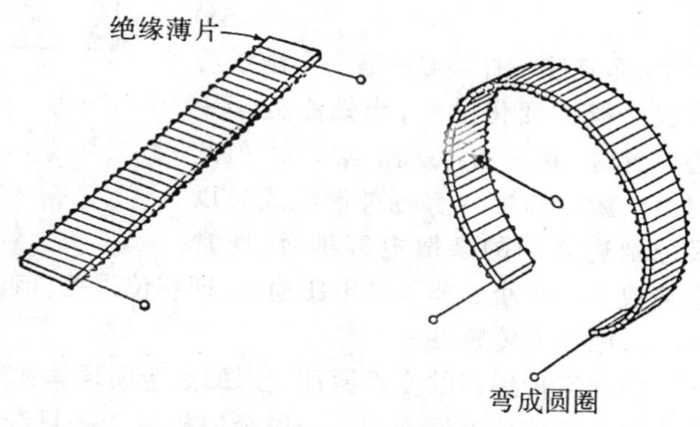

图5-62 线绕式电阻元件的构造

2. 差动变压器

图 5-63 所示为移动式和转动式的线性可变差动变压器式的原理构造图和电路图,这种装置的激励电源通常为正弦电压,有效值为 3 ~ 15V,频率为 60 ~ 20,000Hz。在两个完全相同的副边线圈中感应出频率和原边线圈激励电源相同的正弦电压,但该电压的幅值将随铁心的位置变化。若一个副边线圈的互感(耦合)增大,另一个副边线圈的互感减小,则在零位两边一个相当大的行程范围内,e_0 的幅值将是铁心位置的一个接近线性的函数。一般说来,输出电压 e_0 和激励电源 e_x 不同相。其关系可以通过分析差动传感器的等效电路得到,如图 5-64 所示。应用基尔霍夫电压回路定律,有

$$\begin{cases} \dot{I}_p R_p + j\omega L_p \dot{I}_p - \dot{e}_x = 0 \\ \dot{e}_1 = j\omega M_1 \dot{I}_p \\ \dot{e}_2 = j\omega M_2 \dot{I}_p \end{cases} \tag{5-63}$$

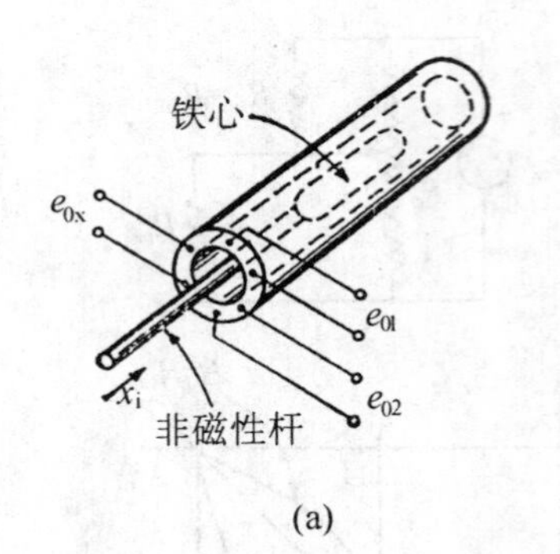

(a)

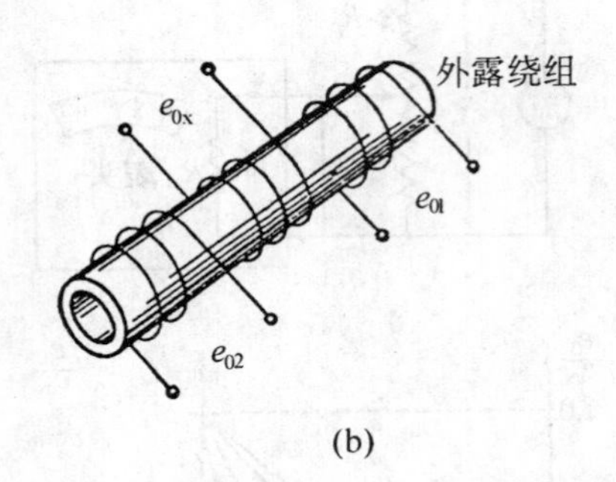

(b)

图5-63 差动式变压器

式中 M_1M_2——为副边两个线圈分别和原边线圈之间的互感，由式(5-63)易得

$$\dot{e}_0=\dot{e}_1-\dot{e}_2=(M_1-M_2)\frac{j\omega}{j\omega L_p+R_p}\dot{e}_x \tag{5-64}$$

式中，净互感(M_1-M_2)是一个随铁心位置而线性变化的量，当铁心处于中心位置时，$M_1=M_2$，从而 $e_0=0$。但此时由于激励源中含有各种谐波成分以及原副边之间的杂散电容耦合，通常会造成一个很小的非零的电压输出，即零位误差，该误差在一般条件下小于1%。

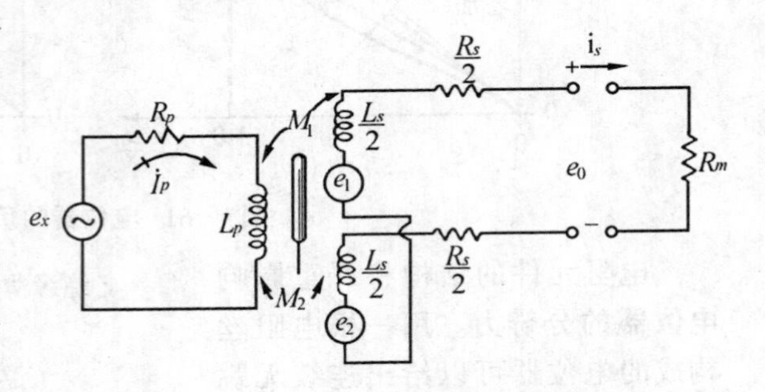

图5-64 电路分析

3.电涡流传感器

电涡流传感器的变换原理利用的是金属导体在交流磁场中的涡电流效应，图5-65所示为电涡流传感器原理图。一块金属板置于一只线圈附近，相互间的距离为 δ。当线圈中有一高频电流 i 通过时，便产生磁通 ϕ_i，此交变磁通穿过邻近的金属板，金属板上便产生感应电流 i_1，这种电流在金属体内是闭合的，形成涡流。涡电流产生的磁场与线圈磁场方向相反并相互作用，使原线圈阻抗 Z 发生变化，变化程度与距离 δ 有关。

设空心线圈阻抗为

$$Z_0=R_0+j\omega L_0 \tag{5-65}$$

式中 R_0,L_0——中分别为线圈电阻及电感。

将线圈靠近金属板时，δ 减小而线圈与涡流之间的互感 M 增大。如果涡流回路上电阻为 r，电感为 L，这时的传感器等效电路如图5-66所示。根据基尔霍夫定律可以列出同式(5-63)类似的电压回路方程并可得线圈等效阻抗为

$$Z_{ea}=R_0+\frac{\omega^2M^2}{r^2+(\omega L)^2}+j\omega\left[L_0+\frac{\omega^2M^2L}{r^2+(\omega L)^2}\right]=R_{ea}+j\omega L_{ea} \tag{5-66}$$

式中 $R_{ea}=R_0+\omega^2M^2/[r^2+(\omega L)^2]$；$L_{ea}=L_0+\omega^2M^2L/[r^2+(\omega L)^2]$。

R_∞ 和 L_∞ 分别为等效电阻和等效电感。显然，由于涡流的存在，使线圈的等效阻抗及品质因数均发生了变化。多数情况下是利用等效电感 L_{ea} 作为传感器的输出量，传感器中量值的变换可用流程图表示：$\delta\rightarrow M\rightarrow L_{ea}$，因此检测电感值即可获知 δ 大小，由此可以

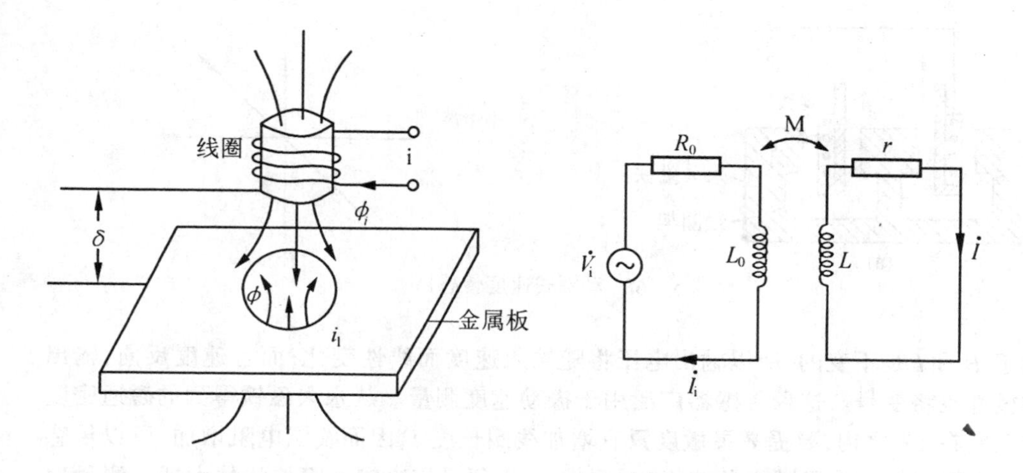

图5-65 涡流式传感器原理图　　图5-66 电涡流式传感器等效电路 $Z_{ea}=\frac{\dot{V}_i}{\dot{I}_i}$

看出电涡流传感器的最主要特点就是非接触测量，这对于无损检测是非常有意义的。例如可用该传感器监测发电机组主轴的振动情况；在机场安全检查中，利用电涡流传感器制成的探测器可以不接触人体即可探知旅客是否随身藏有金属物品。

测量 L_{ea} 的方法有很多，通常将传感器当作一个电感接入振荡谐振回路，如图 5-67 所示。电感变化时将改变电路的谐振频率，通过检测频率即可检测位移 δ。

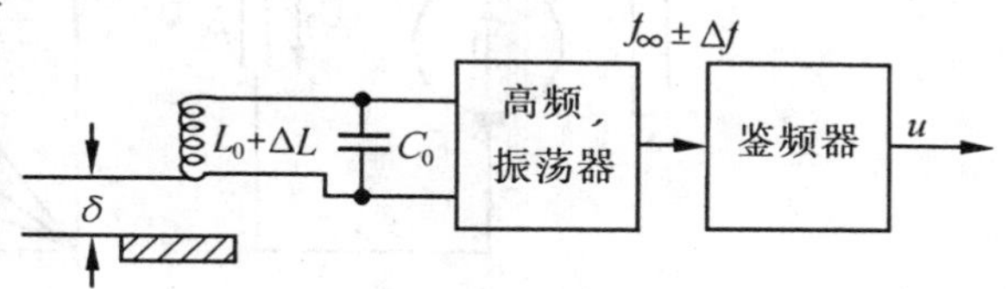

图5-67 调频电路原理图

测量直线位移和转动位移还可以应用光电码盘、感应同步器及超声波探测等技术，有兴趣的读者可参阅有关的资料文献（简要的说明可见于[13]）。精密几何位移测量用到的其它技术如全息摄影、光的干涉及衍射等已超越本书知识体系，本书也不做讨论。

二、移动相对速度和转动相对速度的测量方法

一般说来，位移对时间的导数就是速度，因此任何位移传感器的输出电压都可以输入到适当的微分电路来获得与速度成正比的电压信号，微分运算自然也可以使用计算机来完成。这种间接测量方法的缺点是，微分作用将增强存在于位移信号中的低幅而高频的噪声。本书在此介绍测量速度的几种其它方法。

1. 移动速度传感器（动圈式）

图 5-68 所示的动圈式传感器是建立在电磁感应定律之上的，即

$$e_0 = Blv \tag{5-67}$$

式中　e_0——端电压（感应电势）（V）；

B——磁场强度（T）；

l——线圈长度（m）；

v——线圈和磁铁间的相对速度。

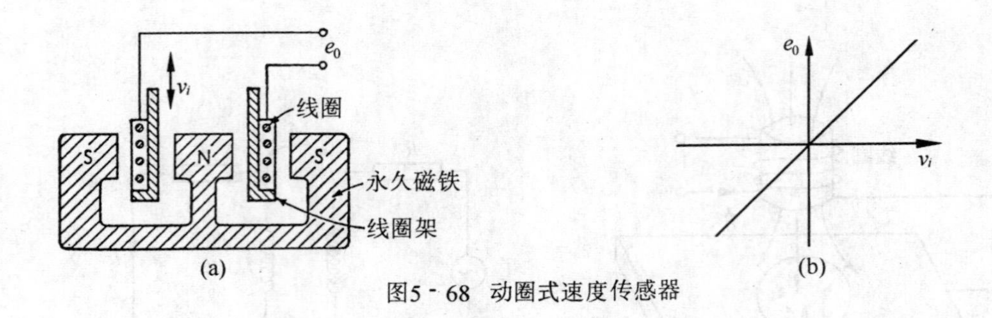

图5-68 动圈式速度传感器

由于 B 和 l 是不变的，所以输出电压将随输入速度而线性变化；而且速度反向，输出电压的极性也将变号。这种传感器广泛用于振动速度测量。从永久磁铁得到的磁通密度一般都限制在 $1T$ 之内，要提高灵敏度只有增加线圈长度 l，因而线圈电阻增加，所以传感器的输出电阻较大。为了减小负载影响，测量 e_0 必须采用高输入阻抗的放大器。测量地震冲击信号的一种动圈式速度传感器灵敏度可达 4.5V/(mm/S)。

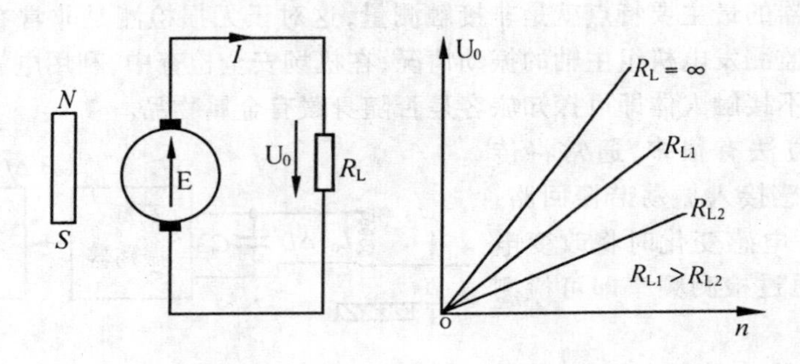

图5-69 直流磁式测速发电机

2.测速发电机

一般的直流发电机（使用永久磁铁或他激磁场）能产生大体上与转速成比例的输出电压。只要发挥其构造上的某些特点，这种直流发电机就可以成为测量转速的精密仪器。其基本工作原理仍然根据式(5-67)的电磁感应定律，电机的输出电压为[29]

$$e_0=\frac{n_p n_c \phi N}{60 n_{pp}} \tag{5-68}$$

式中 e_0——平均输出电压(V)；

n_p－磁极对数；

n_c——电枢中的导体数；

ϕ——角极磁通(Wb)；

N——转速(rpm)；

n_{pp}——正、负极电刷之间的并联通路数。

输出电压 e_0 为与转速成正比的直流电压，当转速反向时，极性则相反。由于电机中导体数 n_c 有限，故在输出电压中叠加有小的纹波电压，在测量较高转速时可采用低通滤波器滤除。一台典型的测速直流发电机灵敏度为 7 V/(1 000 rpm)。

转速的测量也可以采用交流测速发电机，详细说明请参看控制电机类书籍。

3.涡流杯式转速传感器

图 5-70 所示为涡流杯式转速传感器简图。磁铁旋转将在涡流杯中感应出电势,从而在杯子材料中产生环行的涡流,这些涡流和永久磁铁的磁场相互作用,将在杯上产生一个与涡流杯和永久磁铁相对速度成正比的转矩,进而使涡流杯转过 θ 角直到线性弹簧的转矩与电磁转矩达到平衡。因而在稳态情况下,转角 θ 将正比于输入转速 ω_1。如果希望有电信号输出,则可用任何小转矩的位移传感器来测量 θ。其动态工作性能将决定于运动元件的转动惯量,以及弹性刚度、磁铁和涡流杯之间涡流耦合的粘性阻尼作用。由此得到传感器的二阶响应特性为

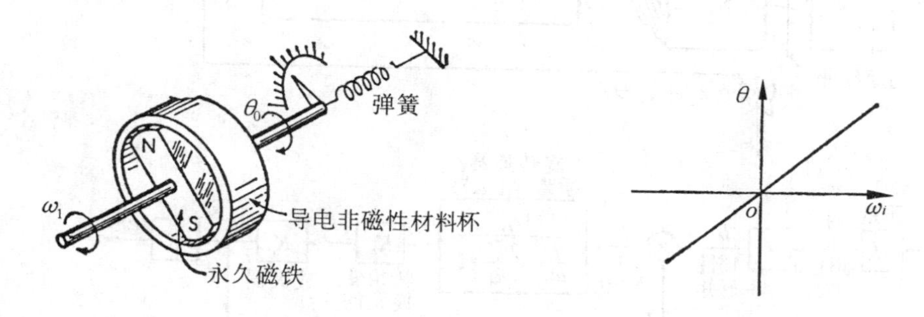

图5-70 涡流杯式转速传感器

$$\frac{\theta}{\omega_i}(s)=\frac{K}{s^2/\omega_0^2+2\xi s/\omega_0+1} \tag{5-69}$$

式(5-69)与式(5-12)具有相似的形式,这里 K 的物理意义显然为传感器的静态灵敏度。动态特性各参数的具体数值需要实际标定给出。

4.光电式和磁电式转速传感器

随着光电技术,特别是脉冲频率测试技术的完善,光电式转速传感器已成为转速测量的首选技术方案,光电式测速的基本原理已在图 5-2 中给出,磁电式测速具有类似的结构原理,读者可参考该图并结合数字化测量技术进行分析,本书在此不在赘述。

三、相对加速度的测量

对速度信号进行微分求导可以获得被测物体加速度数值,但同样要求速度信号的曲线是光滑的。

1.偏差式加速度计

大多数实际使用的加速度计都具有图 5-10 所示的形式,所不同的仅细节而已,例如所选用的弹簧不同,所采用的相对位移传感器不同,以及所具有的阻尼方式不同等。该种类型传感器的原理及动态特性已在第二节有较详细的分析。

2.伺服式加速度计

采用反馈原理的,通常所说的伺服加速度计相对偏差式加速度计而言,具有更高的精度。在伺服加速度计的设计中,机械弹簧已为“电弹簧”所取代。这种办法的优点是,与机械弹簧相比,电弹簧的线性度较高,迟滞较小。同样地采用电阻尼的方式还可以使温度误差减小。此外,惯性质量块被保持在非常接近零位移的位置,因此这类传感器也常被称为零位平衡式加速度计。图 5-71 以简化方式给出了传感器的原理。

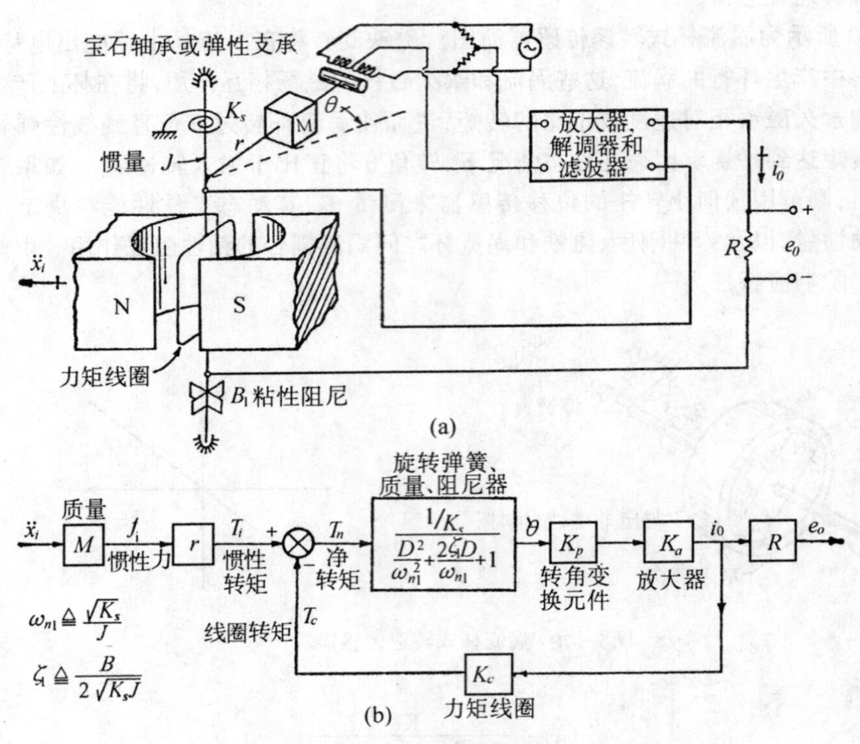

图5-71 伺服式加速度计

被测的加速度 $\ddot{x}_i$ 将造成一惯性力 f_i 作用在惯性质量块 M 上，使它借助其上、下两轴承或弹性支撑而转动。其偏离零位的转角 θ 将由一电感式变换器来感受，然后加以放大、解调和滤波，以产生与偏离零位的转角成正比的电流 i_0，此电流通过一个精密的、阻值稳定的电阻器 R 以产生输出电压信号 e_0。同时，该电流也加在处于磁场中的线圈上，通过线圈的电流将产生一电磁力矩作用在线圈上（也可以说作用在固定于线圈上的质量块 M 上），线圈转动使质量块趋向零位。线圈电磁力矩与由 $\ddot{x}_i$ 所产生的惯性力矩刚好平衡，从而产生线圈电磁力矩所需的电流 i_0 与 $\ddot{x}_i$ 成正比，即可以用 e_0 度量被测加速度 $\ddot{x}_i$。通过对传感器方框图的分析，表明此种传感器的动态性能如下：

$$\left(Mr\ddot{x}_i - \frac{e_0 K_c}{R}\right)\frac{K_p K_a / K_s}{s^2/\omega_n^2 + 2\xi_n s/\omega_n + 1} = \frac{e_0}{R} \tag{5-70}$$

整理上式得

$$\left(\frac{s^2}{\omega_n^2} + \frac{2\xi_n s}{\omega_n} + 1 + \frac{K_c K_p K_a}{K_s}\right) e_0 = \frac{MrRK_p K_a}{K_s}\ddot{x}_i \tag{5-71}$$

可以通过设计使放大器的增益作得足够大，以使 $K_c K_p K_a / K_s >> 1$，于是

$$\frac{e_0}{\ddot{x}_i}(s) = \frac{K}{s^2/\omega_0^2 + 2\xi s/\omega_0 + 1} \tag{5-72}$$

式中

$$K = \frac{MrR}{K_c}\left[\mathrm{V/(m/s^2)}\right] \tag{5-73}$$

$$\omega_0 = \omega_n\sqrt{\frac{K_p K_a K_c}{K_s}}\,(\mathrm{rad/s}) \tag{5-74}$$

$$\xi = \frac{\xi_n}{\sqrt{K_p K_a K_c / K_s}} \tag{5-75}$$

由式(5-72)可以看出,系统具有二阶动态性能;由式(5-73)可以看出,传感器静态灵敏度仅取决于 M, r, R 和 K_c,而这些参数可以作得非常恒定。从式(5-74)中可以看出,系统的谐振频率 ω_0 已由其基本的弹簧-质量系统的谐振频率 ω_n,增加到$\sqrt{K_p K_a K_c / K_s}$倍,当然阻尼比 ξ 较 ξ_n 相比则降低了同样的倍数。

一台典型的伺服加速度计可以达到以下指标:满刻度量程为 ±0.5 g~ ±100 g,自然(谐振)频率为 50~250 Hz,阻尼比为 0.7~1.1,综合误差不大于 0.2%。

对图 5-71 所示传感器的质量块结构稍作调整即可测量角加速度,在此不再详细讨论。

5-6 力与转矩的测量

一未知的力可用下述方法测量,相信读者对其中的部分方法已经有基本的了解:

1. 用作用在基准质量上的已知重力来平衡未知力。可以直接平衡,或通过一杠杆体系来平衡。

2. 将一未知力作用在一已知质量的物体上,再测量该物体的加速度($F = ma$)。

3. 用一载流线圈和一磁铁相互作用而产生的电磁力来平衡未知力。

4. 把未知力变换成流体压力,然后再测此压力。

5. 将未知力作用在某一弹性构件上,再测量构件所产生的变形。

6. 将一与被测力有联系的力矩加在一陀螺仪上,再测量陀螺仪的进动速度。

7. 被测力使一弦张紧,再测量此弦振动频率的变化。

相应于上述测力方法的具体实现有多种多样,例如分析天平、磁电式天平、压电传感器(在本章第二节已简要介绍)等。本节主要结合应变片、振弦式传感器等讨论力与转矩的基本测量方法。

一、应变片

读者已经在本章第二节学习过金属应变效应及应变片的知识,一般来说,将应变片粘贴在应变梁(试件)上即能够测量应变或力 F,如图 5-72 所示。因为应变梁受力后,要产生应变 $\varepsilon = \mathrm{d}l/l$,该应变大小与力 F 大小、应变梁尺寸及其弹性模量有密切关系,且一般是线性的。对应于图 5-72 式的结构,有

$$\varepsilon = \frac{6L}{h^2 bE} F \tag{5-76}$$

式中 ε——机械应变;

F——静载荷,单位 kg;

h——梁的厚度,单位 m;

b——梁的根部宽度,单位 m;

E——钢材的弹性模数,单位为 $\mathrm{kg/m^2}$

当梁的几何尺寸及弹性模数为已知时,即可由式(5-20)通过测量 dR/R 而求得 ε,再由式(5-76)求出 F。

1. 应变片的温度补偿

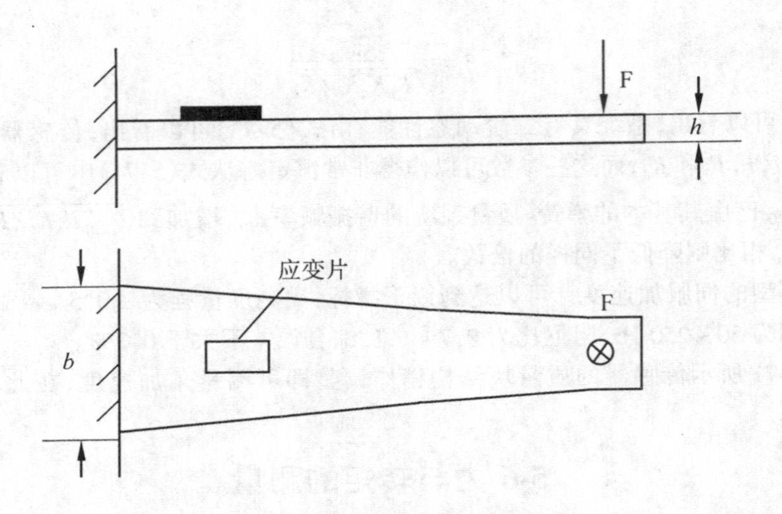

图5-72 应变用于力的测量

在理想情况下，应变片的输出电阻是应变的一元函数，即 $\Delta R/R=f(\varepsilon)$；但实际上，应变片的阻值还和温度有关，即 $\Delta R/R=g(\varepsilon,t)$，有资料介绍，由温度引起的电阻相对变化为 10^{-3}数量级，而由应变引起的电阻相对变化 $10^{-2}\sim10^{-5}$为数量级，可见，如果对应变片的温度影响不加以补偿，应变片几乎不能使用。温度对应变片阻值的影响，与电阻丝本身的温度系数、线膨胀系数以及试件的热膨胀系数有关。对粘贴式应变片，温度变化引起的附加电阻变化为

$$\Delta R_t=R_0\alpha\Delta t+R_0K_0(\beta_g-\beta_s)\Delta t \tag{5-77}$$

式中 R_0——温度为 t_0℃时的电阻值；

α——金属丝的电阻温度系数；

β_g——试件材料的线膨胀系数；

β_s——金属丝的线膨胀系数；

K_0——应变灵敏度系数；

Δt——温度变化范围，$\Delta t=t-t_0$；

由式(5-77)可得附加电阻的相对变化率为

$$\frac{\Delta R_t}{R_0}=[\alpha+K_0(\beta_g-\beta_s)]\Delta t \tag{5-78}$$

折合成应变量为

$$\varepsilon_t=\frac{\Delta R_t/R_0}{K_0}=\left[\frac{\alpha}{K_0}+(\beta_g-\beta_s)\right]\Delta t \tag{5-79}$$

应变片受应变的影响，电阻变化 ΔR_q，再考虑应变片受温度的影响，则有

$$\frac{\Delta R}{R_0}=\frac{\Delta R_\varepsilon}{R_0}+\frac{\Delta R_t}{R_0}=K_0\varepsilon+K_0\varepsilon_t=K_0\varepsilon+[\alpha+K_0(\beta_g-\beta_s)]\Delta t \tag{5-80}$$

ε_t 是系统误差项，应予消除。

电阻应变片的温度误差可以采用敏感栅热处理或采用两种温度系数的材料相互补偿的方法进行补偿，但更多的是使用电桥补偿法。回顾第三节我们学习过的直流不平衡电桥，如果桥臂的四个电阻都用应变片代替，将式(5-80)代入式(5-30)得

$$\Delta U=\frac{E}{4}\left[K_0(\varepsilon_2+\varepsilon_4-\varepsilon_1-\varepsilon_3)+\frac{\Delta R_{2t}}{R_2}+\frac{\Delta R_{4t}}{R_4}-\frac{\Delta R_{1t}}{R_1}-\frac{\Delta R_{3t}}{R_3}\right] \tag{5-81}$$

由式(5-81)可以看出，消除温度误差的条件是使$\frac{\Delta R_{2t}}{R_2}+\frac{\Delta R_{4t}}{R_4}-\frac{\Delta R_{1t}}{R_1}-\frac{\Delta R_{3t}}{R_3}=0$。若桥臂电阻应变片为同批制造，材料规格等都相同，并且均在同一温度场中，上述条件是可以满足的，但应变片要正确贴在工件上并正确接入电桥电路中。图5-73所示为应变片正确接入电桥及应变片在试件上正确贴片的示意图。

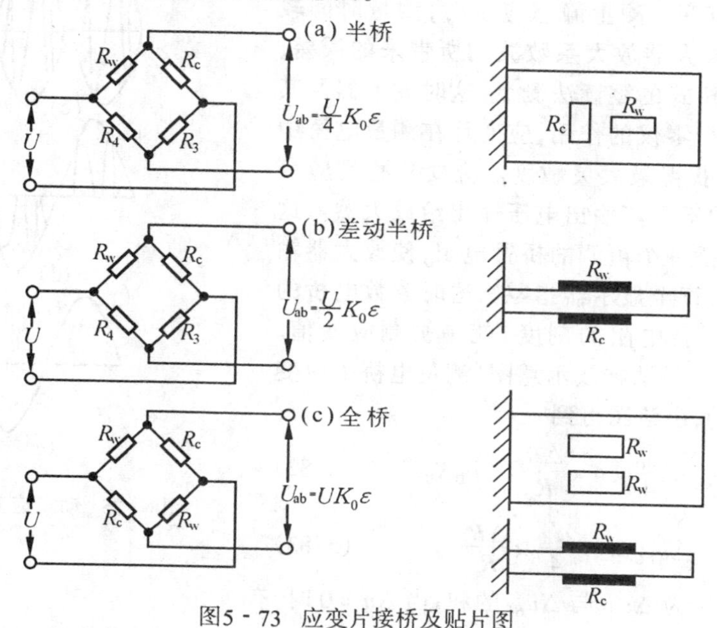

图5-73 应变片接桥及贴片图

由图5-73可以看出，应变片正确贴片和接入电桥的原则是：

a. 要保证$\frac{\Delta R_{2t}}{R_2}+\frac{\Delta R_{4t}}{R_4}-\frac{\Delta R_{1t}}{R_1}-\frac{\Delta R_{3t}}{R_3}=0$；

b. 要使式(5-74)中右侧的$K_0(\varepsilon_2+\varepsilon_4-\varepsilon_1-\varepsilon_3)$反映应变。例如全桥法测应变，$\varepsilon_2=\varepsilon_4=\varepsilon$（张力），$\varepsilon_1=\varepsilon_3=-\varepsilon$（压缩力），则$K_0(\varepsilon_2+\varepsilon_4-\varepsilon_1-\varepsilon_3)=4\varepsilon$，从而电桥的输出电压为$\Delta U=K_0\varepsilon$。

2. 电阻应变仪

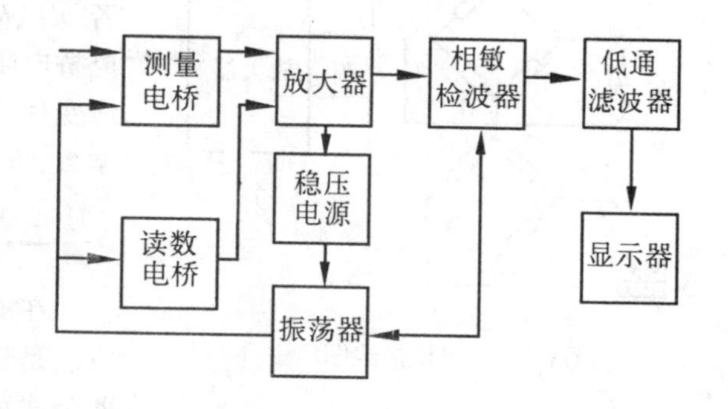

图5-74 电阻应变仪方框图

测量不平衡电桥的输出电压即可获知应变或被测力的大小。电阻应变仪是与应变片传感器相配套的仪器，其原理结构如图5-74所示。仪器内除含有测量电桥外，还有其它一些辅助电路以实现静态、动态应变的测量。稳压电源供电给放大器和振荡器，振荡器产生一定频率(1k～10 kHz)的正弦波作为测量电桥和读数电桥的电源电压。下面简述应变仪测量应变的过程。

(1)动态应变。接在电桥桥臂上的应变片感受应变后，在频率为1 kHz以上的交流电源作用下，电桥输出一个被应变过程调制的调幅波（图5-75(a)），调幅波经放大器放大后输出波形(b),波形被相敏检波后得到波形(c),再经低通滤波器滤波后得到波形(d)。显然波形(d)是放大的应变信号,该信号经记录装置后即可将应变或力的信号传递给观察者或计算机。信号处理过程中,采用交流调制的主要目的是为了抑制电路各环节中的低频干扰。

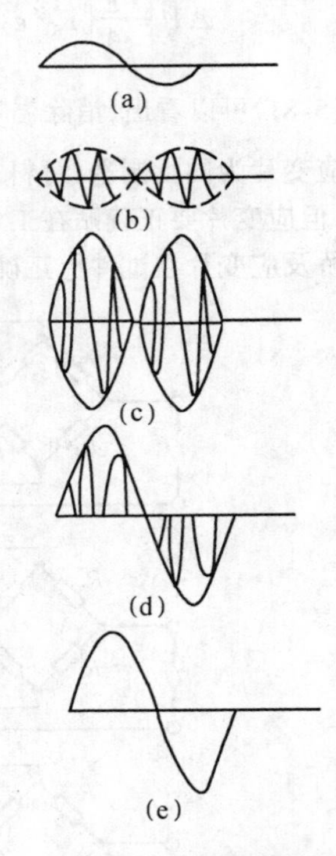

图5-75 动态应变测量波形

(2)静态应变。测量静态应变时,测量时间较长,为了避免放大器放大系数波动所带来的误差,一般采用双电桥式的零读法测量,这时放大器及其后续电路充当指零仪的作用,应变片在测量电桥中接成全桥式以获得最大灵敏度。应变片感受应变后,测量电桥的不平衡输出电压输出给放大器。这时调节读书电桥一个可调的桥臂电阻,使放大器输入信号趋于零,直至显示器指零。这时读数电桥的读数(即可调桥臂电阻的刻度)就是被测应变值。图5-76所示为双桥法接线示意图(测量电桥中应变片全桥法接线),由该图得到

$$\Delta u_{AB}=\frac{u_0}{4}\times 4\times\frac{\Delta R_w}{R_w}=u_0K_0\varepsilon \tag{5-82}$$

$$\Delta u_{BC}=-\frac{u'_0}{4}\times\frac{\Delta R}{R} \tag{5-83}$$

放大器输入信号为 Δu_{AB} 与 Δu_{BC} 的和,当 $\Delta u=0$ 时,有

$$\varepsilon=\frac{1}{4K_0}\times\frac{u'_0}{u_0}\times\frac{\Delta R}{R}=K'\Delta R \tag{5-84}$$

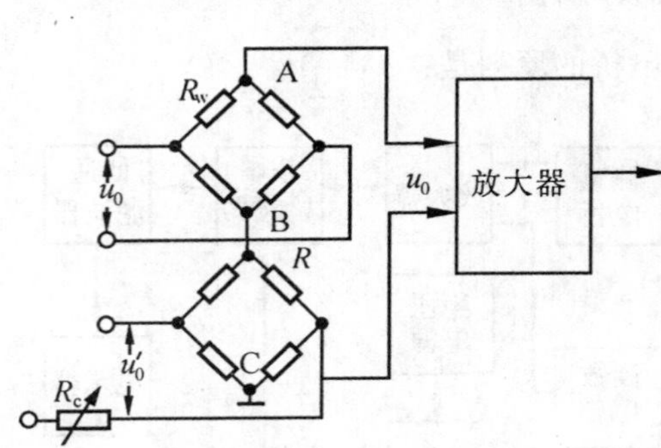

图5-76 双桥接线图

若 u'_0、K_0、u_0、R 均为常数,则被测应变 ε 与读数电桥电阻增量 ΔR 成正比。需指出的是,每一批应变片的应变灵敏度系数有所不同,为使 K' 为常数,可以通过调节 R_c 使 u'_0/K_0 为常数来实现。

二、振弦式力传感器

在前面所列的感受力的基本方法中,第七种方法是建立在经典物理学中一个著名公式上的,此公式可用来计算长度为 L,单位长度上的质量为 m 的由待测力 F 所张紧的一根弦的第一谐振频率 ω 为

$$\omega=\frac{1}{2L}\sqrt{\frac{F}{m}} \tag{5-85}$$

由式(5-85)可以看出,F 的变化将引起弦的谐振频率 ω 的变化,可以利用我们已经介绍过的频率的测量方法来检测 ω,进而可以获知 F 的数值。虽然张紧弦的力可决定振动的谐振频率,但在任何振弦式传感器中都必须备有某种激振系统以补偿磨擦损失,并维持弦以固定的振幅而振动。振弦式传感器原理结构如图5-77所示。

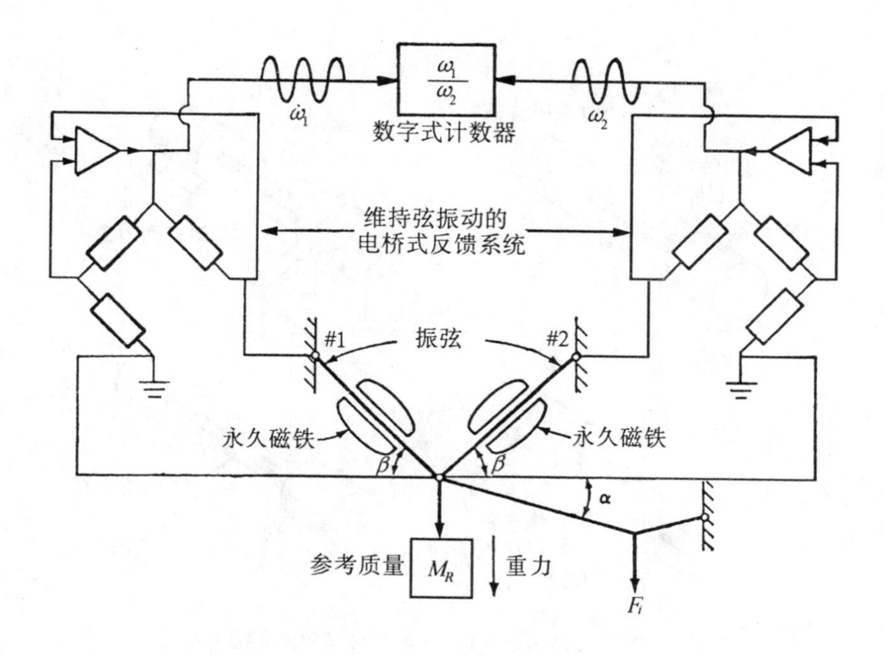

图5-77 振弦式力传感器

将弦放在永久磁铁的磁场中，并且弦作为激振电桥的一个桥臂。这样，弦中流有桥臂电流，该电流受到的磁场力即为激振所需的横向力。电流大小同时反馈给放大器，放大器输出又作为电桥的供电电源，这种反馈系统能在每根弦所承受的力所决定的频率上维持弦的等幅振动。当被测力为零时，一固定的参考质量 M_r 将作用一予拉力 F_0，此力分担在两根弦上的力大小相同，所以两根弦以同一频率振动，从而两弦振动频率的比值 $\omega_1/\omega_2 = 1.0$，如果环境温度变化，这两根弦长度变化相同，因而振荡频率的变化也相同，所以频率比不受影响，这就实现了温度补偿。为了使输出信号 ω_1/ω_2 随 F_i 线性地变化，我们将通过另一根不振动的弦，以一定的角度来使 F_i 对两根振动弦达到这样的影响：

$$F_1 = F_0 + K_1 F_i,\ F_2 = F_0 - K_2 F_i \tag{5-86}$$

式中　F_1 和 F_2 分别为两根振动弦所受到的张力，K_1 和 K_2 可通过 α 和 β 角来调整。于是得：

$$\frac{\omega_1}{\omega_2} = \sqrt{\frac{F_0 + K_1 F_i}{F_0 - K_2 F_i}} \tag{5-87}$$

只要恰当地选取 K_1 和 K_2，ω_1/ω_2 与 F_i 的关系非常接近线性。而 ω_1/ω_2 频率比的测量我们已在数字化测量中学习过。上述传感器具有 ±0.003% 的重复性误差，±0.03% 的非线性误差。

三、转轴转矩的测量

转轴转矩的测量具有重大的经济意义，转矩与转轴转速的乘积为功率，其测量对机械传动设计、能源消耗、效率等极为重要。通过转轴进行转矩传输一般包括两个部分：动力源和动力耗用设备（即吸能器或耗能器），如图 5-78 所示。实现转矩测量，可以采用的方法是，把动力源部分或动力耗用设备部分通过轴承（“摇架机构”）安装起来，再测量反作用力 F 和力臂 L。转矩还可通过转轴的扭转角或应变（或通过与转轴相连的转矩传感器）来测量。

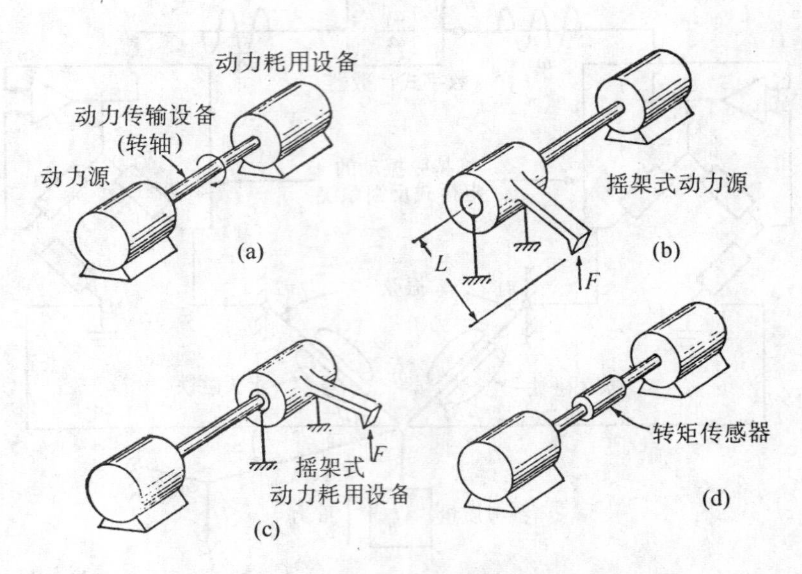

图5－78 旋转机械的转矩测量

摇架机构这一概念是大多数转轴功率计的工作基础，主要用来测量恒稳的功率和转矩。由于摇架机构存在轴承磨擦、静力不平衡、风阻力矩等原因，这种方法常产生较大的测量误差。为了能进行动态转矩测量，可以用一弹性变形元件式转动支撑来代替摇架-轴承结构，在弹性变形元件上安装有可感受转矩的应变片，如图 5-79 所示。4 个应变片可接入应变仪即可实现转矩的动态测量。此外，采用角位移传感器的力反馈式原理或陀螺传感器也也可以测量转矩，本文不再赘述。

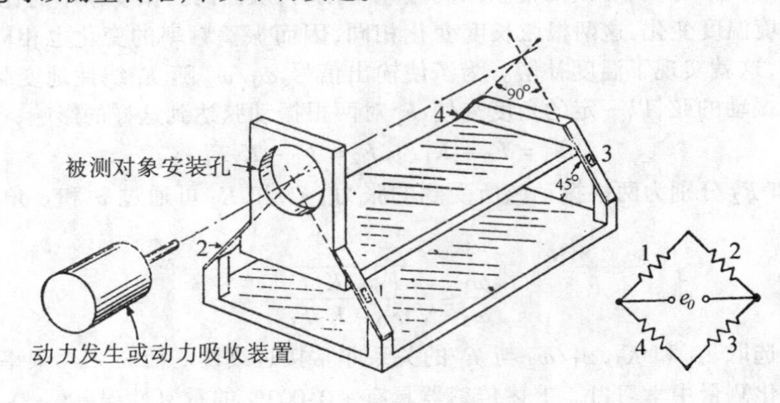

图5－79 应变片式转矩测试台

四、皮带称的测量原理

在许多工业生产过程中，物料是通过传送带连续输送的，在输送的同时，用电子皮带称对物料进行连续测量具有重要意义。电子皮带称不仅结构简单、适用范围广，并且可以实现物料瞬时输送量和总输送量的自动检测。本书简单介绍单托辊电子皮带称的工作原理。

1. 电子皮带称的称量原理

电子皮带称计量物料流量的工作原理,从其信息传递过程分析,可概括为下述三个方面:

(1)皮带上运动物料的重量,通过称重传感器的重力测量,转换为对应的电信号。

(2)皮带运行速度通过速度传感器进行跟踪测量,并输出对应的电脉冲信号。

(3)二次仪表部分对上述两种采集的信息进行运算处理,从而显示瞬时流量和累计总量。

在时间 T 内,皮带运输机的累计输送量可由下列计算式表达:

$$W = \int_0^T q(t)v(t)\mathrm{d}t = \int_0^T \frac{p_i}{L}v_i\mathrm{d}t \tag{5-88}$$

式中 $q(t) = p_i/L$——传送带单位长度上的物料重量;

p_i——为称量框架上的瞬时荷重;

v_i——为传送带的瞬时速度;

L——为框架上的皮带有效长度。

p_i 和 v_i 由称重传感器和速度传感器转换为对应的电信号获得。

2. 单托辊电子皮带称的工作原理

图 5-80 为单托辊电子皮带称的工作原理图。

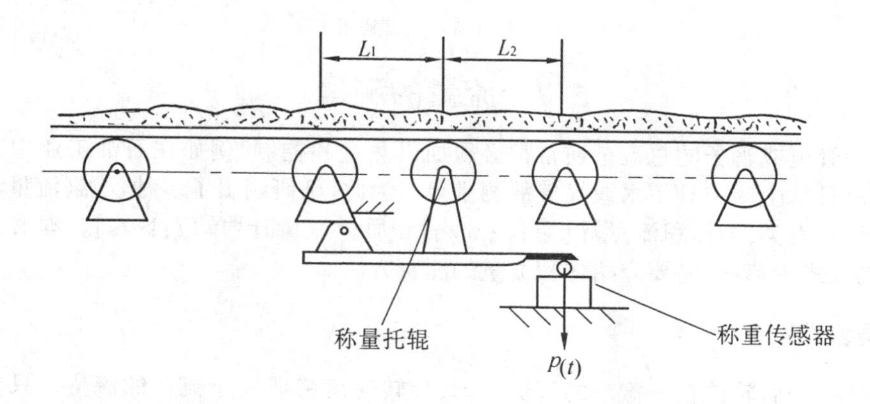

图5-80 单托辊电子皮带秤工作原理图

由图可见,承重传感器实际感受的重力为

$$\frac{L_1 + L_2}{2}q = \frac{L}{2}q \tag{5-89}$$

因此在使用式(5-88)时,p_i 应为传感器输出值的 2 倍。实际上,称重传感器不仅受到物料重力的作用,还受到各种非计量力值的作用,如磨擦力等。单辊电子皮带称结构紧凑,体积小,重量轻,但精度不如多辊皮带称,其系统准确度可控制在 1% 以内。有关多辊电子皮带称的工作原理请读者参阅[19]。

五、力平衡式压力传感器

反馈原理或零位平衡原理也可用力测量的同样方式来进行压力测量,图 5-81 给出了一种电气式力平衡压力传感器工作原理图。这类伺服系统的回路增益很大,故可得到优良的线性特性和精度。读者可参考我们在本章第五节介绍的伺服式加速度计,自行分析图 5-81 的工作原理。

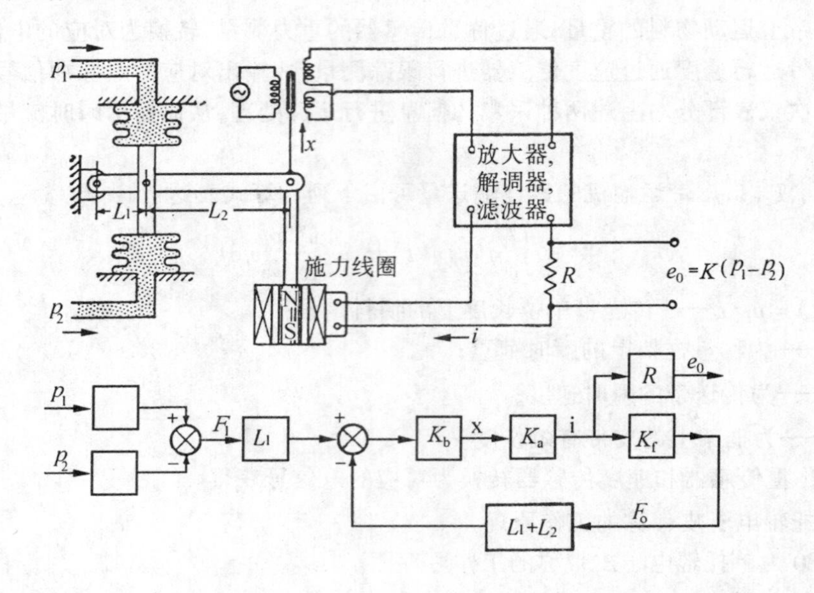

图5-81 电磁力平衡式差压传感器

5-7 流量的测量

通过一管道或管子的总流量通常都必须加以测量和控制,例如在石油工业中采油量的测量以及日常生活中日用水或煤气的测量等。为此,已研制出了多种仪器(流量计),它们一般分为两大类,即体积流量计[单位:m^3/s]和质量流量计[单位:kg/s]。本书选择几种电气-机械式传感器,简要介绍体积流量的测量方法。

一、涡轮式流量计

如果把一个涡轮放在一截流的管道中,其旋转速度将取决于流体的流量。只要把轴承磨擦减到最小,并把其它各种损失保持在最小,我们就能设计出一个涡轮,其转速随流量线性地变化。因此,由转速测量便可以达到流量测量。转速的测量一般采用磁电式传感器,对涡轮叶片通过一给定点的频率计数,并输出电脉冲给频率计,故这种传感器是即简单又很精确的。如果将一定时间间隔内的脉冲数经累加后求出总数,即可得流体总量。图 5-77 所示为这种类型的一个流量测量系统。

涡轮式流量计的量纲分析表明[20],(如果轴承磨擦和转轴功率输出可以忽略不计)下面的关系式将成立:

$$\frac{Q}{nD^3}=f\left(\frac{nD^2}{v}\right) \qquad (f\text{ 表示某一函数}) \tag{5-90}$$

式中 Q——体积流量(mm^3/s);

n——转子角速度(r/s);

D——涡轮式流量计管子内孔直径(mm);

v——流体运动粘度(mm^2/s);

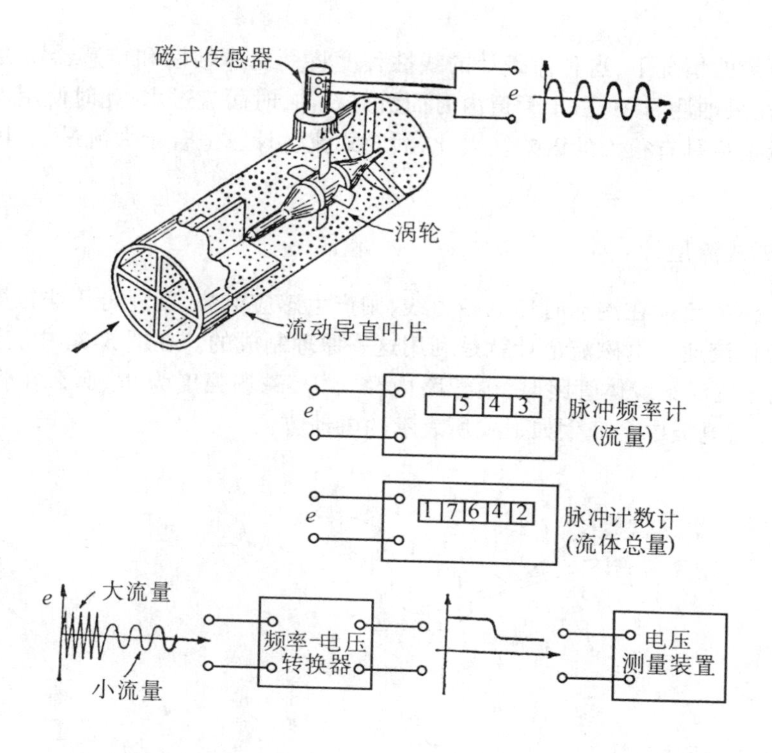

图5 - 82 涡轮式流量计

实际上,流体粘性的影响局限于低流量的情况。如果粘性影响小到可以忽略不计,则建立在严格的运动关系上的简化分析[20]可以将式(5-90)具体化为

$$\frac{Q}{nD^3}=\frac{\pi L}{4D}\left[1-\alpha^2\frac{2m(D_b-D_h)t}{\pi D^2}\sqrt{1+\left(\frac{\pi D_b}{L}\right)^2}\right] \tag{5-91}$$

式中 L——转子叶片的导程(mm);

$\alpha=D_h/D$;

m——叶片数;

D_h——转子轮毂直径(mm);

D_b——转子叶片尖直径(mm);

t——转子叶片厚度(mm);

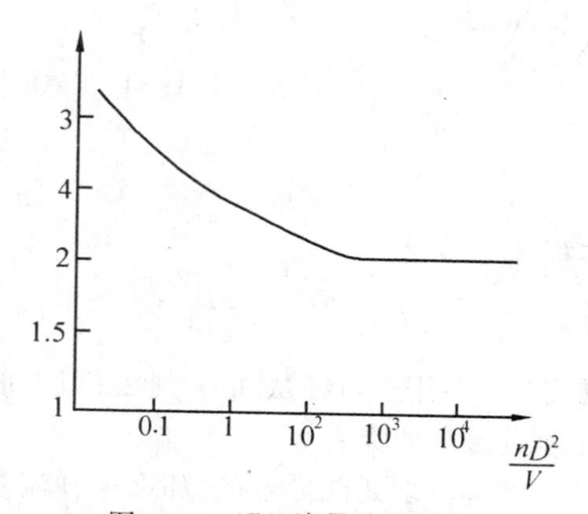

图5 - 83 涡轮流量计的标定

由式(5-91)可得 $Q=k\cdot n$,其中 k 为任何一个给定涡轮式流量计的一常数,与流体性质无关。因此,这就代表了一种理想情况,实际测量时对此理想情况的偏离情况可通过实验标定而求得。图 5-83 所示为一台 $D=25.4$mm 的涡轮式流量计的标定情况。由图可以看出,对于足够高的 nD^2/v,$Q/(nD^3)$几乎恒定不变,正如式(5-91)所表

示的那样，Q 与 n 的关系为线性的。线性范围也正是流量计的工作范围。涡轮式流量计具有多种型号和尺寸可供选用，每一种都在一个不同的流量范围内具有输入/输出的线性关系。

在小流量的情况下，这种流量计的线性程度将受流体粘性和传感器阻力的影响而下降。此外，在采油测量中，由于管道内时而流过石油，时而流过水，此时使用涡轮式流量计测量采油量也将具有很大的误差。因此，涡轮式流量计较适合于大流量、流体单一时流量的测量。

二、电磁式流量计

作为导体的流体在流动时切割磁力线，则产生感应电势，因此可用法拉第电磁感应法则来测定流体流速。电磁流量计就是利用这一原理制成的。在图 5-84 中，当平均流速为 v 的导电流体流经绝缘体管路时，设管路内径为 D，磁场强度为 B，那么在管路壁设置距离为 D 的一对电极中会产生如下式所表示的电动势 e

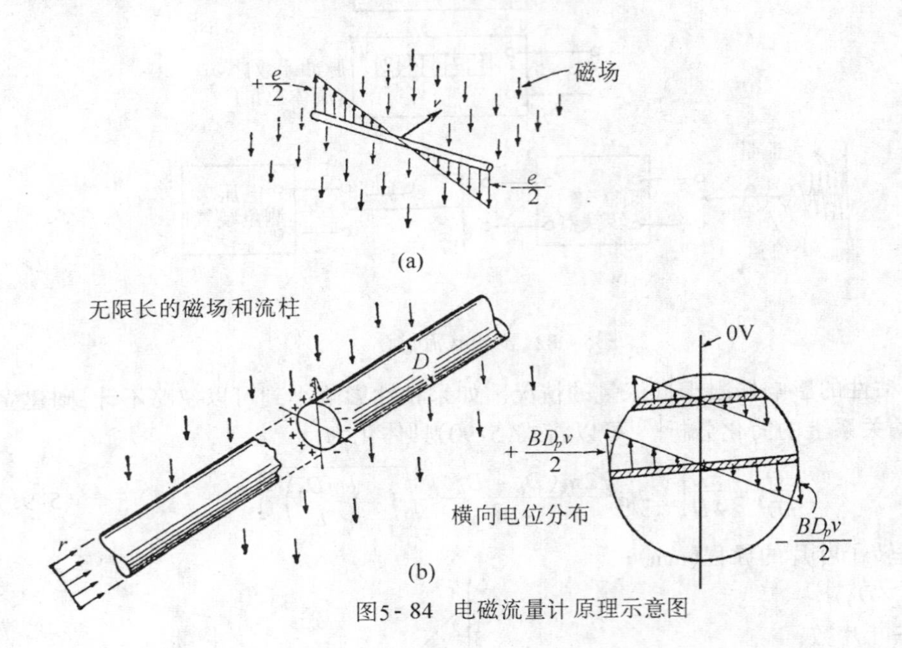

图5-84 电磁流量计原理示意图

$$e = BvD \tag{5-92}$$

则体积流量 Q 为

$$Q = \frac{\pi D^2}{4} v = \frac{\pi D}{4B} e \tag{5-93}$$

电磁流量计可用于口径从 3mm 到 2m 以上的管路上，其主要特点是：

(1)流体只要是能导电的，那么这种流量计极少受流体粘度及混入颗粒的影响。

(2)不需要任何截流元件，没有妨碍流体流动的障碍，所以压力损失很小。

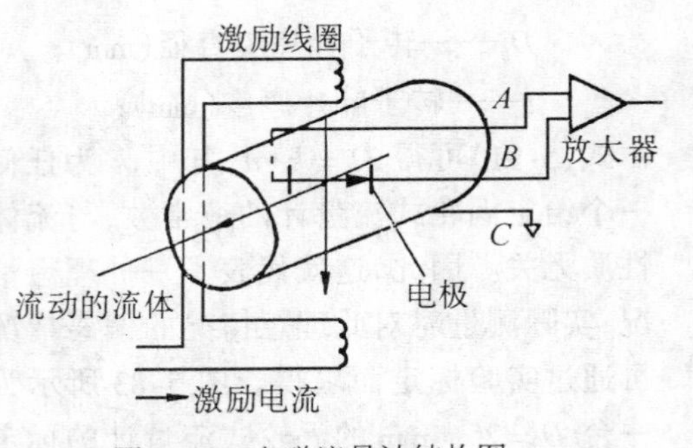

图5-85 电磁流量计结构图

(3)线性工作范围宽,对流量变化能快速响应。

电磁流量计的结构如图 5-85 所示,在非磁性体的金属管外面,设置线圈与铁心,用交流电源激磁。不使用直流激磁的原因是为了防止电极产生极化作用和热电动势带来的影响。为了管路产生的电动势不致于为管壁所短路,采用聚氟乙烯等作为管路内壁的衬垫,一对电极正好穿过管壁并与管壁绝缘安装。当 $D = 0.1\mathrm{m}, B = 10^{-2}\mathrm{T}$ 时,对于 $v = 1\mathrm{m/S}$ 的流体产生的电动势为 $e = 1\mathrm{mV}$。

使用电磁流量计时,必须使流量传感器的管路充满流体,最好是把管轴垂直设置,让被测流体自下而上地流动。

三、涡街式流量计

在流动的流体中放进圆柱体时,在其周围就会产生有规矩的旋涡(也称作 Karman 旋涡),如图 5-86 所示。柱体则受到旋涡给予的交变力。此外,在流动方向柱体的后面的流体由于形成旋涡而发生振动,当管流的雷诺数(流体力学的一个量值)超过约 10^4 时,振动的频率是稳定的,大小由下式给出

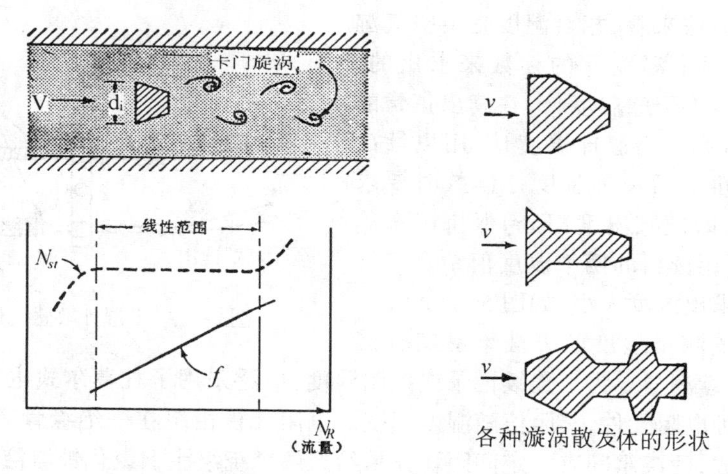

图5 - 86 Karman 漩涡

$$f = S\frac{v}{d} \tag{5-94}$$

式中 v——是流体流速;

d——为散发旋涡的柱体尺寸,对圆柱来说就是直径;

S——称作斯托哈尔(Strouhal)数,它是一个无量纲数,对圆柱体约为 0.2,对棱柱体约为 0.14。

由式(5-94)可以看出,只要检测出旋涡的振动频率 f,就可以求出流体流速 v 的大小,进而可以用类似式(5-93)的关系式求出流体流量。振动频率 f 的检测有多种,常用的有压电法(检测旋涡对柱体产生的周期力),冷却法(检测旋涡发生体的周围和内部的流体流动的周期性变化),超声波法等,篇幅所限,本书不做一一讨论,读者将在第九节看到压电法的一个实例。

涡街式流量计是一种较新型的流量测量方法,在化工工业中有广泛的应用,对于采油流量测量也是一种可以选择的方案。

5-8 其它量值的测量

本章前几节已陆续讨论了多种非电量的电测量方法,本节选择湿度测量及化学成分的测量作为补充。

一、湿度传感器

湿度测量在国民经济中意义重大,例如粮库、弹药库、特种物品加工车间等场所必须要对湿度加以检测和控制。湿度信息可用多种方式收集和提供,常用的有相对湿度(水蒸气的分压力与其饱和压力之比),露点温度(具有某湿度值的气体在压力保持一定的条件下进行冷却,这时包含在气体中的水蒸气饱和凝缩进而结露,此时的温度称作露点),水气混合比或比湿度(干燥气体单位质量所含水蒸气的质量),以及容积比(一百万份空气中所含的水蒸气的份数)。其中,相对湿度是更常用的表示湿度的量值。

实用的湿度传感器大致有两种工作方式,一种是利用由湿度引起物质电特性变化的性质,另一种是通过测定露点来求湿度。

从传统方法来看,相对湿度是由空气湿度图(表)及两个温度计的读数来求出的。一个温度计称为干球温度计,它读出正常的空气温度;另一个为湿球温度计,用以读出绝热饱和温度。后一种温度计读数时要求其球茎部分(即敏感温度部分)保持湿态等条件,最后利用读出的两个温度值结合空气湿度图即可求出湿度大小,如图 5-87 所示。

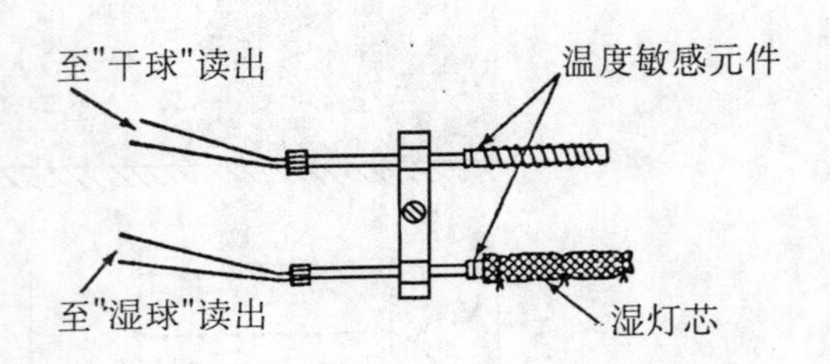

图5-87 干湿计敏感元件

上述传统测量湿度的方法不易实现湿度的自动、连续测量。为了连续记录或控制湿度,广泛采用了杜莫尔式电动湿度传感器。它主要是一种电阻元件,其阻值随湿度而变。电阻元件由绕在一绝缘骨架上的两个贵金属丝绕组构成,两绕组间有一定间距。如果给这两个绕组涂上氯化锂溶液,在两个绕组间便形成导电通路。导电通路的电阻随周围空气湿度的变化而变化,从而检测电阻值即可求出空气的相对湿度值。也有在氧化铝的基板上用导电性较好的高分子材料作为主体而形成感湿膜的传感器,还有用复合金属氧化物制成的陶瓷感湿元件,等等。

如果露点能够测出,再结合该露点下的饱和水蒸气压(通过水蒸气压表得到),即可求出相对湿度。有两种露点计,一种是把压力保持一定的气体冷却,通过检测是否结露来求露点,这种露点计被称作冷却式露点计;另一种是,从氯化物水溶液的水蒸气压与温度、浓度的关系来求露点,这种露点计被称作加热式露点计。

有代表性的加热式露点计是氯化锂露点计,其结构如图 5-88 所示。在安装有温度传感器的管上,绕上玻璃丝形成多孔物质层,以保持渗进多孔物质层的氯化锂溶液。在这上面另外连接两根金属电极,在电极上通上电流进行加热。当达到某个温度值时,温度几乎不再改变,此时氯化锂膜的水蒸气压与被测气体的水蒸气压相等,在这个温度值条件下,通过图 5-89 所示关系来求露点温度,相对湿度可采用 *VP* 和 *VPs* 的比值,并通过下式求出:

$$R_H = (VP/VPs) \times 100\% \tag{5-95}$$

这种传感器的测定范围是：当温度在 -30～+50℃之间变化时约为 15～99%R_H，露点温度为±1℃。

相对湿度的测量还可采用电解湿度计，晶体振荡器等方法，这些方法的学习请读者参阅[24,26]。

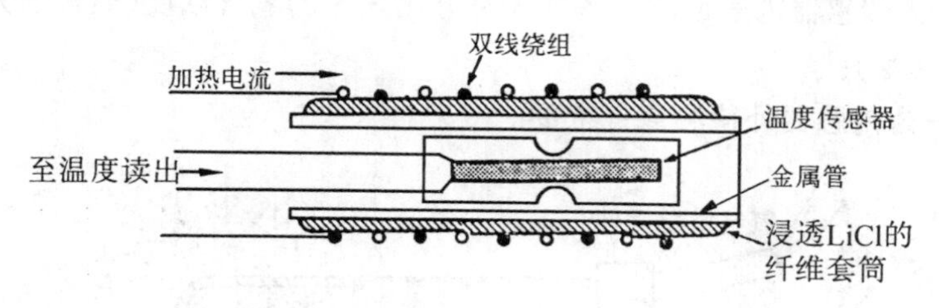

图5-88 饱和溶液露点传感器

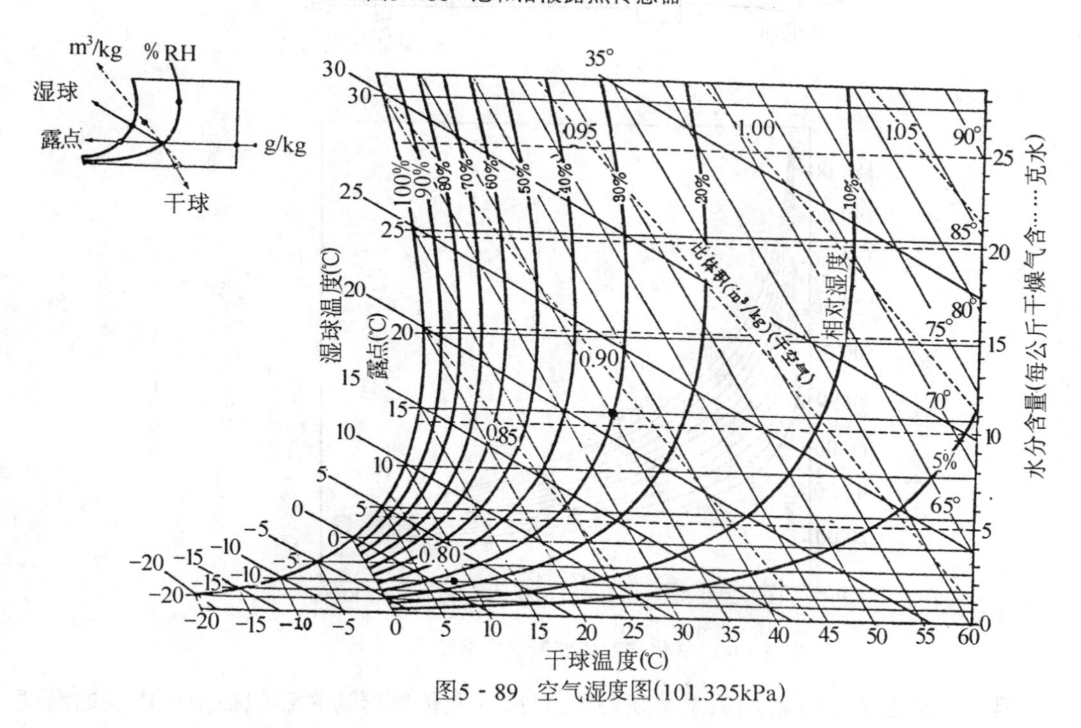

图5-89 空气湿度图(101.325kPa)

二、化学成分的测量

化学成分的测量概念很广泛，如材料所含各种化学成分的测定；为控制河流污染而对工业废水进行的有害物质成分及 pH 值的测量；空气中各种有害气体（CO，SO_2 等）的测量，等等。在这些测量工作中所用的大多数分析仪器都是颇为复杂的系统，而不是一些简单的传感器。对这些测量方法的讨论显然已超出本书范围，有兴趣的读者可参阅文献[26]。

不过，仍有一些简单的传感器能够进行一些有用的“化学分析”，我们将从燃烧控制这一重要领域选择氧化锆陶瓷型氧气传感器来介绍。该传感器在工业锅炉和汽车发动机控制系统的氧气含量监测中有很重要的作用。传感器由一端封闭的空心管构成，管子由氧化锆陶瓷做成，在管子内外表面上分别涂有两个多孔性铂电极。当温度大约高于500℃时，传感器对氧离子将变为可渗透的，而且有一种固体电介质效应将在电极间产生一个毫伏级的电压 e_0，其大小可由 Nernst 公式给出：

$$e_0 = 0.215 T \ln \frac{O_{2r}}{O_{2m}} \tag{5-96}$$

式中 T——为传感器的温度(K)；

O_{2r}——为传感器内表面的参考气体百分比表示的氧气浓度(通常为大气中氧的浓度，即 $O_{2r} = 20.9\%$)；

O_{2m}——为传感器外待测氧气浓度。

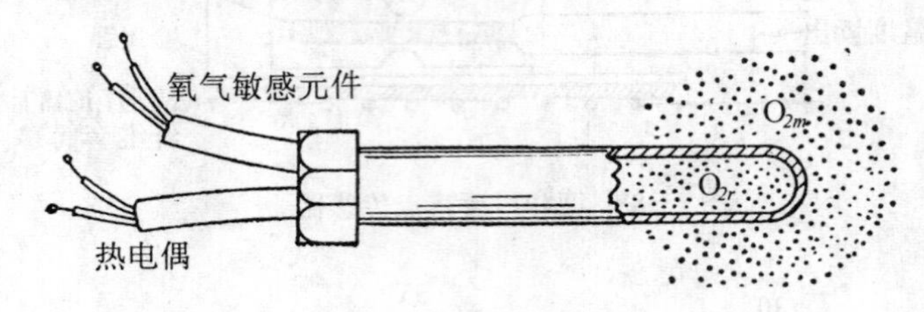

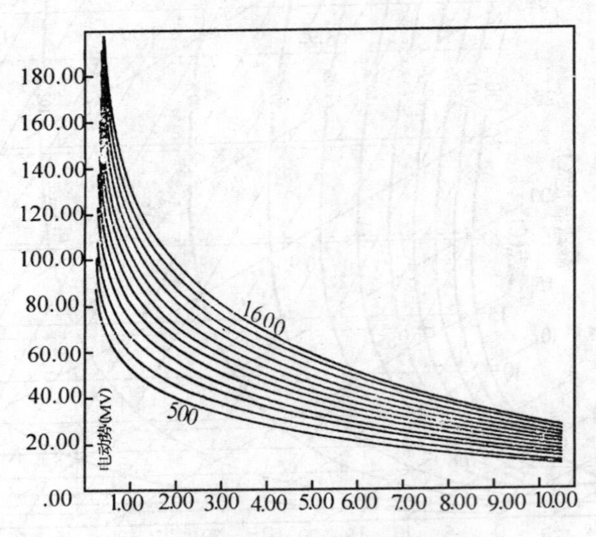

图5-90 氧化锆陶瓷型氧气传感器

因为要建立 O_{2m} 与 e_0 的关系必须要知道 T，因此传感器通常还包括一个内装的温度传感器(P_t 电阻或热电偶)，如图 5-90 所示。当氧气的浓度为 2% 时其测量精度为 ±0.1%，响应时间大约为 5s。

5-9 非电量测量系统举例

一个实用的非电测量系统，一般包含了从敏感元件到数据显示处理等多个功能环节，并且随着检测对象和检测要求的不同而具有千差万别的物理结构。近年来，随着计算机技术的发展，微机化测量系统已成为设计测量系统的首选方案。有了计算机的参与，可以使测量系统具备数据的自动修正(误差补偿)、控制与显示灵活等特点。

在测量系统中应用最广泛的计算机有两种类型：微型机(PC 286，386，486，586 等个人计算机)和单片机(如 MCS-51 系列,MCS-96 系列等)。一般说来,由微型机可利用不同的总线式结构组建较复杂的测量系统(结构如图 5-91 所示),而单片机则主要用以构成各种各样的便携式仪器。

本节分别介绍流量测量[21]和原油含水量测量[33]的系统实例。

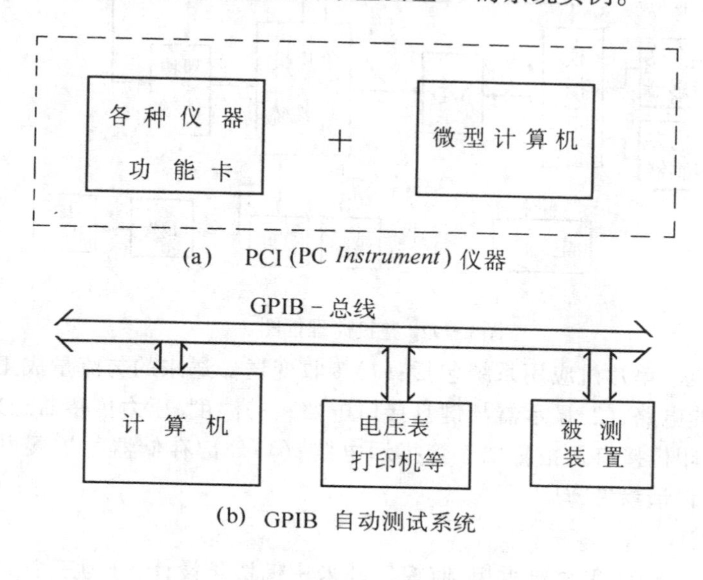

(a) PCI (PC *Instrument*) 仪器

(b) GPIB 自动测试系统

图5-91 微机测量系统

一、智能涡街式流量计

读者已经在第七节学习了流量测量的基本原理,涡街式流量传感器是一种将流量大小转变为振动(振动频率与流速成正比)的敏感装置。旋涡在柱体两侧产生时,柱体受到与流向垂直方向的交变升力,交变升力使柱体内产生交变应力,应力的方向变化频率与旋涡的振动频率(也称为旋涡的分离频率)相同。采用封装在柱体内的压电元件,通过正压电效应将这种交变力转换为变化频率与旋涡频率相同的交变电荷,再通过信号调理电路将这种电荷信号进行处理后,输出与流量成正比的脉冲信号,脉冲信号可以换算成相应的流量大小。可见,压电传感器在这里的应用并非测力的大小,而是测力的极值变化频率。

流量计的构成如图 5-92 所示。系统包括两部分:(1)流量计部分,有时也称为流量变送器;(2)流量计的附加装置,通常称为流量积算仪,由单片机等数字器件组成。

仪器设置显示、预置、打印和选择功能键。可随时显示瞬时和累计流量值以及现场温度、压力等。预置功能包括预置各种计算数字、仪表常数和被测介质的密度值、粘度值等。系统可随时打印用户所需的瞬时流量值、压力值、温度值等。

(一)硬件设计

1. 变送器

从传感器角度分析,系统是一个压电测试系统。变送器的电子线路部分是完整的压电传感器信号调整电路,其中包括电荷放大器、低通滤波器及施密特整形电路等。这部分的内容读者已经在前面学习过。

2. 单片机系统结构

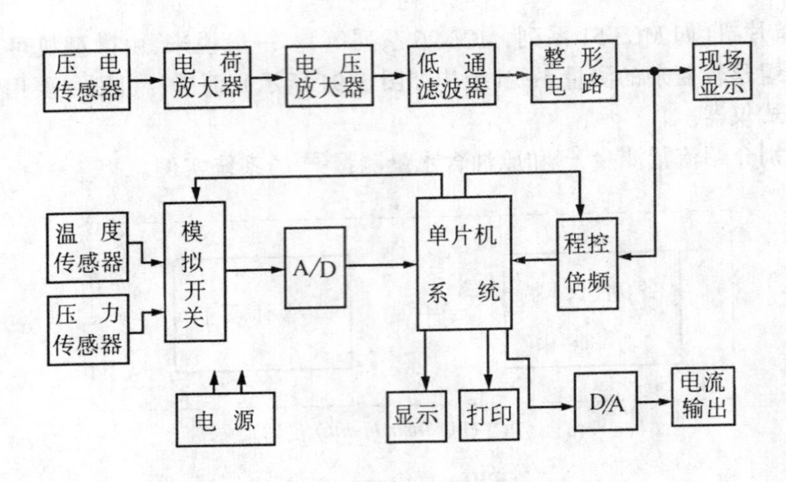

图5-92 整机原理框图

根据设计要求,单片机应用系统包括:(1)接收变送器送来的与流量成正比的脉冲,并对其定时、计数的电路;(2)显示器与键盘接口电路;(3)温度、压力传感器送来的数据处理转换电路;(4)打印机接口及报警二极管指示电路;(4)外部存储器的扩展电路,等。单片机及其接口的知识请参考[32]。

(二)软件设计

系统的控制由 8031 单片机承担,监控软件采用模块化设计,分为三个主要部分:

1. 主程序

主程序为本仪器的监控程序,用户通过监控程序监控仪器工作。监控程序的有效程度决定了测量的自动化和智能化的水平。由于设计中采用了 8279 集成芯片作为键盘/显示器的控制核心,因而本仪器主程序的作用主要是对系统中相关器件的初始化,例如清理计算机各工作单元,开中断,启动计数器工作等。

2. 中断服务程序

仪器的测量、转换和温度补偿等均采用中断方式同主程序相连,单片机内的两个计数器/定时器用来测量压电传感器输出的交变频率信号,两个计数器可分别程控为计数、定时方式。测量的方法参见本书第四章。

3. 功能子程序

功能子程序的作用是:显示、打印、锁定、数值计算等。

二、原油含水量的测量

在原油开采过程中,原油中伴有大量的水分和气体,含水量直接影响着原油的开采和加工。含水量的测量方法有很多种,本书以差压法为原理,向读者介绍基于 8031 单片机的测量系统。

(一)测量原理

把原油看成由两部分组成:一部分为水和其它杂质的混合物,另一部分为石油。由于水及杂质混合物的密度与石油密度不同,则由原油的密度就可以推算出原油的含水量。差压法可以用来测量原油的密度,也就是测量了原油的含水量。

在输油管道上引出一段竖直管道(图 5-93),在竖直管道上相距 h 的两点压力 P_1 和

P_2 之差 ΔP 反映了此段体积内原油液体的平均密度，根据流体静力学原理可知：

$$\Delta P = h\rho g \tag{5-97}$$

式中 ΔP——A_1、A_2 两处的压力差，单位为 N(牛顿)；

h——A_1、A_2 两点间的竖直距离，单位为 m(米)；

ρ——原油液体的平均密度，单位为 kg/m³；

g——当地的重力加速度，单位为 m/s²。

由式(5-97)可以看出，在竖直高度 h 一定的条件下，液体的差压与液体的平均密度成正比。对于图 5-93 所示的 h 段传输管道中的原油液体的总重量 W 有

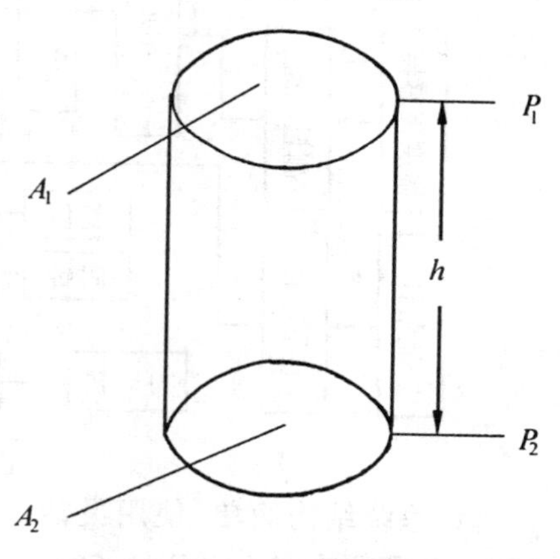

图5-93 原油竖直管道

$$\begin{cases} W = \rho_0 g V_0 + \rho_W g V_0 \\ V = V_0 + V_W \end{cases} \tag{5-98}$$

式中 V——h 段管道内原油液体的总体积；

V_0——h 段管道内石油成分的体积；

V_W——h 段管道内水及杂质成分的体积；

ρ_0——原油中石油成分的密度；

ρ_W—原油中水及杂质成分的密度；

根据含水量的定义，可得原油的体积含水量 M_V 为

$$M_V = \frac{\text{水及其杂质的体积}}{\text{总体积}} \times 100\% = \frac{V_W}{V} \times 100\% \tag{5-99}$$

联立式(5-98)及式(5-99)可得

$$M_V = \frac{\rho - \rho_0}{\rho_W - \rho_0} \tag{5-100}$$

将式(5-97)代入式(5-100)得

$$M_V = \frac{\Delta P / hg - \rho_0}{\rho_W - \rho_0} \tag{5-101}$$

ρ_0、ρ_W 可预先由实验室测得。

(二)差压传感器

为了测量出原油管道压力差 ΔP，选用上海自动化仪表一厂的 CECC-430 型电容式差压传感器，该传感器的基本原理是将压力差敏感为电容值的变化，然后经过电路的变换，传感器输出电流，电流值正比于输入压力差大小。

(三)硬件设计

图 5-94 为测量系统的总体框图。差压传感器输出的电流经过 I/V 转换后输入给 A/D 转换器，再经过单片机 8031 的处理后得到原油液体的密度及含水量。温度传感器 AD590 用于测量管道中原油的温度。

(四)软件设计

通过软件，可将测出的被测量进行数据处理并送到显示器上显示，或随时和定时在打印机上输出。测量时以含水量为主，以油温为辅。通过键盘可实现各种初值如时间、油密度、水密度、校正系数、流量初值等的预置。系统中还实现了测量数据的软件滤波。软件主程序框图如图 6-95 所示。

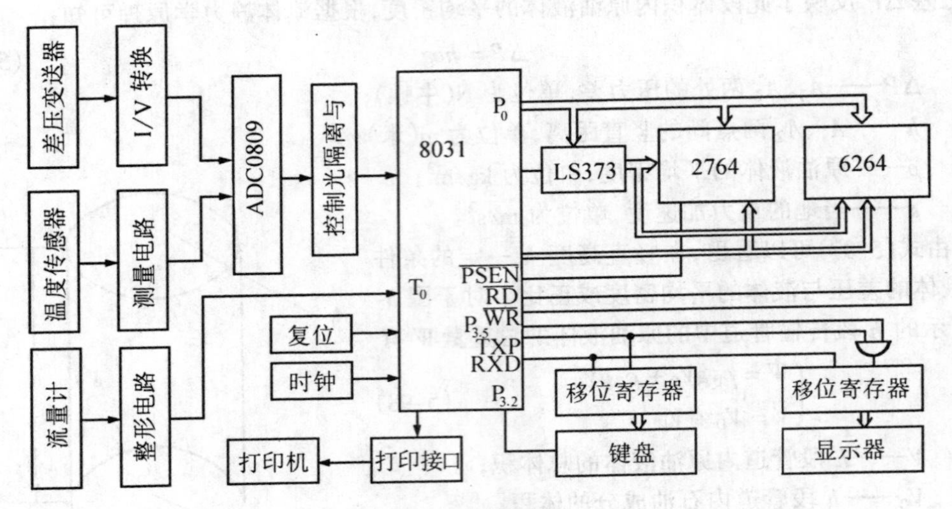

图5-94　总体框图

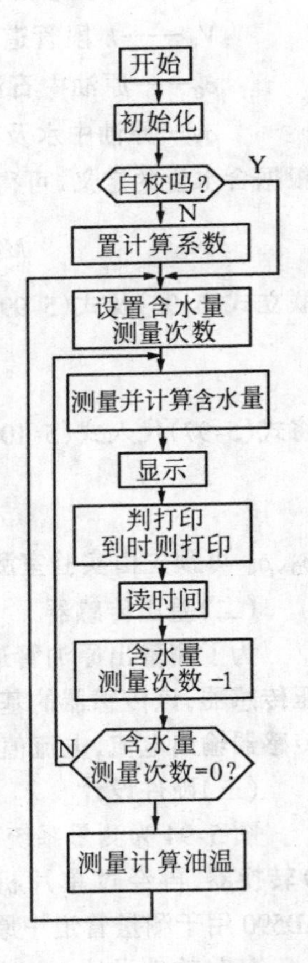

图5-95　主程序框图

该系统结构简单，使用灵活。含水量的测量范围为2%～98%，测量准确度不低于1.5%，可在采油站、中转站用于原油含水量的在线测量。

5-10　小　结

本节学习的目的是使读者初步掌握非电量电测技术。前面已经指出，非电量电测技术的关键是传感器技术，因此在确定测量方案时，选择何种传感器是首要的问题。我们结合多种非电物理量的测量，学习了相关测量系统的原理，但值得注意的是，在许多情况下，读者自行设计测量系统时，却必须采取颇为不同的观点。原因是一种典型的测量系统很难满足实际情况的需要。甚至，有时系统中所用的传感器也必须重新设计和制造。

需要重点强调的几个问题

1. 一个典型的非电量测量系统一般具有图5-1所示的功能结构，但一个具体的测量系统可能只包含图中的部分功能元件或其不同组合。对于一个要完成多种非电量值测量的系统来说，其功能结构显然是多个图5-1所示结构的并联组合，也不排除多种信号的调理公用某些环节。

2. 传感器的种类非常多，分类方法也很多。某一种原理的传感器一般能够完成特定测量对象的变换，但是由于很多物理量之间有联系，使一种传感器可检测的对象却不只一个。例如应变片可以检测应变，通过弹性梁又可以检测重力。

3. 不同的传感器或不同的测量系统可能具有不同的静态和动态特性。动态特性决定着系统检测动态信号时的误差。

4. 信号的调理环节（有时也称为传感器的配用电路）包括阻抗变换、信号放大滤波、调制解调及模数转换等。具体的测量系统，或者说具体的测量传感器可能需要不同的配用电路，其复杂程度也不一样。

5. 针对某一类测量对象而言，可选择的测量方案是多种多样的，对具体的测量任务，最佳的设计方案可能是唯一的。选择方案的原则一般要兼顾测量系统品质(包括准确度、测量速度等)和成本。

读者已经不难发现，非电量测量技术渗透在几乎一切工程课题中，而其本身又与多种学科技术密切相关，以本章的篇幅显然不可能做到全面介绍；此外，计算机技术已经和测量技术密不可分，以计算机为核心可以组成微机化测量仪器或智能测量系统。深入学习和掌握非电量电测技术还需要读者继续阅读相关的参考文献并在实践中不断积累知识和经验。

思考题、习题

1. 一个一般意义的非电测量系统由哪些功能元件组成，请举出一个简单实例。

2. 同样是测量电机转速，请举出几个不同的测量方案，并比较它们的特点。

3. 为什么要讨论传感器的静态特性的动态特性？并请回答。

(1)表征静态特性的主要指标有哪些？请画曲线说明；

(2)表征一阶系统和二阶系统动态特性的主要参数是什么？一阶系统的时间常数是怎样定义的？

4. 将热电偶分别置于沸点、锌点和银点温度时，热电偶输出热电势分别为 645μV、3375μV 和 9149μV。如果给定热电势 E(T)与温度的变换关系为

$$E(T) = \alpha T + \beta T^2 + \gamma T^3 (T \text{ 为摄氏温度 } ℃)$$

请确定式中 α、β、γ 的数值。

注：*a*. 沸点、锌点的银点温度分别为 100℃、419.58℃和 961.93℃

b. 热电偶冷端置于冰、水混合物中。

5. 参照表 5-1，指出分别测量压力、温度时可能依赖的物理效应。

6. 为什么要对传感器信号进行调理？信号调理有哪些主要环节？这些环节的先后次序可否对换？

7. 画出低通、带通、高通、带阻滤波器的特性曲线示意图；选择应用不同特性滤波器的依据是什么？无源与有源滤波器各有什么特点？

8. 试求图 5-96 所示电路的传递函数($e_0(s)/e_i(s)$)，设 $R = 20\Omega$, $C = 0.3\mu F$ 及 $L = 0.2mH$。

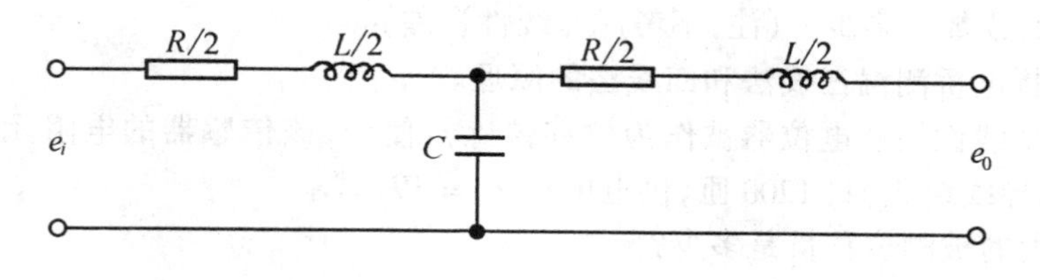

图5-96 RLC滤波器

9. 在必须将传感器输出信号经较长距离传输的场合(例如测温)，一般要将电压信号变换为电流信号传输以便克服引线电阻的影响，并能抑制噪声和干扰，图 5-97 为一种

V/I 变换的原理示意图,请分析其原理。

10. 试推导平衡电桥的特性关系式 $R_1/R_4 = R_2/R_3$;对惠斯登电桥,当平衡时若 $\Delta R_1 = \Delta R_2 = 0$ 及 $\Delta R_3 = -\Delta R_4$,试证明不管 ΔR_3 变得多大,电桥的输出电压都是 ΔR_3 的理想的线性函数。

11. 根据式(5-28),推导电桥输出电压与桥臂电阻变化的灵敏度关系,并说明使灵敏度取得最大的值的条件。

12. 本章中所介绍的测温传感器有几种?请比较说明它们的特点。

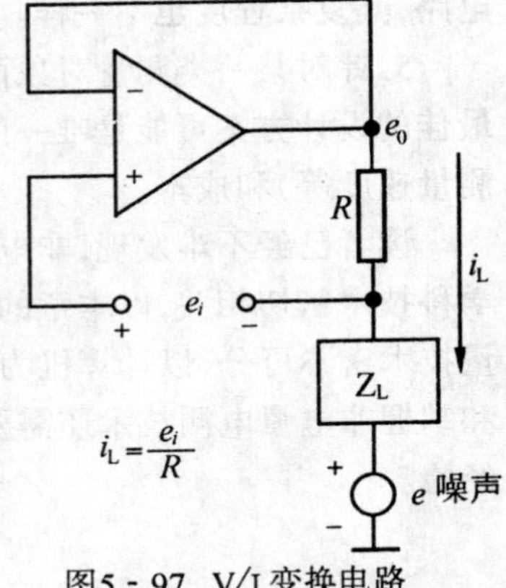

图5-97 V/I 变换电路

13. 一个用热电偶作为感温元件的测温系统(可视为典型的一阶系统),其时间常数为 $12\mu S$。若用该传感器测量一炉内的温度,炉内温度在 500~520℃之间有类似正弦曲线的波动,周期为 $75\mu S$,试求此测量系统指示的最大值和最小值,并求输入与输出信号之间的相位差和相应滞后时间。

14. 一个铂-铂铑热电偶的温度与热电势变换关系为

$$e = -3.28 \times 10^{-1} + 8.28 \times 10^{-2} T + 1.5 \times 10^{-5} T^2$$

式中,e 为输出热电势(mV);T 为热电偶两端温差(℃)。

请计算:

(1)当冷端温度保持在 20℃、测量端在 1200℃温度时的输出热电热值。

(2)在相同条件下,被测温度变化 ±1℃时热电偶的灵敏度。

15. 热电偶的冷端延长线作用是什么?使用冷端延长线应满足什么条件?

16. 有一 500Ω 的电阻式温度计,通过 5mA 的电流,其表面积为 $322.6mm^2$,安放在静止的空气中,已知其与空气的热交换系数为 $U = 30.66 \times 10^3 J/(h \cdot m^2 \cdot ℃)$,试求其自加温误差;如果浸入在水中,热交换系数为 $U = 2044.18 \times 10^3 J/(h \cdot m^2 \cdot ℃)$,则自加温误差又为多少?

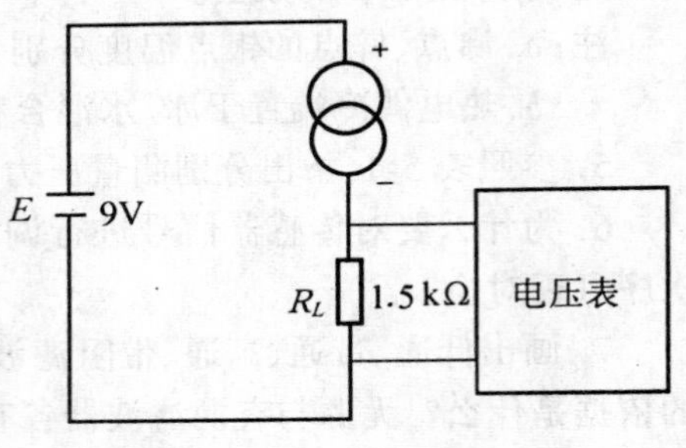

图5-98 AD590 测温简图

17. 已知一个 AD 590 KH 两端集成温度传感器的灵敏度为 1 μA/℃;并且当温度为 25℃时输出电流值为 298.2 μA,若将该传感器按图 5-98 接入测量电路,问:当温度分别为 −30 ℃和 +120 ℃时,电压表的读数为多少?(注:不考虑非线性误差)。

18. 分析电桥测温三线法和四线法的原理。

19. 一个线性线绕电位器被作为位移传感器使用,该传感器的电阻元件是用直径为 0.090mm 的导线绕成,共 1200 匝,供电电压 $U_i = 5V$,试求:

(1)最大的被测位移量是多少?

(2)最小的位移分辨力是多少?

(3)若将输入阻抗为无穷大的电压表作为指示仪表用,当电压表读数为 4.63V 时,求被测位移。

20. 利用平行板电容器可以测量位移、几何高度、温度等物理量[8],其基本原理公式

为 $C=\frac{\varepsilon_0\varepsilon_r A}{d}$，式中 ε_0 和 ε_r 分别为真空介电常数和平行极板间介质的相对介电常数，单位为F/m；A 和 d 分别表示极板的相对有效面积和二极板的间距。现有一变介质式电容位移传感器由两个边长为5cm的正方形平行板构成，中间的气隙间距为1mm，在气隙中间恰好能放置一个厚度为1mm、相对介电常数为4、面积与电容极板相同的介质板，该介质板可在极板中左右滑动，如图5-99所示。若给定空气的相对介电常数为1，$\varepsilon_0=8.85$pF/m。试计算当输入位移(介质板插入深度)x=0.0、2.5、5.0cm时该传感器的电容值为多少？

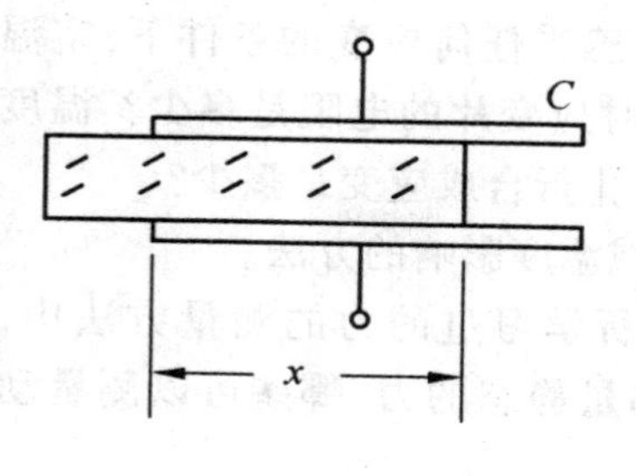

图5-99 变介电容传感器

21. 试推导差动式电容传感器电容值C与中间极板位移量x的关系，并求传感器的灵敏度。

22. 一个差动变压器式位移传感器当输入被测位移为±25mm时，其次级线圈输出电压为±5V。求：

(1)当铁心偏离中心为-19mm时，输出电压为多少？

(2)描出当铁心从+19mm连续移动到-10mm时，输出电压与被测位移的关系曲线(直流特性)。

(3)当输出电压为-3V时，被测位移是多少？

(4)次级线圈输出电压信号和被测位移的相位关系是怎样变化的？请用相位特性曲线加以说明。

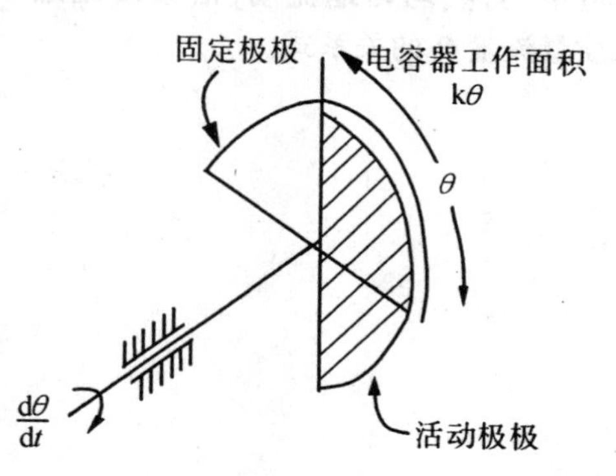

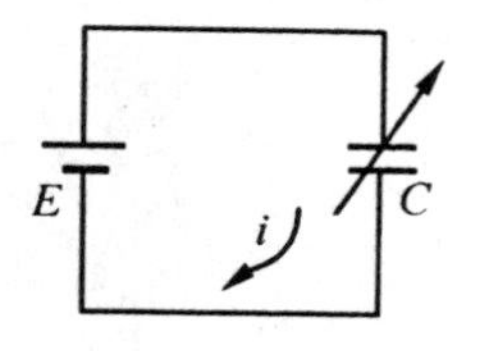

图5-100 电容式转速传感器

23. 在图5-100所示的可变电容式速度传感器中，试证明电流 i 与角速度 $d\theta/dt$ 成正比。因为电压信号更容易处理，试问如何将电流信号变换为成正比的电压信号？你所用的方法是否会影响传感器基本工作方式？如果只允许基本工作方式稍受影响，应提出什么要求？

24. 根据本章所学知识，请你概括地介绍测量直线加速度和角加速度的方法。

25. 一个灵敏度系数是4的应变片被用来测量应变，如果电阻应变片的电阻是100Ω，所感受的应变是 2×10^{-5}。问：电阻应变片的电阻变化了多少欧姆？

26. 为测量一悬臂梁的应变，一个电阻为1kΩ、灵敏度系数为2的电阻应变片被帖在悬臂梁上，该应变片与其它电阻接成惠斯登电桥(见图5-101)。如果设检流计的电阻是100Ω，灵敏度是10mm/A，求：

(1)如果应变片感受到的应变为0.1%，检流计的指针偏转多少毫米？

(2)假设电阻应变片的温度系数为$10^{-5}/℃$,在不感受任何应变的条件下,室温增加10℃,此时应变片的电阻是多少?温度造成的电阻变化折合成应变是多少?

(3)提出减温度影响的方法。

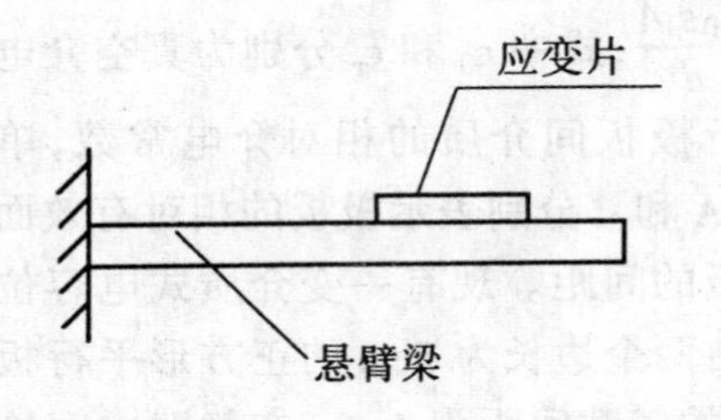

27. 在你所学习过的力的测量方法中,哪些只适合测量静态的力,哪些可以测量动态的力?

28. 请推导式5-87,并解释在振弦式力传感器中对温度变化补偿的原理。

29. 如果比重为γ的流体在直径为D的圆管道中匀速、均匀地流动,请给出流速v与总质量流量Q的关系式。

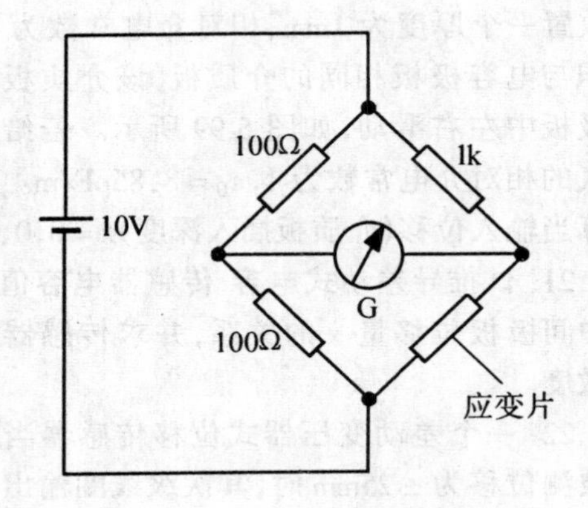

图5-101　应变测量

第六章　磁性测量

在电磁测量领域中,磁性测量的准确度长期以来远低于电测量。电和磁是不可分的两个量,二者在科学技术中占有同等地位。近年来,随着磁学理论的深入研究和性能优良的磁性材料不断出现,对磁性测量技术也不断提出新的要求;同时也为磁测量提供了新的器件和新的测量手段,使磁测量技术有了很大发展。

磁性测量的任务主要包括以下三个方面:

一、对空间磁场和磁性材料磁性能的测量;

二、分析物质的磁结构、观察物质在磁场中的各种效应;

三、磁性测量在其它领域中的应用,即所谓"非磁性的磁测量法",例如磁性检验、磁性探伤、磁性诊断和磁性探矿等。

本章主要讨论空间磁场和磁性材料磁性能的测量方法和仪器,重点介绍基本方法和原理,为进一步深入探讨或从事有关工作打下基础。

6-1　空间磁场、磁通的测量

本节讨论的空间磁通和磁场是指空气中的磁通和磁场,不包括磁性材料或磁介质内部的磁通和磁场。在讨论过程中,认为空气中的磁导率 $\mu=\mu_0$,μ_0 是真空中的磁导率。

一、基于电磁感应原理的测量方法

根据电磁感应定律,穿过某一线圈的变化磁通将在线圈两端产生感应电势。如图 6-1 所示,若被测磁场是交流磁场,且按正弦规律变化,则穿过测量线圈的磁通也按正弦规律变化,即

$$\Phi = \Phi_m \sin\omega t$$

在线圈两端产生的感应电势

$$e=\frac{d\psi}{dt}=N\frac{d\Phi}{dt}=\omega N\Phi_m\cos\omega t$$

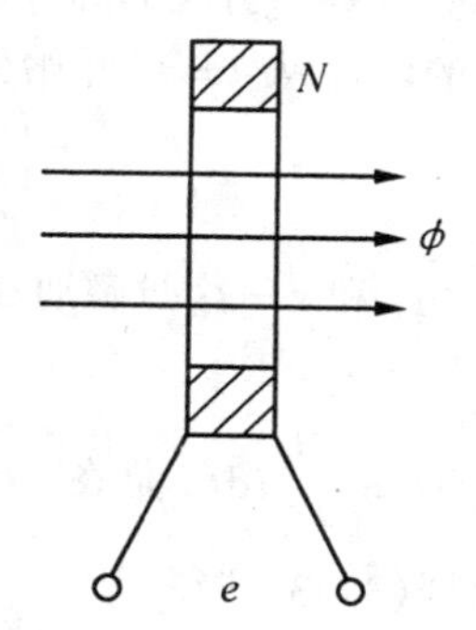

图 6-1　用感应法测量磁通的原理

因此得

$$\Phi_m=\frac{\sqrt{2}}{\omega N}U \tag{6-1}$$

式中　ω——被测磁场;

N——测量线圈的匝数;

U——感应电势 e 的有效值。

用有效值刻度的电压表测量出感应电势 e,可以用式(6-1)算出穿过线圈的磁通幅值 Φ_m。若测量线圈的面积是 S,则被测磁场的磁感应强度的幅值 B_m 和磁场的幅值 H_m 等于

$$B_m = \frac{\Phi_m}{S} = \frac{\sqrt{2}}{\omega SN}U \tag{6-2}$$

$$H_m = \frac{B_m}{\mu_0} \tag{6-3}$$

为了保证测量准确,测量线圈的平面应该与被测磁通的方向垂直。

若被测的磁场是直流磁场,可以用人为的方法改变穿过测量线圈的磁通,以便在线圈中产生脉冲感应电势。测量出脉冲感应电势的数值就可以测量出变化的磁通值及被测的直流磁场强度值。测量脉冲感应电势常用的方法有冲击法和磁通表法两种。

用冲击法测量直流磁通的接线圈如图 6-2 所示。图中 G 为冲击检流计,N 是测量线圈的匝数。改变穿过测量线圈磁通的方法有多种,如果被测的直流磁场是由通电线圈产生,切断线圈中的电流或者突然改变线圈中的电流方向可以使穿过测量线圈中的磁通变化 Φ 或 2Φ;若被测磁通是由永久磁铁或是地磁场产生的,可以把测量线圈从磁场中迅速地移到磁场为零的地方;或者把测量线圈在原地转动 180°,使穿过测量线圈中的磁通变化 Φ 或 2Φ。无论哪种方法,均力求使磁通的变化时间尽量短,以使测量线圈中的脉冲感应电势值在冲击检流计偏转前已经消失。

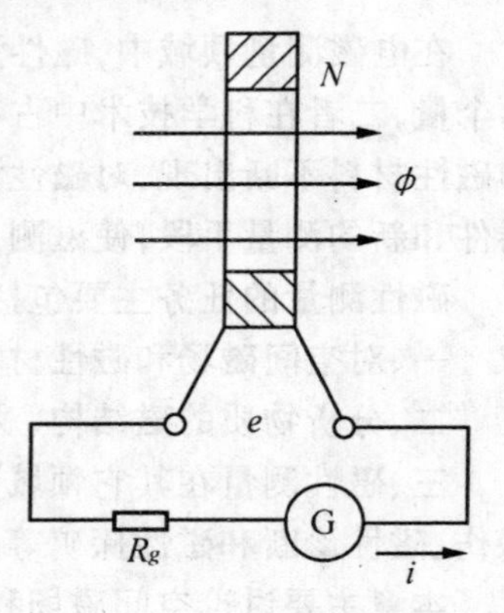

图 6-2 用冲击法测量直流磁通

若线圈中的感应电势为 e,则

$$e = -N\frac{\mathrm{d}\Phi}{\mathrm{d}t} = iR + L\frac{\mathrm{d}i}{\mathrm{d}t}$$

式中 R 为冲击检流计的电阻 R_g 和测量线圈中的电阻 R_n 之和,即 $R = R_g + R_n$;i 为线圈中由感应电势 e 引起的脉冲电流;L 为线圈的电感。

线圈中的电流从 $t = t_1$ 开始变化,到 $t = t_2$ 时停止变化,对上式积分得

$$\int_{t_1}^{t_2} -N\frac{\mathrm{d}\Phi}{\mathrm{d}t}dt = R\int_{t_1}^{t_2} idt + L\int_{t_1}^{t_2}\frac{\mathrm{d}i}{\mathrm{d}t}dt$$

因为 $t = t_1$ 和 $t = t_2$ 时磁通均停止变化,所以 $t = t_1$ 和 $t = t_2$ 时 $i = 0$,则得

$$N(\Phi_2 - \Phi_1) = RQ$$

式中 $Q = \int_{t_1}^{t_2} i\mathrm{d}t$,是在 t_1 到 t_2 这段时间内流过冲击检流计的电量。

根据(3-43)式得

$$Q = C_q\alpha_m = N(\Phi_2 - \Phi_1)\frac{1}{R} = N\Delta\Phi\frac{1}{R}$$

$$\Delta\Phi = \frac{C_qR}{N}\alpha_m \tag{6-4}$$

式中 $\Delta\Phi$——在 $t_2 - t_1$ 时间内测量线圈中磁通的变化量;

C_q——冲击检流计的电量冲击常数;

α_m——冲击检流计第一次最大偏转角;

N——测量线圈的匝数。

设 $RC_q = C_\Phi$,C_Φ 称磁通冲击常数,代入(6-4)式得

$$\Delta\Phi = \frac{C_\Phi}{N}\alpha_m \tag{6-5}$$

被测磁场的磁感应强度 B 和磁场强度 H 为

$$B = \frac{\Delta\Phi}{S} \tag{6-6}$$

$$H = \frac{B}{\mu_0} = \frac{\Delta\Phi}{\mu_0 S} \tag{6-7}$$

式中 S 为测量线圈的面积。

若被测磁场由通电线圈产生,把电流方向改变,或者把测量线圈原地转动 180°,测量线圈中的磁通改变 $2\Delta\Phi$,被测的磁感应强度和磁场强度分别为

$$B = \frac{C_\Phi}{2NB}\alpha_m \tag{6-8}$$

$$H = \frac{C_\Phi}{2\mu_0 NS}\alpha_m \tag{6-9}$$

磁通冲击常数 C_Φ 的值和测量回路的电阻有关,C_Φ 的值一般都是用测量的方法求得。C_Φ 的测量是用标准互感线圈产生一个数值已知的磁通 $\Delta\Phi$,然后用式(6-5)求出 C_Φ 值。测量 C_Φ 的电路如图 6-3 所示,图中,标准互感线圈 M 的次级接有 N 匝的测量线圈、冲击检流计 G 和附加电阻 R_g,

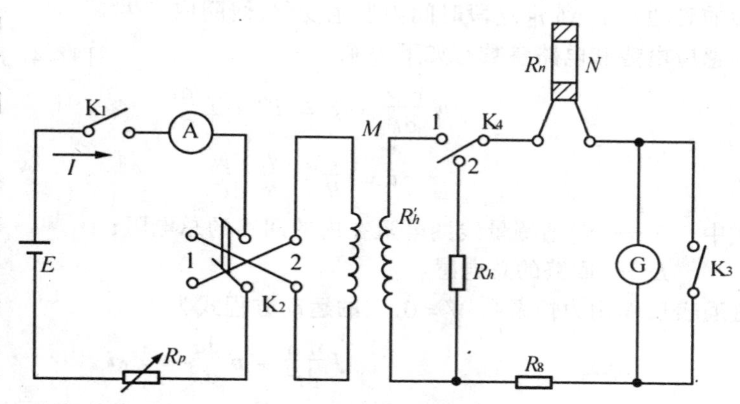

图 6-3 测量磁通冲击常数的电路

R'_h 和 M 是标准互感线圈的次级电阻和互感值,电阻 $R_h = R'_h$,R_h 称"替代电阻"。测量前开关 K_1 和 K_3 闭合,K_2 投向任意一侧(例如投向 1 一侧),K_4 投向 1 侧,调节电阻 R_p,改变互感线圈的初级电流,使其达到一个合适的值 I,数值用电流表 A 读出。调整好电流后,打开开关 K_3 准备测量。测量的操作是把开关 K_2 由位置 1 迅速投向位置 2,互感器的初级电流由 I 变到 $-I$,互感线圈中的磁通变化量是 $\Delta\psi$,在互感器次级中产生感应电势,该电势使冲击检流计偏转。第一次最大偏转角是 α_m,在互感线圈中

$$\Delta\psi = \frac{\mathrm{d}\psi}{\mathrm{d}t} = -M\frac{\mathrm{d}i}{\mathrm{d}t} = -2IM$$

又因

$$\Delta\psi = C_\Phi\alpha_m$$

所以

$$C_\Phi = \frac{2M}{\alpha_m}I$$

式中 M 为互感线圈的互感值。

值得注意的是用上述方法测量出的 C_Φ 值是在回路电阻 $R = R_q + R'_h + R_n$ 时的数值,回路电阻改变时,冲击常数 C_Φ 的值也发生变化。所以,用测量线圈测量磁通时必须保持回路的总电阻不变,为此,当测量磁通时把开关 K_4 投向位置 2,这时回路的总电阻 $R = R_h + R_n + R_g$,因为 $R_h = R'_h$,保证了回路的总电阻值不变。

用冲击法测量直流磁通的操作方法比较复杂、费时,但是,准确度比较高。用磁通表

测量磁通操作比较简单，但是准确度比冲击法低。后者是生产和科研中常用的方法。

磁通表又称“韦伯计”，它是一种特殊结构的磁电系检流计。它与普通的磁电系检流计的主要区别是没有产生反作用力矩的“吊丝”或“张丝”，也就是说，它的反作用力矩系数 $W=0$，根据式 $\beta=p/2\sqrt{JW}$ 可见，磁通表的阻尼因数 $\beta=\infty$，是严重的过阻尼，磁通表的指针能随意平衡，不返回零位，流过磁通表可动线圈中的电流是靠无力矩导流丝导入和导出可动线圈的。用磁通表测量直流磁通的接线示意图如图 6-4 所示。匝数为 N 的测量线圈置于待测的磁场中，线圈的两端接到磁通表上，线圈中磁通的改变方法与冲击法相同，线圈中的磁通在 t_1 到 t_2 这段时间内发生变化，线圈内产生的感应电势和电路参数有如下关系

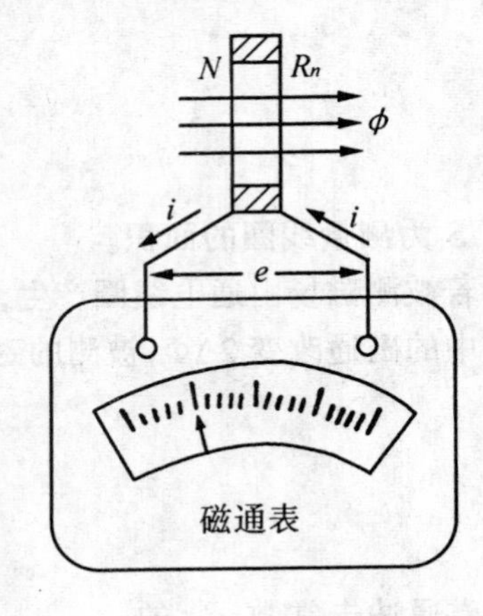

图 6-4　用磁通表测量磁通的示意图

$$N\frac{\mathrm{d}\Phi}{\mathrm{d}t}=e=iR+L\frac{\mathrm{d}i}{\mathrm{d}t}$$

$$i=\frac{e}{R}-\frac{L}{R}\frac{\mathrm{d}i}{\mathrm{d}t} \tag{6-10}$$

式中　R——包括测量线圈电阻在内的回路的总电阻；

L——回路的总电感。

磁通表反作用力矩系数 $W=0$，它的运动方程式为

$$J\frac{\mathrm{d}^2\alpha}{\mathrm{d}t^2}+p\frac{\mathrm{d}\alpha}{\mathrm{d}t}=\psi_0 i$$

式中 ψ_0 是磁通表工作气隙的磁链值。在 $t=t_1$ 时测量线圈中的磁通开始变化，若此时磁通表的指示 $\alpha=\alpha_1$；在 $t=t_2$ 时磁通停止变化，在 t_1 到 t_2 这段时间内，测量线圈中的感应电势为 e，线圈中有电流 i，偏转角由 α_1 变到 α_2，把式(6-10)代入上式，并在 $t_1\sim t_2$ 时间内积分得

$$J\int_{t_1}^{t_2}\frac{\mathrm{d}^2\alpha}{\mathrm{d}t^2}\mathrm{d}t+p\int_{t_1}^{t_2}\frac{\mathrm{d}\alpha}{\mathrm{d}t}\mathrm{d}t=$$

$$\psi_0\frac{1}{R}\int_{t_1}^{t_2}\left(e-L\frac{\mathrm{d}i}{\mathrm{d}t}\right)\mathrm{d}t=\frac{\psi_0}{R}\int_{t_1}^{t_2}\left(N\frac{\mathrm{d}\Phi}{\mathrm{d}t}-L\frac{\mathrm{d}i}{\mathrm{d}t}\right)\mathrm{d}t$$

式中　$e=N\dfrac{\mathrm{d}\Phi}{\mathrm{d}t}$

当 $t=t_1$ 时，测量线圈中的磁通 $\Phi=\Phi_1$、$i=0$；$t=t_2$ 时 $\Phi=\Phi_2$、$i=0$，另一方面，当 $t=t_1$ 时磁通表的偏转角 $\alpha=\alpha_1$、$\dfrac{\mathrm{d}\alpha}{\mathrm{d}t}=0$；当 $t=t_2$ 时 $\alpha=\alpha_2$、且 $\dfrac{\mathrm{d}\alpha}{\mathrm{d}t}=0$，把上述初始条件代入积分式得

$$J\frac{\mathrm{d}\alpha}{\mathrm{d}t}\bigg|_{t_1}^{t_2}+p\alpha\bigg|_{t_1}^{t_2}=\frac{\psi_0}{R}N\Phi\bigg|_{t_1}^{t_2}-\frac{\psi_0}{R}i\bigg|_{t_1}^{t_2}$$

$$p(\alpha_2-\alpha_1)=\frac{\psi_0}{R}N(\Phi_2-\Phi_1)$$

$$\Delta\alpha=\frac{\psi_0}{pR}N\Delta\Phi=\frac{1}{C_\Phi}N\Delta\Phi \tag{6-11}$$

式中 $\Delta\alpha = \alpha_2 - \alpha_1$——磁通表的偏转角；

$\Delta\Phi = \Phi_2 - \Phi_1$——测量线圈中磁通的变化量；

$\Delta\Phi = pR/\psi_0$——磁通表的磁通常数。

被测的磁通 $\Delta\Phi$ 值为

$$\Delta\Phi = \frac{1}{N}C_\Phi\Delta\alpha \tag{6-12}$$

被测磁场的磁感应强度和磁场强度分别为

$$B = \frac{\Delta\Phi}{S} = \frac{1}{NS}C_\Phi\Delta\alpha \tag{6-13}$$

$$H = \frac{B}{\mu_0} \tag{6-14}$$

C_Φ 值由仪表给出，不需测量。但是，由式(6-11)可见，C_Φ 和回路的电阻有关，因此，磁通表对测量线圈的电阻也有一定要求，要求测量线圈的内阻 R_n 不大于 8Ω，这样，就限制了测量线圈的匝数和线径。

二、用磁通门磁强计测量磁场

磁通门磁强计是测量弱磁磁场强度的仪器。它是利用高导磁率的铁心在交流励磁下调制铁芯中的直流磁场分量，并将直流磁场转变为交流电压输出。自 1930 年用这种原理制成的仪器问世不久就受到了广泛的重视。在二次大战中，该仪器主要用于探空、探潜，战后主要用于地磁（空中、海上和水下）测量，探矿及星际之间的磁场测量，随着地球卫星的出现，磁通门磁强计又广泛应用于宇航及空间技术中。近年来，该仪器在国民经济的其它领域中也得到了广泛的应用。

磁通门磁强计的主要特点是灵敏度高、结构简单、运行可靠，体积也可以做的很小。测量磁场的范围是 $\pm 8\times10^{-2} \sim \pm 8\times 10$A/m，分辨率为 $(1\sim2)\times10^{-5}$A/m，准确度可到 3%。也可以用来测量磁感应强度，测量上限为 10^{-2}T，分辨可达 $10^{-18}\sim10^{-19}$T。

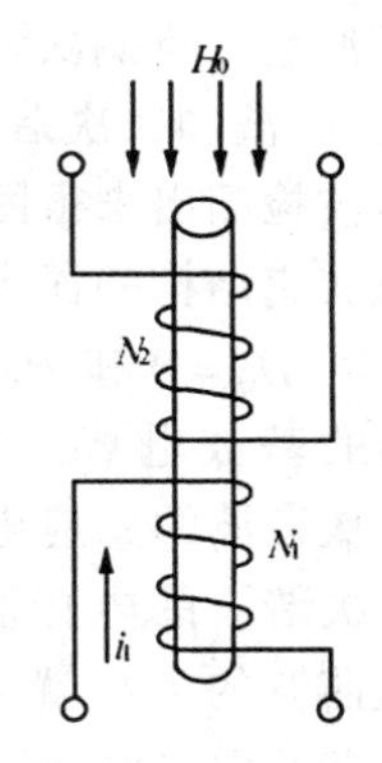

图 6-5　磁通门磁强计的探头结构

磁通门磁强计由探头和测量线路两部分组成。探头实际上是一个磁传感器，由高导磁、低矫顽力的软磁材料制成，其上绕有励磁线圈 N_1 和 N_2，结构示意图如图 6-5 所示。励磁线圈 N_1 中流有三角波恒流源励磁电流 i_1（也可以是方波、正弦波等波形，也可以是恒压源），电流 i_1 足够大，使铁心充分饱和。假设铁心有如图 6-6(a)所示的折线型磁特性，铁心中的直流磁场 $H=0$，在图 6-6(b)中所示的交流三角波励磁磁场 H 的作用下，铁心中的磁感应强度 B（或磁通）是对称的梯形波，其波形如图 6-6(c)所示。对称梯形波的上升沿和下降沿在测量线圈中感应出的电动势 e 将是对称的方波，如图 6-6(d)所示。图中 $T_1 = T_2$，对该方波进行谐波分析发现，其中只有奇次谐波而没有偶次谐波。

若把探头放在待测的直流磁场 H_0 中，铁心中除了交流励磁磁场 H 外，还有直流磁场 H_0，铁心中的合成磁场 H' 如图 6-6(b)中所示，在交流磁场和直流磁场相同的半周期中，铁心提前进入饱和区，滞后退出饱和区，相反的半周中，铁心滞后进入饱和区，提前退出饱和区，因此，在铁心中的磁感应 B' 是不对称的梯形波，如图 6-6(e)所示。在测量线圈中感

应出的电势 e' 也是不对称的方波，如图 6-6(f)所示。图中 $T_2 > T_1$，如果直流磁场是 $-H_0$，则 $T_2 < T_1$。对此不对称的方波进行谐波分析发现，其中不但含有奇次谐波，还含有偶次谐波，偶次谐波的大小和相位分别反映了直流磁场的幅值和方向，测量出测量线圈中偶次谐波电压的幅值和相位，即可测得直流磁场的大小和方向。

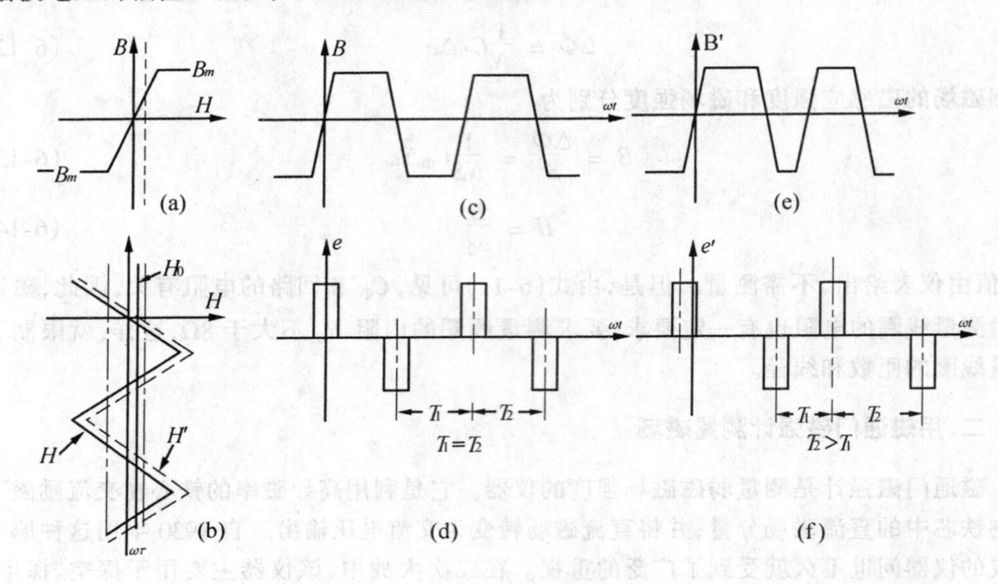

图 6-6　磁通门磁强计探头的工作原理图

采用 6-5 所示的探头结构，在 $H_0 \neq 0$ 时，测量线圈中输出的感应电势 e' 中既含有奇次谐波也含有偶次谐波，奇次谐波中基波的幅值最大，偶次谐波中二次谐波的幅值最大，但是，基波和二次谐波的幅值相比，基波幅值远大于二次谐波幅值，从较大的基波中把二次谐波检测出来很困难，所以单铁心的探头实用价值不大。在实际应用中的探头是双铁心或其它结构的探头，以便当被测的直流磁场 $H_0 = 0$ 和 $H_0 \neq 0$ 时测量线圈中输出的基波电势互相抵消；而 $H_0 = 0$ 时偶次谐波的感应电势等于零，$H_0 \neq 0$ 时偶次谐波的电势值加倍，这样，测量偶次谐波的大小就方便多了。因为在偶次谐波中二次谐波占主要成份，为了消除噪声和防止谐振，在测量线路中加入了低通滤波器，因此，测量时只测量偶次谐波中的二次谐波的大小。

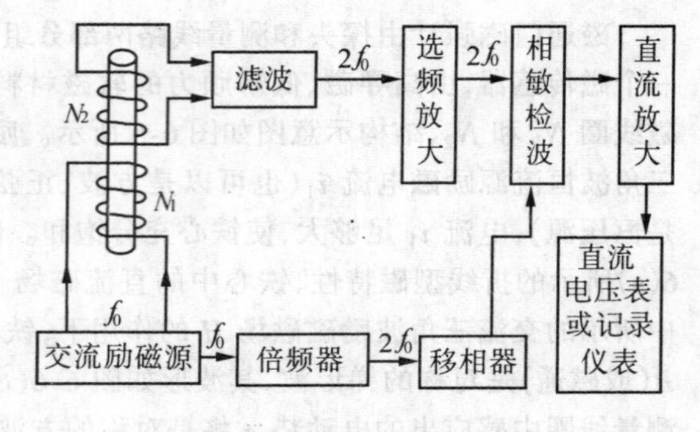

图 6-7　磁通门磁强计原理电路方框图

磁通门磁强计的总体结构方框图如图 6-7 所示，相敏检波的目的是检测二次谐波的相位，以反映被测磁场的方向。

三、用霍尔效应测量磁场

霍尔效应的原理是 1879 年德国物理学家霍尔发现的。但是，由于一般材料的霍尔效应不十分明显，所以当时这一现象没有得到应用。从本世纪50年代以来，由于半导体材料的发展，制成了霍尔效应特别显著的半导体材料，于是，应用霍尔效应测量磁场的技术也得到了飞速的发展。

若霍尔元件的结构尺寸如图6-8所示，有如下的关系

$$E_H = R_h jB \tag{6-15}$$

式中 E——半导体材料中的霍尔电场强度；

R_h——材料的霍尔系数($m^2/A \cdot S$)；

j——半导体材料中的电流密度；

B——磁感应强度。

若半导体材料的厚度是d，宽度是b，电流密度等于

$$j = \frac{i}{S} = \frac{i}{db} \tag{6-16}$$

在宽度为b的半导体两侧之间的霍尔电势 U_H 的数值为

$$U_H = Eb = R_h \frac{i}{d} B \tag{6-17}$$

$$B = \frac{d}{iR_h} U_H \tag{6-18}$$

磁感应强度和霍尔电势值成正比，测量出霍尔电势的大小，就可以测量出空间的磁感应强度 B。

在实际应用中为了使 B 与 U_H 之间有线性关系、电流 i 由恒流源供电，因为霍尔电势 U_H 的数值较小，需经放大后测量，为了放大方便，希望 U_H 是交流，在测量直流磁场时用交流电流供电，这时的霍尔电势为交流，同理，测量交流磁场时用直流恒流源供电，也可以得到交流霍尔电势 U_H。

国产的 CT_2 型特斯拉计是用霍尔效应测量磁感应强度的仪器，可以测量交流和直流磁感应强度，其结构方框图如图6-9所示。其中，霍尔变换器的材料是半导体锗，尺寸是2×4×0.12mm。测量直流磁场时，霍尔变换器的供电电流 i 是由2 500 Hz振荡器产生的交流信号经功率放大后提供；测量交流磁场时电流由直流电池组提供，由开关K切换。

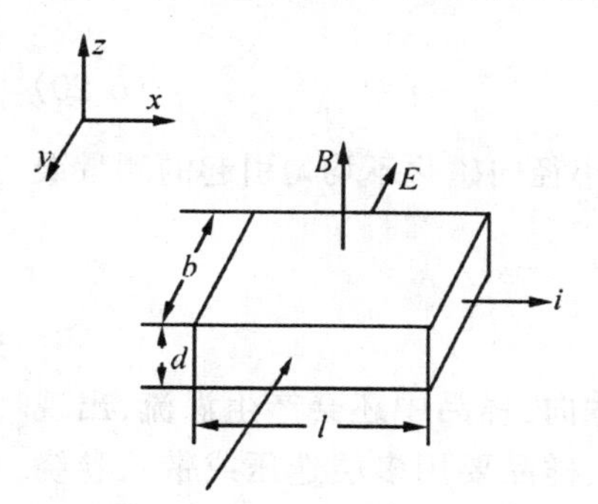

图6-8 霍尔效应原理示意图

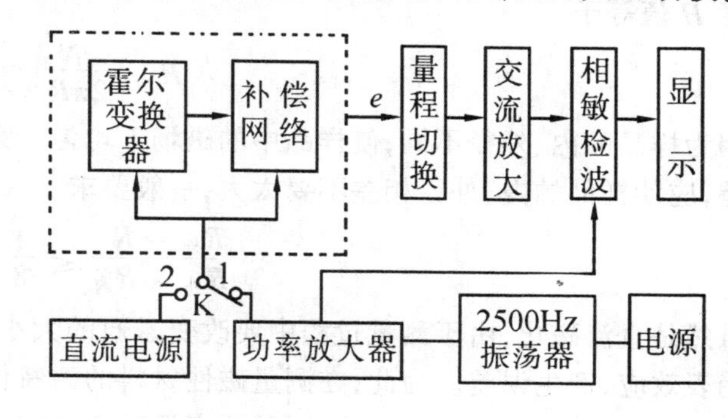

图6-9 CT_2 型特斯拉计原理框图

用霍尔效应测量磁场的特点是可以连续读取被测磁感应的数值，无触点，无可动元件，机械性能好，使用寿命长。因为霍尔变换器可以做的很薄，能在很小的空间体积内（小到零点几立方毫米）和小气隙（几微米）中测量磁场。

四、用核磁共振测量磁场

用核磁共振现象精确的测量磁场的理论是 1946 年以后提出来的。在电磁波的作用下，原子核在外磁场中磁能级之间的共振跃进现象称为“核磁共振”，核磁共振理论提供了一种非常有用而准确的强磁场测量方法，得到了广泛的应用。目前，核磁共振磁强计在国内、外均有商品出售，它的测量范围约为 $1\times10^{-2}\sim2$T，准确度可达到 10^{-5}以上，但是，它只能在均匀磁场中使用。

6-2　磁性材料直流磁特性的测量方法

磁性材料的直流磁特性包括基本磁化曲线、磁滞迴线、剩磁感应强度 B_r、矫顽力 H_0、起始磁导率 μ_0、最大磁导率 μ_m 和最大磁能级(BH)max 等参数。直流磁特性测量的传统方法是冲击法，至今仍被广泛应用。近年来虽然发展了自动化和数字化的测量仪器，但多是操作方法上的改进和自动化，基本原理没有改变。这里仍以冲击法来讲述直流磁特性的测量方法。

一、磁性材料样品

测量磁性材料的磁性能首先要把材料磁化，磁化的方法和样品的形状有关。常用的样品有闭合磁路样品和开磁路样品两种。

闭合磁路样品有方型和圆环型两种，以环形样品漏磁较小而应用较多。环形样品如图 6-10 所示。在这形状规矩的环形样品上绕有 N 匝励磁线圈，线圈中流过电流 I 时样品中的磁势值是

$$F = HL = IN \tag{6-19}$$

式中　L——样品的磁路长度；

I——直流磁化电流。

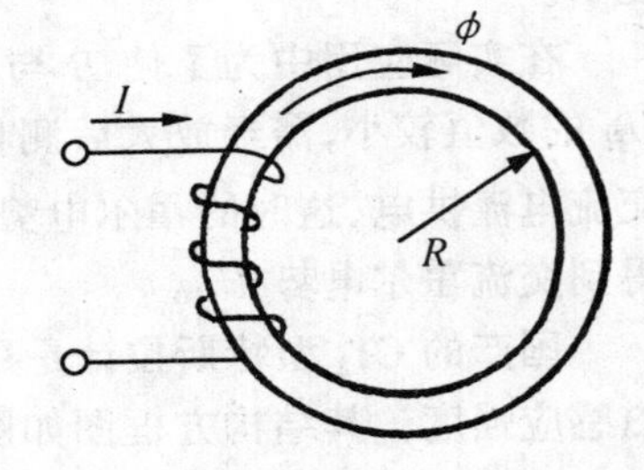

图 6-10　环形闭合磁样品

若以 R 表示磁路周长的平均半径，样品中的磁场强度 H 值等于

$$H = \frac{IN}{2\pi R} \tag{6-20}$$

因为样品的内、外径不同，使样品中的磁场不均匀。为缩小径向磁化不均匀引起的测量误差，应使样品的内、外径相差不要太大，一般要求

$$\frac{R_{外} - R_{内}}{R_{外} + R_{内}} \leqslant \frac{1}{8}$$

虽然是直流磁化，由于测量过程中要改变磁通的大小和方向，样品中还会产生涡流，出现趋表效应，产生误差。为此，在测量磁性材料的磁特性时、样品要用多层迭压或带状卷绕的方法制成，且层间绝缘。此外，某些高导磁率的软磁材料(例如玻莫合金)对机械应力很敏感，在绕线圈前应把样品放在保护盒内，在盒外绕线。

开磁路棒状样品的磁路不闭合，为了测定样品的内磁场大小应对其磁化，磁化需借助导磁计进行(也称磁导计)，导磁计是与样品一起组合成闭合磁路的装置，其构成的形式有多种，图 6-11 中所示的是其中的一种。图中 1、6 是导磁计的励磁线圈；2、5 是导磁计的磁

轭;3 是测量样品中磁感应强度的测量线圈;4 是棒状磁样品。当励磁线圈中通入励磁电流时、样品可以被磁化,样品中的磁场强度可以用样品表面上的线圈 7 测出。

二、用冲击法测量环状样品的磁特性

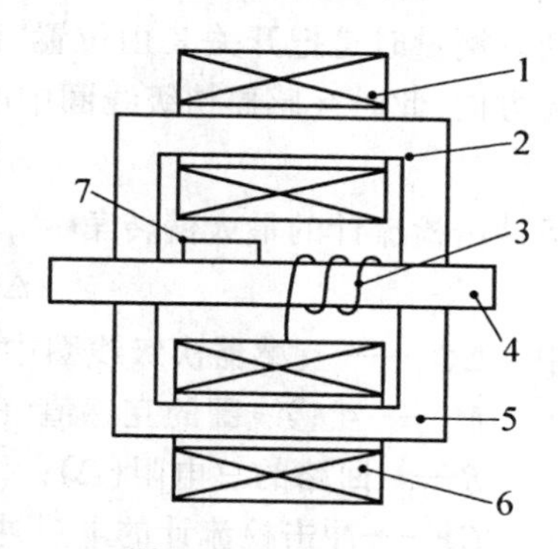

图 6-11　双轭型磁导计

1、6—励磁线圈;2、5—磁轭;

3—磁感应 B 测量线圈;4—样品;

7—样品表面线圈

用冲击法测量环状样品的直流磁特性时,样品中的磁场强度 H 通过测量磁化电流 I 然后用式(6-20)计算得出,因此,测量任务主要是测量样品中的磁感应强度。测量的原理电路如图 6-12 所示。图中,N_1 是均匀绕在样品上的励磁线圈,它通过开关 K_2 和双向开关 K 由电池 E 供电。供电回路中的电阻 R_1 和 R_2 可调节供电回路中的电流 I,电流 I 可以由电流表 A 读出。测量基本磁化曲线时 R_1 被开关 K_1 短路,且 R_1 仅在测量磁滞回线时使用。绕在样品上的线圈 N_2 是测量线圈,G 是冲击检流计,R_3 和 R_4 用来调节检流计外电路电阻,以便使检流计工作在最佳运动状态和得到适当的灵敏度。电阻 R_h 和线圈 N_2 的内阻 R'_h 相等,在测量检流计的冲击常数时用 R_h 代替线圈内阻 R'_h。M 是确定检流计冲击常数时使用的标准互感器,其初级用开关 K_2 与电源 E 接通,次线接在样品的回路中。

1. 测量前的准备工作

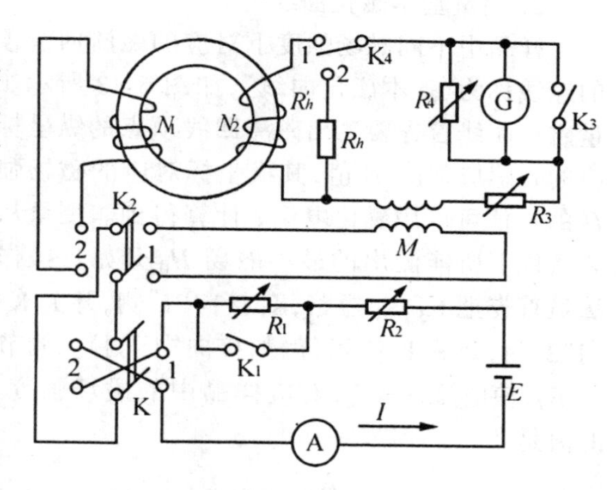

图 6-12　冲击法测量环状样品直流磁特性的电路

测量应该在样品中的磁场强度 H 是零的情况下开始。一般样品的初始状态是任意的,H 不一定是零,所以测量前必须给样品退磁。

退磁的方法有直流和交流两种。直流退磁时先把开关 K_1、K_3 短路,K_4 任意,K_2 接向“2”一侧,K 任意(例如接向“1”一侧),调节电阻 R_2,把回路中的电流 I 调节到等于磁性材料充分饱和时所需的电流 I_m。此时,样品已被磁化到充分饱和。逐渐增大电阻 R_2,使磁化电流 I 逐渐减小,与此同时不断地用开关 K 给电流 I 换向,电流 I 减到最小值后断开开关 K,使样品励磁线圈中的电流等于零,则样品中的磁场也是零、完成了去磁操作。

去磁也可以用交流进行。采用交流去磁时,把图 6-12 中的直流电源 E 换或交流 50Hz 的电源,去磁的办法是渐渐增大电阻 R_2 的值,把励磁电流 I 减到零。与直流去磁不同的是开关 K 接向“1”或“2”侧均可,在去磁的过程中不必改变它的位置。交流去磁的操作不能太快,需时 2~3 分钟。

去磁后的样品不能立刻测量,需要稳定一段时间。铁、镍合金制成的磁性材料约需稳定 10~30 分钟,硅钢片还要长一些。

测量前的另一项准备工作是测定冲击检流计在该具体电路中的磁通冲击常数。去磁

后把开关 K_2 投向"1"侧，K 任意，例如在"1"侧。K_1、K_3 短路，K_4 投向"2"侧。调节电阻 R_2，得到某一电流 I 值，由安培表读出其数值。上述工作完成后，把开关 K_3 断开，此时检流计接通。测量时是把开关 K 由位置"1"迅速投向位置"2"，以改变标准互感器初级线圈中的电流方向，此时互感器初级线圈中电流的变化值为

$$\Delta I_1 = 2I$$

记下冲击检流计的最大偏转角 α'_m，此时得

$$\Delta \Phi_2 = M\Delta I = RC_q\alpha'_m$$

式中 $\Delta\Phi_2$——互感器次级线圈中磁通的变化量(Wb)；

M——互感线圈的互感值(H)；

R——回路的总电阻(Ω)；

C_q——冲击检流计的电量冲击常数(C/mm)。

冲击检流计的磁通冲击常数等于

$$C_g = RC_q = \frac{M\Delta I_1}{\alpha'_m} = \frac{2IM}{\alpha'_m}\text{(Wb/mm)} \tag{6-21}$$

读出检流计最大偏转 α'_m 后，开关 K_3 立刻短路。还需要注意的是测量好磁通冲击常数 C_q 以后，回路的总电阻 R 的数值不允许再改变。

至此，测量前的准备工作即告完成。

2. 测量基本磁化曲线

样品中不同磁场强度下对应的磁滞回线顶点的连线称为"基本磁化曲线"，如图 6-13 所示。测量磁化曲线首先要测出磁滞回线顶点的纵坐标对应的磁感应强度 B 值，其横坐标对应的磁场强度 H 的数值可以用磁化电流 I 计算得到。测量从实验条件下所能测出的最小磁场 H_0 开始。操作方法是首先把 K_3、K_1 短路，K_4 接向"1"侧，开关 K_2 接向"2"侧，开关 K 任意(例如接向"1"侧)。调节电阻 R_2，使电流 $I = I_0$，对应样品中的磁场强度 H_0 的值是

$$H_0 = \frac{I_0 N_1}{l} \quad \text{(安匝/米)} \tag{6-22}$$

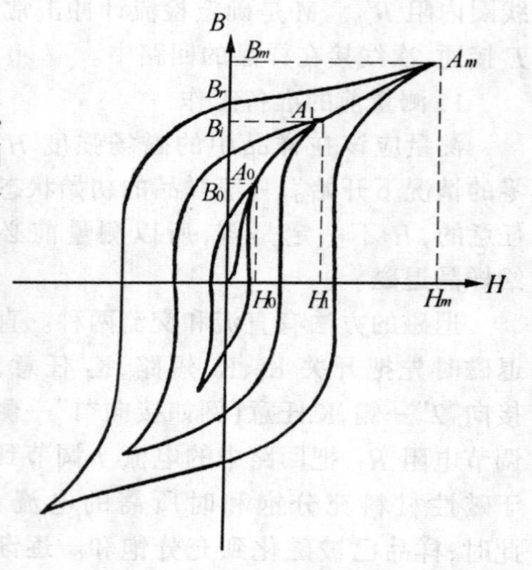

图 6-13 基本磁化曲线测量示意图

式中 l 是样品的磁路长度。为了得到稳定的磁滞回线，需要进行磁"锻炼"，锻炼的方法是把开关 K 反复变化多次，使样品中的磁感应强度在 B_0 和 $-B_0$ 之间变化多次，最后把开关 K 停在"正向"位置(例如"1"侧)。把开关 K_3 断开，接通检流计，把开关 K 由位置"1"快速的接向位置"2"，此时样品中的磁场由 H_0 变到 $-H_0$，磁感应由 B_0 变到 $-B_0$，记下冲击检流计的最大偏转 α_0 后，立刻把开关 K_3 短路以保护检流计。样品中的磁通变化量 $\Delta\Phi_0$ 为

$$\Delta\Phi_0 = 2B_0S = \frac{C_\Phi\alpha_0}{N_2}$$

式中 S——样品的截面积(m^2)。

被测样品中的磁感应强度为

$$B_0 = \frac{C_\Phi \alpha_0}{2SN_2}(T) \tag{6-23}$$

H_0 和 B_0 的数值得到后可求得磁化曲线上的 A_0 点。

用同样的方法可以求得 A_1、A_2 直到 Am 的值。

3. 测量磁滞回线

在实践中往往要求测量磁性材料的最大磁滞回线，测量方法是从 A_m 点开始，所以，在测量完基本磁化曲线后开始测量磁滞回线最方便，不必再退磁。

磁滞回线的上升枝（即 H 由 $-H_m$ 上升到 H_m 所对应的 B 值曲线）和下降枝相对原点呈对称状，因此，只需测量出下降枝曲线，上升枝可以对称的画出来。

测量下降枝磁滞回线的操作过程如下：首先把开关 K_1、K_3 短路，K_2 置于“2”侧，K_4 置于“1”侧，开关 K 置于“1”侧，调节电阻 R_2，使电流 I 等于 I_m，此时样品中的磁感应强度和磁场强度分别为 $B = B_m$ 和 $H = H_m$，如图 6-14 中的 A_m 点。至此，固定电阻 R_2 的值，在测量磁滞回线的全过程中不再改变。断开开关 K_1，调节电阻 R_1，使电流 I_m 减少到 I_1，此时，样品中的磁场强度和磁感应强度值分别为 $H = H_1$ 和 $B = B_1$，对应于图 6-14 中的 A_1 点。然后，接通开关 K_1，使样品的磁状态又回到 A_m 点。连续改变开关 K 的位置，进行磁锻炼，使样品的最大磁滞回线处于稳定状态，开关 K 最后停在“1”处，至此，测量 A_1 点的准备工作已告完成。

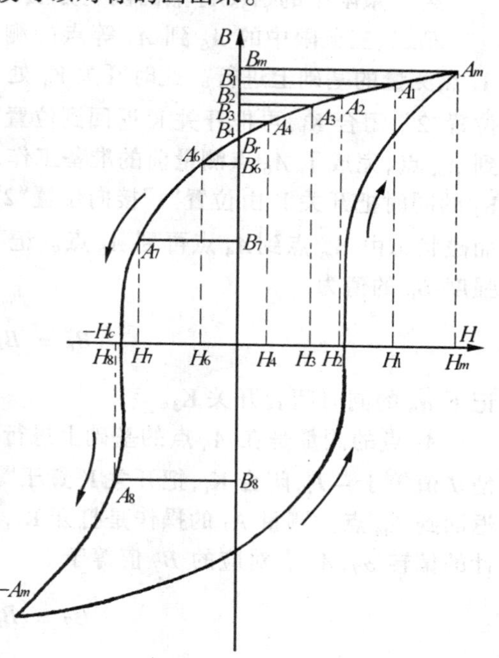

图 6-14 冲击法测量磁滞回线

断开开关 K_3，使检流计接入线路，断开开关 K_1，此时励磁电流由 $I = I_m$ 下降到 $I = I_1$，检流计偏转，记下最大偏转角 α_1，样品的磁状态已由 A_m 点变到 A_1 点，磁感应强度由 B_m 下降到 B_1，样品中磁通的变化是 $\Delta\Phi_1$，其数值等于

$$\Delta\Phi_1 = (B_m - B_1)S = \frac{C_\Phi}{N_2}\alpha_1$$

$$B_1 = B_m - \frac{C_\Phi}{SN_2}\alpha_1(\mathrm{T}) \tag{6-24}$$

式中　S——样品的截面积（m^2）

读出 α_1 后，闭合开关 K_3，把检流计保护起来，至此，完成了 A_1 点的测量任务。

A_2 点的测量是在 A_1 点的基础上进行的。此时 K_1 已经断开，$I = I_1$，再调节 R_1 使电流下降到 $I = I_2$，此时样品的磁状态对应图 6-14 中的 A_2 点，在调节 R_1 时要特别注意，只能使电流均匀的减少到 I_2，不能增加，以免出现局部磁滞回环，破坏被测样品的磁状态。把开关 K 由位置“1”变到位置“2”，样品中的励磁电流 I 由 I_2 变到 $-I_2$，再闭合开关 K_1，励磁电流由 $-I_2$ 变到 $-I_m$，最后把开关 K 由位置“2”变到位置“1”，样品的磁状态由 $-A_m$ 点返回到 A_m 点。这样操作的目的是使样品的磁状态按图 6-14 中箭头指示的方向返回到

A_m 点，以免产生局部磁滞回线而影响测量的准确度。完成上述操作后，即完成了 A_2 点测量前的准备工作。

测量时，首先断开开关 K_3，使检流计接入电路，再断开开关 K_1，使电流 I 由 I_m 跃变到 I_2，冲击检流计的最大偏转角为 α_2，记下 α_2 值后立刻闭合开关 K_3，A_2 点对应的磁感应强度 B_2 的值是

$$B_2 = B_m - \frac{C_\Phi}{SN_2}\alpha_2(\mathrm{T})$$

完成了 A_2 点的测量任务。

第一象限中的 A_3、A_4 点的测量方法与 A_2 点相同。

第二、三象限中的 A_6 到 A_8 等点的测量方法与第一象限不同。A_6 点的测量可以在 A_4 点测量的基础上进行。此时开关 K_1 处于打开的状态，$I = I_4$，把开关 K 由位置"1"接向位置"2"，闭合 K_1，再把开关 K 返回到位置"1"，此时样品的磁状态已按简明头的方向返回到 A_m 点，完成了 A_6 点测量前的准备工作。测量 A_6 点的操作是首先打开 K_3，继而在打开 K_1 的同时把开关 K 由位置"1"接向位置"2"，此时励磁线圈中的电流由 I_m 到 I_4 再到 $-I_4$，而磁状态由 A_m 点到 A_4 点再到 A_6 点。记下检流计最大偏转 α_6，于是对应 A_6 点的磁感应强度 B_6 的值为

$$B_6 = B_m - \frac{C_\Phi}{SN_2}\alpha_6(\mathrm{T})$$

记下 α_6 的同时闭合开关 K_3。

A_7 点的测量是在 A_6 点的基础上进行的。此时，K_1 已打开，K 在"2"的位置，调节电流使 I 值等于 $-I_7$，闭合 K_1，把开关 K 置于"1"，此时样品又从 $-A_m$ 沿图中箭头所指的方向返回到 A_m 点。测量 A_7 的操作是打开 K_3，在打开 K_1 的同时把 K 置于位置"2"，记下检流计的偏转 α_7，A_7 点对应的 B_7 值等于

$$B_7 = B_m - \frac{C_\Phi}{SN_2}\alpha_7(\mathrm{T})$$

第二、三象限中其它点的测量方法与 A_7 点相似。

剩磁感应 B_7 可以在测量磁滞回线的过程中得到。

矫顽磁力 H_0 一般不能直接测得，可在测出 A_7、A_8 点后作图得出。

用基本磁化曲线可以推算出 $\mu = B/H$ 曲线，求出初始磁导率和最大磁导率等参数。

棒状样品直流磁特性的测量是借助导磁计磁化样品，B 值的测量方法和环状样品相同，只是样品中的磁场强度 H 值不能算出，只能靠测量得到，因此，增加了测量的工作量。棒状样品的优点是更换样品方便。

6-3　磁性材料交流磁特性的测量方法

磁性材料在交流下工作的性能和直流有很大差别，由于反复磁化，其磁滞回线称"动态磁滞回线"。由于磁滞损耗和涡流损耗的结果，使得在较低磁场下的磁滞回线接近椭圆形。当磁化强度一定时，磁化场的频率越高，磁滞回线越接近椭圆形。

各动态磁滞回线顶点的连线称"交流磁化曲线"。

在交流下，磁性材料中的磁感应强度 B 和磁场强度 H 之间存在着相位差，二者波形不同。若其中一个是正弦量，另一个则是含有高次谐波的交流变量。材料的交流磁导率

μ 是复数。

磁性材料交流磁特性的测量任务主要是测量交流磁滞回线、交流磁化曲线及损耗。测量都是在感应法基础上进行的，通过测量电学量或电参数，然后通过计算而得到交流磁性参数。

交流磁性测量的主要对象是软磁材料。

一、用示波器测量交流磁滞回线

用示波器可以在较宽的频率范围内直接测量磁性材料的磁滞回线，可以测量磁滞回线的示波器称“铁磁示波器”。根据示波器上磁滞回线的波形，还可以确定磁性材料的有关参数，测量的不确定度约为 ±(7～10)%。

铁磁示波器的原理性电路如图 6-15 所示。图中 N_1 为励磁绕组，磁化电流在 R_g 上的电压降经放大器放大后送到示波器的 x 轴上，因此，示波器 x 方向的偏转正比于样品中的磁场强度。为了避免磁化电流波形畸变产生的测量误差，采样电阻 R_s 的值应尽量小。

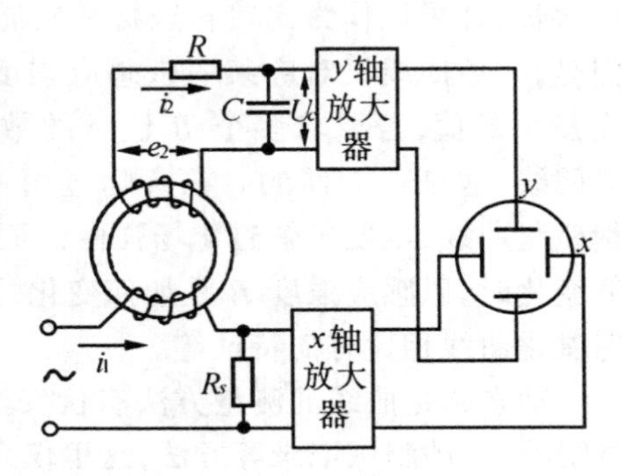

图 6-15　铁磁示波器原理图

在样品次级绕组 N_2 中产生感应电热 e_2，次级回路电流流过 RC 组成的积分电路被电容器 C 积分，积分电压 U_c 被示波器的 y 轴放大后送往示波器的 y 方向偏转板，下面来证明电压 U_c 正比于样品中的磁感应强度 B。次级回路的方程式为

$$e_2 = i_2 R + L\frac{\mathrm{d}i_2}{\mathrm{d}t} + Uc$$

式中　i_2——次级回路电流；

R、L——次级回路的总电阻和电感。

若电阻 R 选择的足够大，上式中的后面两项可以忽略，因此，上式变为

$$e_2 \approx i_2 R = -N_2 S\frac{\mathrm{d}B}{\mathrm{d}t}$$

$$i_2 = \frac{-N_2 S}{R}\frac{\mathrm{d}B}{\mathrm{d}t}$$

式中　S——样品的截面积；

N_2——次级绕组的匝数。

电容 C 两端的电压

$$U_c = \frac{1}{C}\int i_2 \mathrm{d}t = \frac{-N_2 S}{RC}\int \mathrm{d}B$$

$$|U_c| = \frac{N_2 S}{RC}B \tag{6-25}$$

可见，示波器 y 轴上的偏转电压正比于样品中的磁感应强度。可以在铁磁示波器的屏幕上观察到交流下样品的动态磁滞回线。

为了使样品次级回路中的感应电势和初级磁化电流无畸变的被采样放大，以便不失真的显示磁滞回线的形状，必须使次级回路的电流 i_2 很小，这样，次级绕组的电感和积分电容上的电压降就很小，不会引起显著的相移。通常认为，积分电路的时间常数 RC 应该比$\frac{1}{2\pi f}$大 100 倍，这里 f 是测量时采用的电源频率。当然，RC 增大会使积分电压大大降低，使 y 轴方向测量灵敏度大大下降，为此，要求 y 轴有较高且稳定的增益和尽可能小的相移。

二、动态磁化曲线的测量方法

在磁性材料的动态磁滞回线上可以得到若干回线参数，并可以作为比较软磁材料性能好坏的依据。但是，一条回线仅对应某一磁感应强度 B 和磁场强度 H 下的值，若要求多个 B 值下的数据，就要画很多回线，这是不方便的。在实际应用中常常希望测量磁化曲线，以便了解磁化场强由低而高、或由高而低变化时，磁感应强度 B 是如何变化的，以及它与静态磁化曲线相比有何特征等。

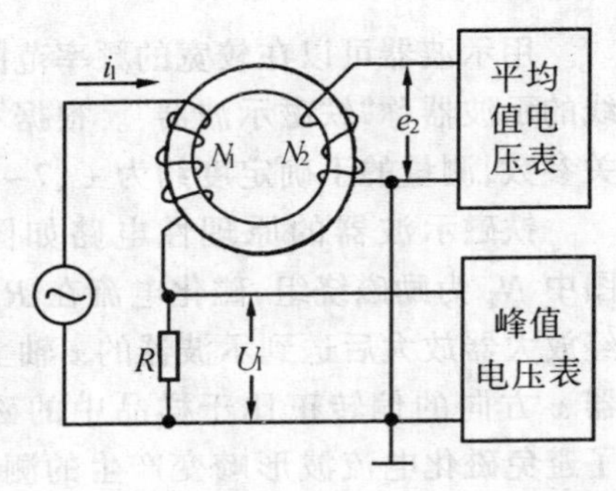

图 6-16　用电阻法测量 B-H 曲线的原理电路图

动态磁化曲线的测量方法有伏安法、互感器法、电阻法、自动测试记录等方法，这里仅介绍常用的电阻法，其原理电路如图 6-16 所示。若电阻 R 数值比较小，它的存在不会影响励磁电流 i_1 的波形时，用峰值电压表测量出电阻 R 两端的电压降，因此，样品中的磁场强度的幅值 H_m 为

$$H_m = \frac{N_1}{l} I_{1m} = \frac{N_1}{l}\frac{U_{1m}}{R} \tag{6-26}$$

式中　l——环形样品的平均磁路长度；

N_1——初级绕组的匝数；

U_{1m}——峰值电压表的读数；

I_{1m}——励磁电流 i_1 的幅值。

与 H_m 相对应的样品中的磁感应强度 B_m 值由样品的次级线圈 N_2 和平均值电压表测得。在次级回路中的感应电势 e_2 的值为

$$e_2 = N_2 S \frac{dB}{dt}$$

式中　S——样品的截面积；

B——样品中的磁感应强度；

N_2——次级绕组的匝数。

两侧积分求平均值得

$$\frac{1}{T}\int_0^T e_2 dt = \frac{1}{T}\int_0^T N_2 S \frac{dB}{dt} dt$$

对正弦波而言，上式积分得

$$\frac{2}{T}\int_0^{\frac{T}{2}} e_2 dt = \frac{2}{T}\int_{-B_m}^{B_m} N_2 S dB$$

等式左边 $$\bar{e}_2 = \frac{2}{T}\int_0^{\frac{T}{2}} e_2 \mathrm{d}t$$

式中 $\bar{e}_2$ 为次级绕组感应电热的平均值。

等式右边 $$\frac{2}{T}\int_{-B_m}^{B_m} N_2 S \mathrm{d}B = 4fN_2 SB_m$$

式中 f——励磁电流的频率；

B_m——样品中磁感应强度的幅值。

因此， $\bar{e}_2 = 4fN_2 B_m S$，则

$$B_m = \frac{\bar{e}_2}{4fN_2 S} \tag{6-27}$$

用上述方法不断改变励磁电流 i_1 的值，可以测量出 B-H 曲线来。

三、用瓦特表法测量铁损

铁损是指在交流条件下，软磁材料每磁化一周所消耗能量的大小与磁化频率 f 的乘积。单位质量的损耗称为“比铁损”。有时也用单位体积的损耗来表示材料的铁损。单位体积的损耗除以材料的密度 ρ 即为比铁损。铁损的机理可分为磁滞、涡流和后效损耗三大部分。对于金属软磁材料来说主要是前两者，对铁氧体软磁材料主要是磁滞和后效损耗。

软磁材料应用量最大的是硅钢片，每年全世界硅钢片的产量占全部软磁材料总产量的 95%。硅钢片的损耗直接影响到电力设备的效率、重量、体积和成本。因此，硅钢片的铁损测量在国民经济中占有极重要的地位。

硅钢片铁损的测量方法主要是瓦特表法，也称“爱泼斯坦方圈”法，这是全世界各国用来测量铁损的标准方法。在高频下，也可以用电桥法和量热仪法等。

方圈是用绝缘材料制成的方型框架，框架的四周均匀绕着初级线圈 N_1 和次级线圈 N_2，每个边上绕有总匝数的 1/4，然后串联起来，框架是中空的方形结构，中间放置着条形的硅钢片。方圈的结构如图 6-17 所示。

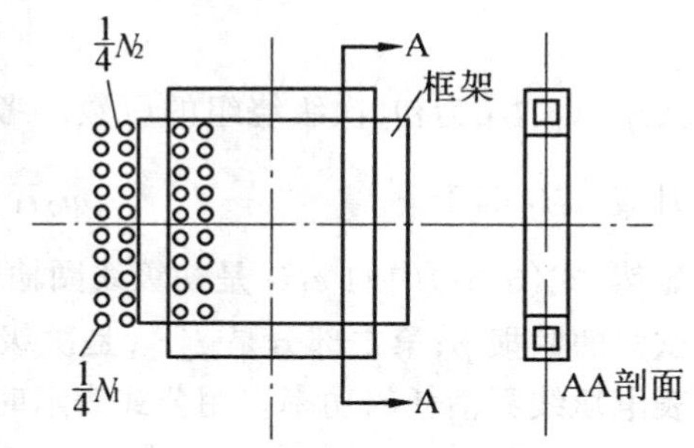

图 6-17　爱泼斯坦方圈结构

被测样品是从大张的硅钢片上剪裁下来的条形试样、剪裁时有 1/2 的试样顺着硅钢片的轧制方向，另 1/2 试样垂直于轧制方向裁取。被测试的条形样品从框架的四个角放到方圈的四个中空的框架中去。按被测样品的重量不同，方圈分大方圈和小方圈两种，大方圈样品的总重量是 10 kg，小方圈样品的总重量是 1 kg。

爱泼斯坦方圈测量铁损的电路如图 6-18 所示。图中 AT 是自耦变压器，用来调节初级磁化电流 I_1 的数值，以得到需要的磁感应强度 B。瓦特表 W 的串联线圈流过磁化电流 I_1，并联线圈所接的是次级线圈的输出电压 U_2，电流 I_1 用电流表 A 来监视，次级电压用电压表 V_2 读出。

分析电路图可见，带有初；次级线圈的方圈相当于一个电压互感器（次级接近空载的变压器），试样就是这个互感器的铁心，其等效电路如图 6-19 所示。

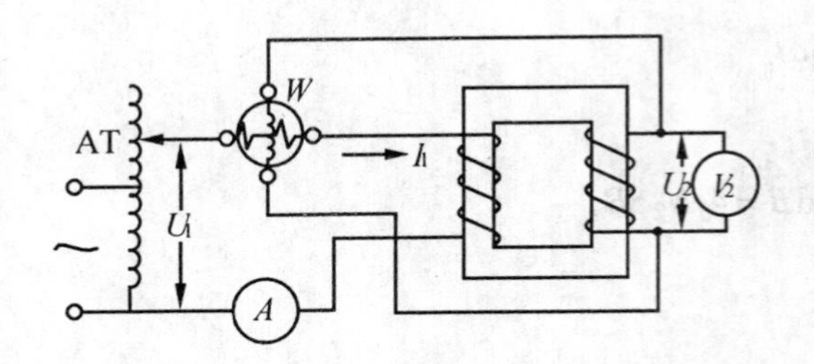

图 6-18 爱泼斯坦方圈测量铁损的电路图

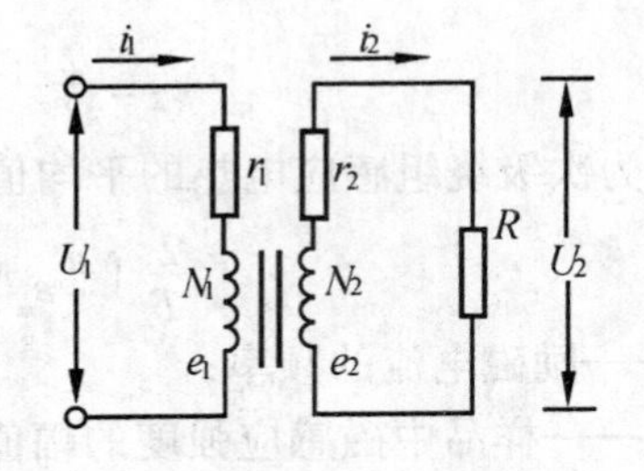

图 6-19 方圈的等效电路图

在试验时,初级回路输入的瞬时功率为

$$U_1 i_1 = i_1{}^2 r_1 + e_1 i_1 \tag{6-28}$$

式中 r_1——初级线圈的铜电阻;

$i_1{}^2 r_1$——初级线圈的铜损;

$e_1 i_1$——电源传送到次级的功率。

显然,我们要测的铁损是不包括 $i_1{}^2 r_1$ 这一项的,所以才采用这种互感器式的电路。

次级回路中

$$u_2 = \frac{e_2}{R + r_2} R \tag{6-29}$$

式中 r_2——次级绕组的铜电阻;

R——次级负载电阻,实际上是电压表 V_2 和功率表(瓦特表 W)电压线圈电阻的并联值。

初、次级感应电势之间的关系为

$$e_2 = \frac{N_2}{N_1} e_1 \tag{6-30}$$

式中 N_1、N_2 为初、次级绕组的匝数。考虑到式(6-29)和式(6-30),瓦特表所测功率的瞬时值 $u_2 i_1$ 等于

$$u_2 i_1 = \frac{R}{R + r_2} \cdot \frac{N_2}{N_1} e_1 i_1 \tag{6-31}$$

显然,式(6-31)中的 $e_1 i_1$ 是初级线圈输送给次级线圈的功率,它包含三部分;第一部分是试样的铁损 p;第二部分是 $i_2^2 r_2$,是次级线圈的铜损;第三部分是 u_1^2/R,是电压表和功率表电压线圈消耗的功率。用公式表示时可以写成

$$e_1 i_1 = p + i_2^2 r_2 + \frac{u_2^2}{R} \tag{6-32}$$

代入式(6-31)得

$$u_2 i_1 = \frac{R}{R + r_2} \cdot \frac{N_2}{N_1} \left(p + i_2^2 r_2 + \frac{u_2^2}{R}\right)$$

考虑到 $i_2 = \frac{u_2}{R}$,代入上式得

$$u_2 i_1 = \frac{R}{R + r_2} \cdot \frac{N_2}{N_1} \left(p + \frac{u_2^2}{R^2} r_2 + \frac{u_2^2}{R}\right)$$

$$\frac{N_1}{N_2} u_2 i_1 \left(1 + \frac{r_2}{R}\right) = p + \frac{u_2^2}{R}\left(1 + \frac{r_2}{R}\right)$$

可得被试样品铁损的瞬时值

$$p=(\frac{N_1}{N_2}u_2i_1-\frac{u_1^2}{R})(1+\frac{r_2}{R}) \tag{6-33}$$

所求铁损在一个周期内的平均值为

$$P=\frac{1}{T}\int_0^T p\mathrm{d}t=\frac{1}{T}\int_0^T(\frac{N_1}{N_2}u_2i_1-\frac{u_2^2}{R})(1+\frac{r_2}{R})\mathrm{d}t=(1+\frac{r_2}{R})(\frac{N_1}{N_2}P_W-\frac{U_2^2}{R})$$

式中 $P_W=\frac{1}{T}\int_0^T u_2i_1\mathrm{d}t$——功率的读数；

$U_2^2=\frac{1}{T}\int_0^T u_2{}^2\mathrm{d}t$——次级线圈输出电压有效值的平方，$U_2$ 的数值可以由次级的电压表 V_2 上读出。

当 $r_2\ll R$ 时，即次级电压表的内阻与功率表电压线圈的并联值远远大于次级线圈的铜电阻时，且设 $N_1=N_2$，则上式可写成

$$P=P_W-\frac{U_2^2}{R} \tag{6-34}$$

上式说明，试样的铁损等于瓦特表的读数减去次级仪表的功率损耗。

一般硅钢片的铁损是指单位质量材料的损耗，即

$$P'=\frac{P}{m_0}(\mathrm{W/kg}) \tag{6-35}$$

式中 m_0 是试样的有效质量，一般用下式计算

$$m_0=\frac{L}{4l}m$$

式中 m——试样的实际质量；

l——试样中各个条状试样的实际长度；

L——方圈磁路的有效长度。

磁性材料单位质量中的损耗除了和材料的性能有关外，还和材料中磁感应强度的大小、交变磁场的频率以及试样的尺寸有关。我国规定硅钢片铁损的测量频率是 50 Hz 和 400 Hz 两种，磁感应强度有 1 T 和 1.5 T 两种，两种不同频率和磁感强度下损耗的表示方法为 P1.0/50、P1.0/400、P1.5/50 和 P1.5/400，其中 1.0 和 1.5 分别表示磁感应强度为 1.0 T 和 1.5 T，50 和 400 分别表示频率为 50 和 400 Hz。

方圈的四角没有励磁线圈，在四角处样品的等效截面积又较大，所以样品在四角处的铁损要小的多。考虑到这一因素，有效质量 m_0 往往用经验公式求出。若磁感应强度 $B\geqslant 0.1\mathrm{T}$ 时，有效质量与实际质量之间的关系为

$$m_0=0.839m$$

实际上爱泼斯坦方圈次级绕组中的感应电势 e_2 和线圈截面积中的磁链变化率成正比，而我们推导公式时认为 e_2 是和铁心中的磁链变化率成正比，两者有一定的差异。图 6-20 是方圈框架的断面积图，图中 1 是线圈 N_2，它包围的面积是 S_0，包括框架 2 的截面积、片状铁心 3 的截面积 S 以及片状铁心的绝缘层 4 的截面积。显然，铁心的截面积 S 小于 S_0，因为铁心中的磁感应强度 B 远大于框架和铁心绝缘层中的磁感应，实际上 e_2 的值与铁心的磁感应、框架及绝缘层中的磁感应三者的平均值的变化有关，为此，要对 e_2 值进行修正。修正的办法是把绝缘层及框架中磁感应变化率产生的感应电势从 e_2 中去掉。因

为绝缘层和框架中的磁导率和空气相同，可以用一个空心的标准互感线圈来补偿。接线方法如图 6-21 所示。图中 M_0 是空心标准互感，其互感值为

$$M_0 = M_{12}\frac{S_0 - S}{S}$$

式中 M_{12}是方圈中没有铁心时初、次级线圈的互感值。

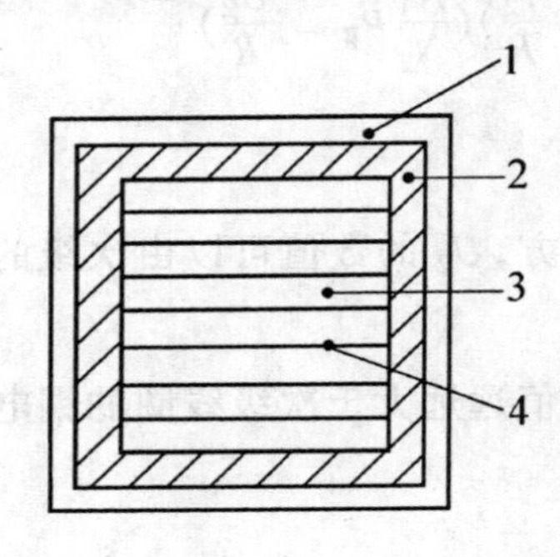

图 6-20　方圈框架截面图
1—线圈 N_2；2—框架；
3—铁心；4—绝缘层

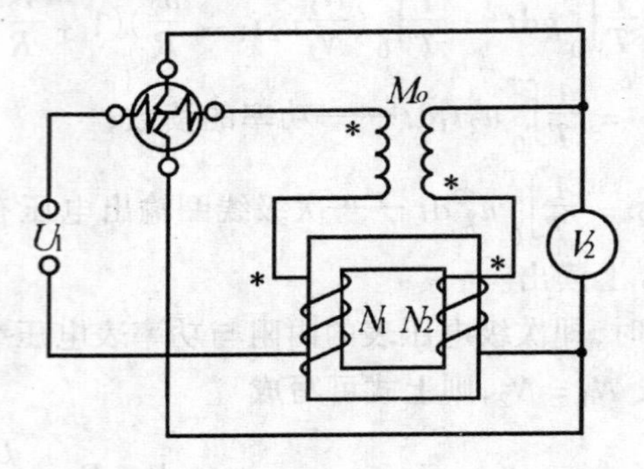

图 6-21　带有补偿线圈的爱泼斯坦方圈接线图

思　考　题

1. 怎样理解感应法是磁测量的基本方法？
2. 简述用感应法测量磁通的原理。
3. 比较用冲击检流计和磁通表测量直流磁通的相同与不同之处。
4. 简述磁通门磁强计的工作原理。
5. 图 6-5 中所示的磁强计的探头结构得到的二次谐波信号淹没在基波信号中，难以测量，用什么样的探头结构可以去掉基波而又不损失二次谐波？
6. 试把图 6-9 中的原理方框图变成电路图。
7. 简述用冲击法测量磁滞回线的方法。
8. 比较测量直流磁化曲线及交流磁化曲线的相同处及不同处。
9. 测量铁损有什么意义？
10. 简述用瓦特表法测量铁损的原理。

参 考 文 献

1 陶时澍 主编.电气测量技术.北京:中国计量出版社,1991

2 傅维潭 主编.电磁测量.北京:中央广播电视大学出版社,1985

3 中国电压.电阻单位改值工作手册.国家技术监督局计量司,1990

4 李继凡,罗远瑜,陶时澍,顾洪涛 编.精密电气测量.北京:中国计量出版社,1984

5 袁禄明 主编.电磁测量.北京:机械工业出版社,1983.3

6 尤德斐 译.电气测量.北京:机械工业出版社,1986.2

7 王鸿钰 编译.电工仪器仪表与应用.上海:上海科学技术出版社,1985

8 刘延冰 等.电气测仪表和测量方法.北京:中国计量出版社,1986

9 尤德斐.数字化测量技术及仪器.北京:机械工业出版社,1988

10 沙占友.胜利牌数字仪器仪表原理与检修指南.北京:电子工业出版社,1992

11 吴勤勤,都志杰.微机化仪表原理及设计.华东化工学院出版社,1991

12 王俊省.微计算机检测技术及应用.北京:电子工业出版社,1996

13 (美)多贝林 著.测量系统应用与设计.北京:科学出版社,1991

14 金篆芷,王明时 主编.现代传感技术,1995

15 李孝文,唐志刚.利用反卷积改善非线性传感器的性能.传感技术学报,1995.4:49~52

16 黄俊钦 著.动态系统建模的实用技术.北京:机械工业出版社,1987

17 陶时澍 著.电子测量中的工频干扰及屏蔽.北京:中国计量出版社,1991

18 (德)D.斯托尔 主编.工业抗干扰的理论与实践.北京:国防工业出版社,1985

19 施联玉,韦立华.高稳定度的线性光隔离电路.电子技术及应用,1995.11:34~36

20 陈佳圭 编著.微弱信号检测.北京:中国广播电视大学,1987

21 唐统一 主编.近代电磁测量.北京:中国计量出版社,1992

22 (日)森村正直,山崎弘郎 主编.传感器技术.北京:科学出版社,1988

23 强金龙 主编.非电量电测技术.北京:高等教育出版社,1989

24 (美)H.N.诺顿 著.传感器与分析器手册.上海:上海科学技术出版社,1989

25 孙宝元,张贻恭 编著.压电石英力传感器及动态切削测力仪.北京:中国计量出版社,1985

26 张福学 编著.传感器应用及其电路精选.北京:电子工业出版社

27 (美)阿瑟.B.威廉斯 著.电子滤波器设计手册.北京:电子工业出版社,1986

28 段尚枢 主编.运算放大器应用技术.哈尔滨:哈尔滨工业大学出版社,1992

29 陈隆昌 等编著.控制电机.西安:西安电子科技大学出版社,1984

30 王云章 编著.电阻应变式传感器应用技术.北京:中国计量出版社,1991

31 H. M. Hochreiter. Dimensionless Correlation of Coefficients of Turbine - Type Flowmeters, Trans. ASME, p.1363, Oct. 1958

32 张毅刚 等.MCS-51 单片机原理设计.哈尔滨:哈尔滨工业大学出版社,1986

33 张鑫 等.单片机在原油含水量测量中的应用.电测与仪表,1996.4:32～33
34 陈笃行.磁测量基础.北京:机械工业出版社,1985
35 梅文余.动态磁性测量.北京:机械工业出版社,1985
36 毛振珑.磁场测量.北京:原子能出版社,1985
37 赵伟等.微机化仪器及其自动测试系统.电测与仪表,1996.3:3